高职高专土木与建筑规划教材

建设工程监理

张　军　白翔宇　主编

清華大学出版社
北　京

内 容 简 介

本书是针对高职高专院校的教学特点和建设类专业人才培养方案，为建设工程监理专业而编写的专门性案例教材。

本书共分为 11 章，主要内容包括工程监理的基本理论，监理工程师和工程监理企业，监理规划及监理实施细则，工程监理目标控制，建筑工程项目进度控制，建筑工程项目质量、安全控制，工程风险管理，建筑工程合同管理，工程监理信息管理，工程组织协调，工程监理规划性文件等方面的基础知识。各章内容在编写时注重理论联系实际，同时配有大量图片及案例；内容丰富，素材广泛，知识面广。

本书可作为高职高专土木工程、建筑工程技术、工程管理、工程监理等相关专业的教学用书，也可作为中专、函授及土建类、道桥类、市政类等工程技术人员的参考用书以及辅导教材，同时也是建筑工程相关工作人员不可多得的基本参考书。

图书在版编目(CIP)数据

建设工程监理/张军，白翔宇主编. —北京：清华大学出版社，2020.1(2021.1 重印)
高职高专土木与建筑规划教材
ISBN 978-7-302-54756-3

Ⅰ. ①建… Ⅱ. ①张… ②白… Ⅲ. ①建筑工程—监理工作—高等职业教育—教材 Ⅳ. ①TU712.2

中国版本图书馆 CIP 数据核字(2020)第 013247 号

责任编辑： 石 伟 桑任松
装帧设计： 刘孝琼
责任校对： 吴春华
责任印制： 杨 艳
出版发行： 清华大学出版社
网 址：http://www.tup.com.cn, http://www.wqbook.com
地 址：北京清华大学学研大厦 A 座　　邮 编：100084
社 总 机：010-62770175　　邮 购：010-62786544
投稿与读者服务：010-62776969, c-service@tup.tsinghua.edu.cn
质量反馈：010-62772015, zhiliang@tup.tsinghua.edu.cn
课件下载：http://www.tup.com.cn, 010-62791865
印 刷 者： 北京富博印刷有限公司
装 订 者： 北京市密云县京文制本装订厂
经 销： 全国新华书店
开 本： 185mm×260mm　　**印 张：** 14.75　　**字 数：** 358 千字
版 次： 2020 年 3 月第 1 版　　**印 次：** 2021 年 1 月第 2 次印刷
定 价： 46.00 元

产品编号：083363-01

前　言

建设工程监理作为一门实践性极强的课程，在整个教学计划中属于比较重要的课程，为必修课程，但是以往的教材由于概念讲述过多，导致很多学生在学习完基本知识之后得不到有效的实践。高等职业教育的快速发展要求加强以市场的实用内容为主的教学，本书作为高等职业教育的教材，根据建设类专业人才培养方案和教学要求及特点编写，综合考虑从市场的实际出发，坚持以全面素质教育为基础，以就业为导向，培养高素质的应用技能型人才。

本书内容的设计是根据职业能力要求及教学特点，与建筑行业的岗位相对应，体现了新的国家标准和技术规范；注重实用性，内容翔实，文字叙述简练，图文并茂，充分体现了项目教学与综合训练相结合的主流思路。本书在编写时尽量做到内容通俗易懂、理论阐述简洁明了、案例清晰实用，特别注重教材的实用性。

本书每章均添加了大量针对不同知识点的案例，结合案例和上下文可以帮助学生更好地理解所学内容，同时每章还配有实训工作单，使学生尽快地达到学以致用的目的。

本书与同类书相比，具有下述显著特点。

(1) 新，穿插案例，清晰明了，形式独特。

(2) 全，知识点分门别类，丰富全面，由浅入深，便于学习。

(3) 系统，知识讲解前后呼应，结构清晰，层次分明。

(4) 实用，理论和实际相结合，举一反三，学以致用。

(5) 赠送：除了必备的电子课件、教案、每章习题答案及模拟测试AB试卷外，还相应地配有大量的讲解音频、动画视频、三维模拟、扩展图片等以扫描二维码的形式再次拓展建筑力学与结构的相关知识点，力求让初学者在学习时最大限度地接受新知识，最快、最高效地达到学习目的。

本书由广东水利电力职业技术学院张军任第一主编，新乡学院白翔宇任第二主编，参加编写的还有新乡学院岳学杰，河南鲁班装饰安装工程有限公司王广庆，湖南工业大学周斌，河南鸿图鲁班教育信息咨询有限公司刘瀚。其中张军负责编写第1～3章，并对全书进行统筹，白翔宇负责编写第4章、第5章，岳学杰负责编写第6章，王广庆负责编写第7章、第11章，周斌负责编写第8章，刘瀚负责编写第9章、第10章，在此对在本书编写过程中的全体合作者和帮助者表示衷心的感谢！

本书在编写过程中，得到了许多同行的支持与帮助，在此一并表示感谢。由于编者水平有限，书中难免有错误和不妥之处，望广大读者批评指正。

编　者

目　　录

目录 2 建设工程监理-A 卷.docx

目录 3 建设工程监理-B 卷.docx

第 1 章　工程监理的基本理论

【教学目标】

- 了解工程监理基本理论和工作内容。
- 掌握工程监理实施程序。
- 理解工程监理原则。
- 了解工程监理法律法规和发展趋势。
- 掌握工程监理费计算方式。

第 1 章　工程监理基本理论.pptx

【教学要求】

本章要点	掌握层次	相关知识点
工程监理概念	工程监理的定义和目的	工程监理的特性、内容、目的
工程监理实施程序和原则	理解工程监理的实际操作步骤	工程监理的工作顺序
工程监理法律法规	工程监理涉及的法律法规和管理制度	国家颁布的法律法规
工程监理发展趋势	了解中国工程监理近年的发展概况	工程监理的现状
工程监理的服务费用	了解工程监理费的概念并掌握计算方法	施工监理服务收费基价

【案例导入】

“十三五”时期，建筑业发展总体上仍处于重要战略机遇期，也面临市场风险增多、发展速度放缓的严峻挑战。必须准确把握市场供需结构的重大变化，下决心转变依赖低成本要素驱动的粗放增长方式，增强改革意识、创新意识，不断适应新技术、新需求的建设能力调整及服务模式创新任务的需要。必须积极应对产业结构不合理、创新任务艰巨、优秀人才和优质劳动力供给不足等新挑战，着力在健全市场机制、推进建筑产业现代化、提升队伍素质、开拓国际市场等方面取得突破，切实转变发展方式，增强发展动力，努力实现建筑业的转型升级。按照住房城乡建设事业“十三五”规划纲要的目标要求，今后五年建筑业发展的主要目标如下：①市场规模目标。以完成全社会固定资产投资建设任务为基础，全国建筑业总产值年均增长 7%，建筑业增加值年均增长 5.5%；全国工程勘察设计企业营业收入年均增长 7%；全国工程监理、造价咨询、招标代理等工程咨询服务企业营业收入年均增长 8%；全国建筑企业对外工程承包营业额年均增长 6%，进一步巩固建筑业在国民

经济中的支柱地位。②产业结构调整目标。促进大型企业做优做强，形成一批以开发建设一体化、全过程工程咨询服务、工程总承包为业务主体、技术管理领先的龙头企业。大力发展专业化施工，推进以特定产品、技术、工艺、工种、设备为基础的专业承包企业快速发展。弘扬工匠精神，培养高素质建筑工人，到2020年建筑业中级工技能水平以上的建筑工人数量达到300万。加强业态创新，推动以“互联网+”为特征的新型建筑承包服务方式和企业不断产生。

【问题导入】

请仔细阅读学习《建筑业发展“十三五”规划》并撰写短文，分析建设工程监理行业即将面临的机遇和挑战。

1.1 工程监理概述

1.1.1 工程监理的定义和特性

1. 工程监理的定义

建设工程监理也叫工程建设监理，属于国际上业主项目管理的范畴。

《工程建设监理规定》中明确提出：建设工程监理是指监理单位受项目法人的委托，依据国家批准的工程项目建设文件、有关工程建设的法律法规和工程建设监理合同以及其他工程建设合同，对工程建设实施的监督管理。

建设工程监理可以是建设工程项目活动的全过程监理，也可以是建设工程项目某一实施阶段的监理，如设计阶段监理、施工阶段监理等。我国目前应用最多的是施工阶段监理。

2. 工程监理的特性

音频　监理的特性.mp3

《工程建设监理规定》第十八条规定：监理单位是建筑市场的主体之一，建设监理是一种高智能的有偿技术服务。

监理单位与项目法人之间是委托与被委托的合同关系，与被监理单位是监理与被监理的关系。

监理单位应按照“公正、独立、自主”的原则，开展工程建设监理工作，公平地维护项目法人和被监理单位的合法权益。

可见，监理是一种有偿的工程咨询服务；是受项目法人委托进行的。监理的主要依据是法律、法规、技术标准、相关合同及文件，监理的准则是守法、诚信、公正和科学。具体可分为以下四个特性。

(1) 服务性。工程监理的服务性体现在以下几个方面。

① 工程监理人员利用自己的知识、技能和经验以及必要的试验、检测手段，为建设单位提供管理和技术服务；

② 工程监理的服务对象：建设单位；

③ 工程监理单位不具有工程建设重大问题的决策权，只能在建设单位授权范围内采用规划、控制、协调等方法，控制建设工程的质量、造价和进度；

④ 协助建设单位在计划内完成工程建设任务，不能完全取代建设单位的管理活动。

(2) 独立性。工程监理的独立性体现在以下几个方面。

① 工程监理单位应公平、独立、诚信、科学地开展建设工程监理与相关服务活动；

② 与被监理工程的承包单位以及建筑材料、建筑构配件和设备供应单位不得有隶属关系或者其他利害关系；

③ 工程监理单位必须建立项目监理机构，按照自己的工作计划和程序，根据自己的判断，采用科学的方法和手段，独立地开展工作。

(3) 科学性。工程监理的科学性体现在以下几个方面。

① 工程监理单位的领导应由组织管理能力强、工程建设经验丰富的人员担任；

② 应有足够数量的、有丰富管理经验和较强应变能力的注册监理工程师组成的骨干队伍；

③ 要有健全的管理制度、科学的管理方法和手段；

④ 应积累丰富的技术、经济资料和数据；

⑤ 应有科学的工作态度和严谨的工作作风，能够创造性地开展工作。

(4) 公平性。工程监理的公平性体现在以下两个方面。

① 公平性是工程监理行业能够长期生存和发展的基本职业道德准则；

② 当建设单位与施工单位发生利益冲突或者矛盾时，工程监理单位应以事实为依据，以法律法规和有关合同为准绳，在维护建设单位合法权益的同时，不能损害施工单位的合法权益。

1.1.2 工程监理的工作内容

工作内容.pdf

工程建设监理的工作内容由三控制、三管理、一协调组成。

1. 三控制

三控制包括的内容有：投资控制、进度控制、质量控制。

1) 建设工程项目投资控制

建设工程项目投资控制就是在建设工程项目的投资决策阶段、设计阶段、施工阶段以及竣工阶段，把建设工程投资控制在批准的投资限额内，随时纠正发生的偏差，以保证项目投资管理目标的实现，力求在建设工程中合理使用人力、物力、财力，取得较好的投资效益和社会效益。监理工程师在工程项目的施工阶段进行投资控制的基本原理是把计划投资额作为投资控制的目标值，在施工阶段，定期进行投资实际值与目标值的比较。通过比较发现并找出实际支出额与投资目标值之间的偏差，然后分析产生偏差的原因，并采取有效的措施加以控制，以确保投资控制目标的实现。这种控制贯穿于项目建设的全过程，是

动态的控制过程。要有效地控制投资项目，应从组织、技术、经济、合同与信息管理等多方面采取措施。从组织上采取措施，包括明确项目组织结构、明确项目投资控制者及其任务，以使项目投资控制有专人负责，明确管理职能分工；从技术上采取措施，包括重视设计方案选择，严格审查监督初步设计、技术设计、施工图纸设计、施工组织设计、渗入技术领域研究节约投资的可能性；从经济上采取措施，包括动态的比较项目投资的实际值和计划值，严格审查各项费用支出，采取节约投资的奖励措施等。

2) 建设工程项目进度控制

建设工程项目进度控制是指对工程项目建设各阶段的工作内容、工作程序、持续时间和衔接关系，根据进度总目标及资源优化配置的原则，编制计划并付诸实施，然后在进度计划的实施过程中经常检查实际进度是否按计划进行，对出现的偏差情况进行分析，采取有效的补救措施，修改原计划后再付诸实施，如此循环，直到建设工程项目竣工验收交付使用。建设工程仅需控制的最终目标是确保建设项目按预定时间交付使用或提前交付使用。建设工程进度控制的总目标是建设工期。影响建设工程进度的不利因素很多，如人为因素、设备、材料及构配件因素、机具因素、资金因素、水文地质因素等。常见的影响建设工程进度的人为因素有以下各点。

(1) 建设单位因素：如建设单位因使用要求改变而进行的设计变更；不能及时提供建设场地以满足施工需要；不能及时向承包单位、材料供应单位付款。

(2) 勘察设计因素：如勘察资料不准确，特别是地质资料有错误或遗漏；设计有缺陷或错误；设计对施工考虑不周，施工图纸供应不及时等。

(3) 施工技术因素：如施工工艺错误、施工方案不合理等。

(4) 组织管理因素：如计划安排不周密、组织协调不力等。

3) 建设工程质量控制

建设工程质量控制是指工程满足建设单位需要的，符合国家法律、法规、技术规范标准、设计文件及合同规定的特性综合。建设工程作为一种特殊的产品，除具有一般产品共有的质量特性，如适用性、寿命、可靠性、安全性、经济性等满足社会需要的使用价值和属性外，还具有特定的内涵。建设工程质量的特性主要表现为适用性、耐久性、安全性、可靠性、经济性和与环境的协调性。工程建设的不同阶段，对工程质量的要求是不同的。影响工程的因素很多，但归纳起来主要有五个方面：人、机、料、法、环。人员素质、工程材料、施工设备、工艺方法、环境条件都会对工程质量产生不同的影响。

2. 三管理

三管理指的是合同管理、安全管理和风险管理。

1) 合同管理

合同是工程监理中最重要的法律文件。订立合同是为了证明一方向另一方提供货品或者劳务，它是确立双方责、权、利的证明文件。施工合同的管理是项目监理机构的一项重要的工作，整个工程项目的监理工作也可视为施工合同管理的全过程。

2)　安全管理

建设单位施工现场安全管理包括两层含义：一是指工程建筑物本身的安全，即工程建筑物的质量是否达到了合同的要求；二是施工过程中人员的安全，特别是与工程项目建设有关各方在施工现场施工人员的生命安全。

监理单位应建立安全监理管理体制，确定安全监理规章制度，检查指导项目监理机构的安全监理工作。

3)　风险管理

风险管理是对可能发生的风险进行预测、识别、分析、评估，并在此基础上进行有效的处置，以最低的成本实现最大目标保障。工程风险管理是为了降低工程中风险发生的可能性，减轻或消除风险的影响，以最低的成本取得对工程目标保障的满意结果。

3．一协调

一协调主要指的是施工阶段项目监理机构的组织协调工作。

工程项目建设是一项复杂的系统工程。在系统中活跃着建设单位、承包单位、勘察设计单位、监理单位、政府行政主管部门以及与工程建设有关的其他单位。

在系统中监理单位具有最佳的组织协调能力。主要原因是：监理单位是建设单位委托并授权的，是施工现场唯一的管理者，代表建设单位，并根据委托监理合同及有关的法律、法规授予的权利，对整个工程项目的实施过程进行监督并管理。监理人员都是经过考核的专业人员，他们有技术、会管理、懂经济、通法律，一般要比建设单位的管理人员有着更高的管理水平、管理能力和监理经验，能驾驭工程项目建设过程的有效运行。监理单位对工程建设项目进行监督与管理，根据有关的法令、法规有自己特定的权利。

1.1.3　工程监理的目的

工程监理的目的是力求在计划的投资、进度和质量目标内实现建设项目。

在预定的目标内实现建设项目是参与项目建设各方的共同任务，但是工程建设监理要达到的目的是“力求”，而不是“保证”实现项目目标。这是因为监理单位和监理工程师不是承建商承包的工程的承保人或保证人。工程建设中的基本原则是谁设计谁负责，谁施工谁负责，谁供应材料和设备谁负责。在市场经济条件下，承包商作为建筑产品的卖方，应根据工程建设合同的要求，按规定的时间、费用和质量完成工程勘察、设计、施工、供应的承包任务，并承担承包风险。工程建设监理是一种技术服务性质的活动，在监理过程中，监理单位不直接进行设计、施工，不直接进行材料、设备的采购、供应工作。因此，监理单位既不对这些工作负责，也不能保证这些工作的顺利完成。由于监理的存在，建设项目的经济效益将更高、速度更快、质量更好，监理应该承担这方面的责任，也就是在监理合同中确定的职权范围内的责任。在实现建设项目的过程中，外部环境潜伏着各种风险，会带来各种干扰，而这些干扰和风险并非监理工程师完全能够驾驭，他们只能力争减少或避免这些干扰和风险的影响。这些风险应由业主和承包商分担，监理单位不承担其专业以

外的风险责任。

监理单位虽然不能保证项目一定在预定目标内实现，但在政府有关部门和监理行业组织的规范下，出于职业道德的约束，基于它的社会信誉和经营方面考虑，它们会在预定的投资、进度和质量目标内实现项目而竭尽全力。

1.2　工程监理的实施程序和原则

1.2.1　工程监理实施程序

1．确定项目总监理工程师，组建项目监理机构

总监理工程师是建设工程监理工作的总负责人，他对内向工程监理单位负责，对外向建设单位负责。

2．进一步收集相关资料

工程监理人员进一步收集与工程监理有关的资料。

3．编制监理规划及监理实施细则

监理规划是项目监理机构全面开展工程监理工作的指导性文件。

4．规范化地开展监理工作

施工阶段监理程序.pdf

工程监理工作的规范化体现在以下几个方面：工作的时序性、职责分工的严密性、工作目标的确定性。

5．参与工程竣工验收

建设工程施工完毕后，项目监理机构应在正式验收前组织工程竣工预验收，在预验收中发现的问题，应及时与施工单位沟通，提出整改要求。

6．向建设单位提交工程监理文件资料

项目监理机构应向建设单位提交工程变更资料、监理指令性文件、各类签证等文件资料。

7．进行监理工作总结

监理工作完成后，项目监理机构应及时从两方面进行监理工作总结。

(1)　向业主提交的监理工作总结，其主要内容包括：委托监理合同履行情况概述，监理任务或监理目标完成情况的评价，由业主提供的供监理活动使用的办公用房、车辆、试验设施等的清单，表明监理工作终结的说明等。

(2)　向监理单位提交的监理工作总结，其主要内容包括以下两项。①监理工作的经验，可以是采用某种监理技术和方法的经验，也可以是采用某种经济措施、组织措施的经验，

以及委托监理合同执行方面的经验或如何处理好与业主、承包单位关系的经验等。②监理工作中存在的问题及改进的建议。

【案例 1-1】某建设单位与监理单位签订委托监理合同，根据工程特点建立项目监理机构。监理单位按以下步骤进行该监理机构的组建。

(1) 确定监理工作内容；

(2) 确定项目监理机构目标；

(3) 制定工作流程和信息流程；

(4) 设计项目监理机构的组织结构；

(5) 制定岗位职责。

请结合本案例分析工程监理的实施程序和实施原则。

建设工程监理的工作流程，如图 1-1 所示。

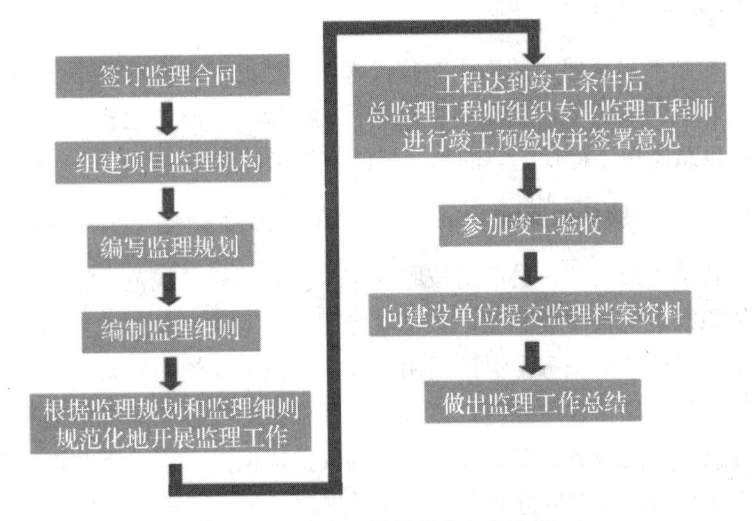

图 1-1 建设工程监理的工作流程

1.2.2 工程监理的原则

工程监理单位受建设单位委托实施工程监理时，应遵循以下基本原则：公平、独立、诚信、科学的原则；权责一致的原则；总监理工程师负责制的原则；严格监理，热情服务的原则；综合效益的原则；实事求是的原则。

1. 公正、独立、自主的原则

音频 工程监理的原则.mp3

监理工程师在建设工程监理中必须尊重科学、尊重事实，组织各方协同配合，维护有关各方的合法权益。为此，必须坚持公正、独立、自主的原则。业主与承建单位虽然都是独立运行的经济主体，但他们追求的经济目标有差异，监理工程师应在按合同约定的权、责、利关系的基础上，协调双方的一致性。只有按合同的约定完成工程，业主才能实现投资的目的，承建单位也才能实现自己生产的产品的

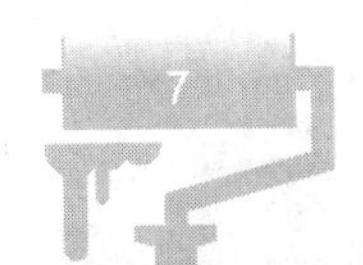

价值，取得工程款和实现盈利。

2．权责一致的原则

监理工程师承担的职责应与业主授予的权限相一致。监理工程师的监理职权，依赖于业主的授权。这种权力的授予，除体现在业主与监理单位之间签订的委托监理合同之中，还应作为业主与承建单位之间建设工程合同的条件。因此，监理工程师在明确业主提出的监理目标和监理工作内容要求后，应与业主协商，明确相应的授权，达成共识后明确反映在委托监理合同中及建设工程合同中。据此，监理工程师才能开展监理活动。总监理工程师代表监理单位全面履行建设工程委托监理合同，承担合同中确定的监理方向业主方所承担的义务和责任。因此，在委托监理合同实施中，监理单位应给总监理工程师充分授权，体现权责一致的原则。

3．总监理工程师负责制的原则

总监理工程师是工程监理全部工作的负责人。要建立和健全总监理工程师负责制，就要明确权、责、利之间的关系，健全项目监理机构，制定科学的运行制度，运用现代化的管理手段，形成以总监理工程师为首的高效能的决策指挥体系。

4．严格监理、热情服务的原则

严格监理，就是各级监理人员严格按照国家政策、法规、规范、标准和合同控制建设工程的目标，依照既定的程序和制度，认真履行职责，对承建单位进行严格监理。监理工程师还应为业主提供热情的服务，“应运用合理的技能，谨慎而勤奋地工作”。由于业主一般不熟悉建设工程管理与技术业务，监理工程师应按照委托监理合同的要求多方位、多层次地为业主提供良好的服务，维护业主的正当权益。但是，不能因此而一味地向各承建单位转嫁风险，从而损害承建单位的正当经济利益。

5．综合效益的原则

建设工程监理活动既要考虑业主的经济效益，也必须考虑与社会效益和环境效益的有机统一。建设工程监理活动虽经业主的委托和授权才得以进行，但监理工程师应首先严格遵守国家的建设管理法律、法规、标准等，以高度负责的态度和责任感，既对业主负责，谋求最大的经济效益，又要对国家和社会负责，取得最佳的综合效益。只有在符合宏观经济效益、社会效益和环境效益的条件下，业主投资项目的微观经济效益才能得以实现。

6．实事求是的原则

监理工作中监理工程师应尊重事实，任何指令、判断应有事实依据，有证明、检验、试验资料，以理服人。

1.3 工程监理的法律法规及工程管理制度

1.3.1 工程监理涉及的法律法规

首先是宪法，然后是《中华人民共和国建筑法》《中华人民共和国合同法》《中华人民共和国招投标法》《建设工程质量管理条例》《建设工程安全生产管理条例》《建设工程监理规范》(GB 50319—2013)、《工程监理企业资质管理规定》(建设部令第 158 号)、《建设工程监理合同》(GF-2012-0202)、《房屋建筑工程施工旁站监理管理办法(试行)》(建市〔2002〕189 号)等，还有如《建筑工程施工质量验收统一标准》(GB 50300—2013)、《建筑给水排水及采暖工程施工质量验收规范》(GB 50242—2002)、《通风与空调工程施工质量验收规范》(GB 50243—2016)、《建筑电气工程施工质量验收规范》(GB 50303—2015)、《电梯工程施工质量验收规范》(GB 50310—2002)、《智能建筑工程质量验收规范》(GB 50339—2013)、《建筑节能工程施工质量验收规范》(GB 50411—2007)等标准规范以及地方政府制定的办法或规定。

1. 宪法

宪法是国家的根本大法，具有最高的法律地位和效力，任何其他法律、法规都必须符合宪法的规定，而不得与之相抵触。宪法是建筑业的立法依据，同时又明确规定了国家基本建设的方针和原则，可以直接规范与调整建筑业的活动。

2. 法律

法律通常是指由社会认可国家确认立法机关制定规范的行为规则，并由国家强制力(主要是司法机关)保证实施的，以规定当事人权利和义务为内容的，对全体社会成员具有普遍约束力的一种特殊行为规范(社会规范)。有关工程监理法规表现形式的法律，是指行使国家立法权的全国人民代表大会及其常务委员会制定的规范性文件。其法律地位和效力仅次于宪法，在全国范围内具有普遍的约束力。如《中华人民共和国建筑法》《中华人民共和国合同法》《中华人民共和国招投标法》等。

3. 行政法规

行政法规是国务院为领导和管理国家各项行政工作，根据宪法和法律，并且按照《行政法规制定程序条例》的规定而制定的政治、经济、教育、科技、文化、外事等各类法规的总称；是指国务院根据宪法和法律，按照法定程序制定的有关行使行政权力，履行行政职责的规范性文件的总称。行政法规的制定主体是国务院，行政法规根据宪法和法律的授权制定、行政法规必须经过法定程序制定、行政法规具有法律效力。行政法规一般以条例、办法、实施细则、规定等形式作成。发布行政法规需要国务院总理签署国务院令。它的效力次于法律、高于部门规章和地方法规。行政法规的名称一般为“管理条例”，如《建设工程质量管理条例》《建设工程安全生产管理条例》《建设工程勘察设计管理条例》和《物

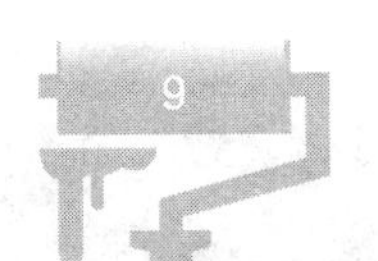

业管理条例》等。

1.3.2 工程监理管理制度

相关法规.pdf

有效地开展工程监理工作是规范工程建设参与各方的建设行为，确保工程建设质量和安全，提高工程建设水平，充分发挥投资效益的重要举措。为做好工程监理单位的管理工作，保证工程质量，缩短建设周期，提高投资效益，需要制定合理的工程管理制度。

(1) 监理部隶属项目建设处直接领导，由施工管理科负责管理。

(2) 贯彻执行国家、行业的标准、规范，接受主管部门的监督检查，遵守并执行规定的作息时间制度、请假制度等各项规章制度。

(3) 监理部门对公司立项并有项目编号的项目(项目建设处施工管理科提供)在收到项目开工的报告后，应及时督促和交施工单位做好开工准备的软件资料等事项，对大型项目的建设，监理部门必须在开工前向建设单位(项目建设处)递交监理规划、建立细则，并由监理部门对项目进行全过程监理。

(4) 监理部门在项目实施过程中若发现重大质量事故或安全隐患，应及时汇报建设单位，建设单位有权或委托监理单位及时制止，督促施工单位落实整改计划并执行必要的处罚。处罚意见抄送项目建设处、总工办综合科、施工单位，并报技改研发中心。

(5) 监理部门对建设单位的大型项目的建设，必须召开工地例会，会议由项目监理机构主持(由项目建设处根据施工性质，确定开会人员)，在第一次项目工地例会时必须明确例会周期、地点及主要议题。

(6) 监理部门总监或总监代表每周四必须参加项目建设处施工管理科组织的每周监理例会，向业主提供本周工程质量和工程进度情况，及时发现和纠正施工过程中的不规范行为，督促施工单位及时纠正和整改。对影响工程进度的情况必须做出客观的分析，及时采取补救措施，以保证工程的进度。对影响工程质量的，应及时发出整改意见书，并现场取证，督促和反馈工程质量落实措施，每周向项目建设处施工管理科递交监理周报，每月提交月报。

(7) 监理部门在监督检查施工组织过程中，对隐蔽工程等每道重要工序在自检完成后报监理部门验收，经验收合格并得到确认后方可进入下一道工序。

(8) 监理部门不定期对工程质量、进度、安全、现场文明情况进行跟踪检查，对检查出来的问题及时发出整改意见书，送施工管理科、施工单位，并联合施工管理科对施工单位存在的问题督促整改，施工单位在落实整改后必须反馈整改落实情况给监理单位。

(9) 监理部门负责做好整理项目监理验收资料、报验资料等工作。在工程项目结束后，提交监理工作总结报告给项目建设处，提供工程全套监理资料至业主档案部门，作为工程竣工资料之一，并对工程施工质量等级做出全面评析。

(10) 监理部门必须本着对业主单位全面负责的态度对工程进行全面监理，对监理工程中发现的问题交由业主单位全面协调解决。

1.4 工程监理的发展趋势

1.4.1 工程监理的现状

随着我国社会经济的飞速发展，工程监理这一新兴行业在建设项目中逐渐被认知和应用。建立和推行工程监理制是我国基本建设领域的一项重大改革，是发展社会主义市场经济的必然结果。工程监理是工程监理单位接受业主的委托和授权，根据国家批准的工程项目建设文件、有关工程建设法规和工程建设监理合同以及工程建设合同所进行的旨在实现项目投资的微观监督管理活动。工程监理得到了社会的普遍认可，监理工作的重要性越来越被人们所重视，监理工程师在促进、保证工程质量的作业中发挥了重要作用。在项目的建议、可行性研究报告、项目的各种评估到设计阶段、建设准备阶段、施工安装阶段、生产准备阶段、竣工验收阶段都有不同程度的参与甚至是重点参与。

1.4.2 工程监理的发展阶段

1. 我国近年来建设监理的发展

我国近年来建设监理的发展具体表现在以下几个方面：建设监理法规体系已基本形成；已组建与锻炼了一支可观的监理队伍；全国大多数大中型工程项目都实行了建设监理制度；实施建设监理的工程项目，都取得了比较明显的成效，监理单位积累了丰富的监理工程经验，建设监理得到社会的普遍认可。

2. 我国实行强制性监理的建筑工程范围

一定范围内的工程项目实行强制性建设监理，这是由我国的具体国情所决定的。工程建设监理的本质是专业化和社会化的监理单位为项目业主提供高智能的项目管理服务。建设项目是否实行监理制度，应由业主决定，建设监理不具有强制性。《建筑法》明确规定国家在推行工程监理制度时，授权国务院规定实行强制监理的建筑工程的范围：大、中型工程项目；市政、公用工程项目；政府投资兴建和开发建设的办公楼、社会发展事业项目和住宅工程项目；外资、中外合资、国外贷款、赠款和捐款建设的工程项目。

3. 建设工程监理的意义

工程建设监理制度是我国建设体制深化改革的一项重大措施，它是适应市场经济发展的产物。

音频 建设工程监理的意义.mp3

(1) 实行建设监理制度可以有效地控制建设工期、确保工程质量、控制建设投资，从而促进工程建设水平和投资效益的提高，保证国家建设计划的顺利实施，对我国建设事业的稳步、持续高速、健康发展发挥了独特的作用。

(2) 它的突出特点是它的法规性特别强，任何一项建设监理活动，无不以法律和有关

建设规范为依据，因此，建立、健全建设监理法规是实行建设监理制度的首要工作。

(3) 建立并推行建设监理制度，是建立和完善社会主义市场经济的需要，也是开拓国际市场，进入国际经济大循环的需要。

4．建设监理与国际接轨是大势所趋

随着我国经济社会的发展，与国际上的投资者和国际金融机构进行合作的机会越来越多，其工程承包市场当然也成为国际大市场的重要组成部分，是国际大循环的重要力量，所以我国建设监理与国际接轨是大势所趋，其表现有下述几点。

(1) 发展的需要。近年来，由于外商的外资、合资等工程项目的需要，业主要求按国际标准进行监理。

(2) 竞争的需要。国际同行关注我们，我们需要同国际接轨。

(3) 改革的需要。监理制确实是一项先进的、科学的、成功的和通行的国际惯例，已被世界上大多数发达国家和发展中国家所承认、接受和实施，值得我们学习、借鉴和推行。

(4) 体制的需要。无论从建筑业的性质和功能上认识，还是从管理和效益上讲，或从国际化和专业化的高度上看，都充分说明：组织一支强大的、高素质的、专业化的和社会化的监理班子，全面实施和大力推行监理制是完全有必要的。

5．加快同国际接轨的步伐

(1) 我国建设监理应加快同国际接轨的步伐，缩短同国家间的差距。表现在：多渠道并举全面提高监理工程师的素质，彻底解决监理人才的年龄与知识老化问题；下大力推行培训工作，开展不同层次的监理人员培训和对国际工程监理等专题研讨；到国外考察学习，邀请有真才实学的国外专家讲学，了解和把握国际工程建设监理运行规则；开展国际同行间的业务交流和互访活动，取长补短，知己知彼；在有关学校设立监理专业，培养建设监理方面的专门人才。

(2) 完善监理工作系统和体系。监理工作系统和体系包括：监理机构、监理法规、监理单位、监理依据、监理模式和监理合同等。

现存行业问题与发展趋势.pdf

(3) 积极主动开拓国际市场：这是建设监理同国际接轨的最佳和高效率的办法。

我们不能忽视监理在工程建设中的作用，更应该高度重视监理工作，只有同国际接轨，才能走出国门，与发达国家走在同一水平线上。

1.5 工程监理的服务费用

1.5.1 工程监理费

工程监理费是指依据国家有关机关规定和规程规范要求，工程建设项目法人委托工程监理机构对建设项目全过程实施监理所支付的费用，在建设工程总投资中属于工程建设其

他费用的部分。

建设工程监理费主要由监理直接成本、监理间接成本、税金和利润四部分组成。

1. 直接成本

直接成本是指监理企业履行委托监理合同时所发生的成本，主要包括以下内容。

(1) 监理人员和监理辅助人员的工资、奖金、津贴、补助、附加工资等；

(2) 用于监理工作的常规检测工器具、计算机等办公设施的购置费和其他仪器、机械的租赁费；

(3) 用于监理人员和辅助人员的其他专项开支，包括办公费、通信费、差旅费、书报费、文印费、会议费、医疗费、劳保费、保险费、休假探亲费等；

(4) 其他费用。

2. 间接成本

间接成本是指全部业务经营开支及非工程监理的特定开支，其具体内容包括以下各点。

(1) 管理人员、行政人员以及后勤人员的工资、奖金、补助和津贴。

(2) 经营性业务开支。包括为招揽监理业务而支付的广告费、宣传费、有关合同的公证费等。

(3) 办公费。包括办公用品、报刊、会议、文印及上下班交通费。

(4) 公用设施使用费。包括办公使用的水、电、气等费用。

(5) 业务培训费、图书、资料购置费。

(6) 附加费。包括劳动统筹、医疗统筹、福利基金、工会经费、人身保险、住房公积金、特殊补助等。

(7) 其他费用。

3. 税金

税金是指按照国家规定，工程监理企业应交纳的各种税金总额，如营业税、所得税、印花税等。监理单位属科技服务类企业，应享受一定的优惠政策。

4. 利润

利润是指工程监理企业的监理活动收入扣除直接成本、间接成本和各种税金之后的余额。由于监理单位是高智能群体，监理服务是高技能的技术服务，因此监理单位的利润应当高于社会平均利润。

1.5.2 工程监理费的计算

建设工程监理与相关服务是指监理人接受发包人的委托，提供建设工程施工阶段的质量、进度、费用控制管理和安全生产监督管理、合同、信息等方面协调管理服务，以及勘察、设计、保修等阶段的相关服务。

建设工程监理与相关服务收费包括建设工程施工阶段的工程监理服务收费和勘察、设计、保修等阶段的相关服务收费。

1. 施工监理服务收费计算

施工监理服务收费=施工监理服务收费基准价×(1±浮动幅度值)　(1-1)

施工监理服务收费基准价=施工监理服务收费基价×专业调整系数×工程复杂程度调整系数×高程调整系数　(1-2)

2. 施工监理服务收费基价

施工监理服务收费基价是完成国家法律法规、规范规定的施工阶段监理基本服务内容的价格。施工监理服务收费基价按《施工监理服务收费基价表》确定，见表 1-1，计费额处于两个数值区间的，采用直线内插法确定施工监理服务收费基价。

表 1-1　施工监理服务收费基价表

单位：万元

序　号	计 费 额	收费基价
1	500	16.5
2	1000	30.1
3	3000	78.1
4	5000	120.8
5	8000	181.0
6	10000	218.6
7	20000	393.4
8	40000	708.2
9	60000	991.4
10	80000	1255.8
11	100000	1507.0
12	200000	2712.5
13	400000	4882.6
14	600000	6835.6
15	800000	8658.4
16	1000000	10390.1

3. 施工监理服务收费基准价

施工监理服务收费基准价是按照本收费标准规定的基价和计算出的施工监理服务基准收费额。发包人与监理人根据项目的实际情况，可在规定的浮动幅度范围内协商确定施工监理服务收费合同额。

4. 施工监理服务收费的计费额

施工监理服务收费以建设项目工程概算投资额分档定额计费方式收费，其计费额为工程概算中的建筑安装工程费、设备购置费和联合试运转费之和，即工程概算投资额。对设备购置费和联合试运转费占工程概算投资额 40%以上的工程项目，其建筑安装工程费全部计入计费额，设备购置费和联合试运转费按 40%的比例计入计费额。但其计费额不应小于建筑安装工程费与其相同且设备购置费和联合试运转费等于工程概算投资额 40%的工程项目的计费额。工程中有利用原有设备并进行安装调试服务的，以签订工程监理合同时同类设备的当期价格作为施工监理服务收费的计费额；工程中有缓配设备的，应扣除签订工程监理合同时同类设备的当期价格作为施工监理服务收费的计费额；工程中有引进设备的，按照购进设备的离岸价格折换成人民币作为施工监理服务收费的计费额。施工监理服务收费以建筑安装工程费分档定额计费方式收费的，其计费额为工程概算中的建筑安装工程费。作为施工监理服务收费计费额的建设项目工程概算投资额或建筑安装工程费均指每个监理合同中约定的工程项目范围的计费额。

5. 施工监理服务收费调整系数

施工监理服务收费调整系数包括专业调整系数、工程复杂程度调整系数和高程调整系数。

(1) 专业调整系数是对不同专业建设工程的施工监理工作复杂程度和工作量差异进行调整的系数。

(2) 工程复杂程度调整系数是对同一专业建设工程的施工监理复杂程度和工作量差异进行调整的系数。工程复杂程度分为一般、较复杂和复杂三个等级，其调整系数分别为：一般(Ⅰ级)0.85；较复杂(Ⅱ级)1.0；复杂(Ⅲ级)1.15。

【案例 1-2】某配电柜制造厂新建工程项目，有配电柜总装配工业厂房 2.4 万平方米(部分为空调车间)、变电所、空压站、冰蓄冷制冷站房、泵房、锅炉房、办公楼及有关配套设施，工程建设地点海拔高程为 20.50 米。建设项目总投资额为 19000 万元，其中：建筑安装工程费 7400 万元、设备购置费 480 万元、联合试运转费 120 万元。发包人委托监理人对该建设工程项目提供施工阶段的质量控制和安全生产监督管理服务。

请结合上下文计算施工阶段的安全生产监督管理服务收费。

本章小结

通过对本章内容的学习，学生们主要可以明了工程监理的定义和特性；工程监理的工作内容；工程监理实施程序；工程监理的原则；工程监理的发展趋势；工程监理费的计算。希望通过对本章的学习，使同学们对工程监理的基本知识有基本了解，并掌握相关的知识点，举一反三，学以致用。

实训练习

一、单选题

1. 根据《建设工程监理范围和规模标准规定》，下列工程中必须实施强制监理的有(　　)。

A. 项目总投资额为5000万元的供电工程

B. 项目总投资额为2000万元的供热工程

C. 建筑面积为3万平方米的住宅建设工程

D. 项目总投资额为2000万元的公用事业工程

2. 招标投标的最终目的是签订合同，而合同的订立需要经过要约和承诺两个阶段，下列选项正确的是(　　)。

A. 招标是要约，投标是承诺　　B. 招标是要约邀请，投标是要约

C. 投标是要约邀请，中标通知是要约　　D. 招标是要约，中标通知是承诺

3. 根据《建设工程监理与相关服务收费标准》，下列选项除(　　)外，均为施工监理服务收费标准的调整系数。

A. 高程调整系数　　B. 工程复杂程度调整系数

C. 项目规模调整系数　　D. 专业调整系数

4. 关于法律、行政法规、部门规章三者效力之间的关系是(　　)。

A. 法律效力最高，部门规章次之，行政法规最低

B. 部门规章效力最高，法律次之，行政法规最低

C. 法律效力最高，行政法规次之，部门规章最低

D. 部门规章效力最高，行政法规次之，法律最低

5. 根据《建设工程质量管理条例》，工程监理单位转让工程监理业务的，责令改正，没收违法所得，并处合同约定的监理酬金的(　　)的罚款。

A. 5%～10%　　B. 25%～50%　　C. 50%～60%　　D. 60%～100%

二、多选题

1. 根据《建筑法》，实施建筑工程监理前，建设单位应当将(　　)，书面通知被监理的建筑施工企业。

A. 委托的工程监理单位　　B. 监理的手段和方法

C. 监理权限　　D. 监理大纲

E. 监理内容

2. 根据我国工程监理的现行情况，监理工程师的职业责任主要来自(　　)。

A. 法律规定的职业责任　　B. 合同约定的职业责任

C. 社会认定的职业责任　　D. 双方协定的职业责任

E. 委托方确定的职业责任

3. 《建筑法》明确规定，工程监理单位应当根据建设单位的委托，客观、公正地执行监理职权，对承包单位在施工质量、建设工期和建设资金使用等方面，代表建设单位实施监督。监理单位执行监理职权的依据不包括(　　)。

A. 监理大纲　　B. 有关的技术标准及设计文件

C. 相关法律及行政法规　　D. 监理合同

E. 建筑工程承包合同

4. 项目监理机构应由(　　)组成。

A. 总监理工程师　　B. 项目经理　　C. 监理员

D. 专业监理工程师　　E. 项目技术负责人

5. 工程建设法规及政策包括法律、行政法规、部门规章和规范性文件，地方性法规、自治条例和单行条例、规章和规范性文件。下列文件属于部门规章的是(　　)。

A. 建设工程监理规模范围与标准规定

B. 实施工程建设强制性标准监督规定

C. 招标公告发布暂行办法

D. 关于落实建设工程安全生产监理责任的若干意见

E. 宪法

三、简答题

1. 简述工程监理的特性。
2. 简述工程监理管理制度的特点。
3. 简述工程监理的实施流程。
4. 写出施工监理服务收费和施工监理服务收费基准价的计算公式。

第 1 章答案.docx

实训工作单

<table>
<tr><td>班级</td><td></td><td>姓名</td><td></td><td>日期</td><td></td></tr>
<tr><td colspan="2">教学项目</td><td colspan="4">工程监理基本理论</td></tr>
<tr><td>学习项目</td><td colspan="2">工程监理实施程序、工程监理费的计算</td><td>学习要求</td><td colspan="2">掌握基本概念、熟悉计算公式</td></tr>
<tr><td colspan="3">相关知识</td><td colspan="3">工程监理的特性、施工监理服务收费和施工监理服务收费基准价的计算公式</td></tr>
<tr><td colspan="3">其他内容</td><td colspan="3">工程监理流程图</td></tr>
<tr><td colspan="6">学习记录</td></tr>
<tr><td>评语</td><td colspan="2"></td><td>指导老师</td><td colspan="2"></td></tr>
</table>

第2章 监理工程师和工程监理企业

【教学目标】

- 了解监理工程师的概念、执业特点。
- 掌握监理工程师的法律地位、法律责任。
- 了解工程监理企业的定义。
- 了解工程监理企业分类的方式。
- 了解工程监理企业设立、资质审批的基本要求。

第2章 监理工程师和工程监理企业.pptx

【教学要求】

本章要点	掌握层次	相关知识点
监理工程师的执业特点、概念与素质	掌握监理工程师的概念、执业特点	监理工程师的素质
工程监理企业的定义	理解工程监理企业定义	监理工程师的工作职责
监理工程师的权利和义务	掌握监理工程师的权利和义务	监理工程师的职业道德
工程监理企业的资质	①弄懂工程监理企业资质的概念 ②了解工程监理企业设立的程序	工程监理企业的概念与分类
实施监理工程师执业资格考试制度的意义	①掌握实施监理工程师执业资格考试制度的意义 ②掌握监理工程师注册步骤	监理工程师继续教育

【案例导入】

某住宅工程，施工过程中发生以下事件。

事件1：项目监理机构收到施工单位报送的施工控制测量成果报验表后，安排监理员检查、复核报验表所附的测量人员资格证书、施工平面控制网和临时水准点的测量成果，并签署意见。

事件2：施工单位在编制搭设高度为28米的脚手架工程专项施工方案的同时，项目经理即安排施工人员开始搭设脚手架，并兼任施工现场安全生产管理人员，总监理工程师发现后立即向施工单位签发了监理通知单要求整改。

事件 3：在脚手架拆除过程中，发生坍塌事故，造成施工人员 3 人死亡、5 人重伤、7 人轻伤。事故发生后，总监理工程师立即签发工程暂停令，并在 2 小时后向监理单位负责人报告了事故情况。

事件 4：由建设单位负责采购的一批钢筋进场后，施工单位发现其规格、型号与合同约定不符，项目监理机构按程序对这批钢筋进行了处置。

【问题导入】

请结合本章内容分析上述案例中总监理工程师的做法是否有不妥之处，并提出改正意见。

2.1 监理工程师

2.1.1 监理工程师的概念与特点

监理工程师的概念.mp4

1. 监理工程师的概念

监理工程师是指经全国监理工程师执业资格统考考试合格，取得《监理工程师资格证书》并经注册登记的工程建设监理人员。监理工程师代表业主监控工程质量，是沟通业主和承包商的桥梁。

工作中的监理工程师.pdf

监理工程师的概念主要包含三个方面的含义：一是从事建设工程监理工作的人员；二是经全国监理工程师执业资格统一考试且成绩合格，并取得资格证书的人员；三是必须在一个监理企业申请注册，并取得注册证书和执业印章的人员。从事建设工程监理工作，但尚未取得监理工程师注册证书的其他人员则统称为监理员。监理工程师与监理员的区别是监理工程师具有相应岗位的签字权，而监理员则没有相应岗位的签字权。

监理工程师不仅要求执业者懂得工程技术知识、成本核算，还需要其非常了解建筑法规。它是一种岗位职务、执业资格称谓，不是技术职称。不在监理工作岗位上，不从事监理活动者，都不能称为监理工程师。

2. 监理工程师的执业特点

FIDIC(国际咨询工程师联合会)对从事工程咨询业务人员的职业地位和业务特点所做的说明是：“咨询工程师从事的是一份令人尊敬的职业，他仅按照委托人的最佳利益尽责，他在技术领域的地位等同于法律领域的律师和医疗领域的医生。他保持其行为相对于承包商和供应商具有的绝对独立性，不得从他们那里接受任何形式的好处，而使他们的决定的公正性受到影响或不利于他行使委托人赋予的职责。”这个说明同样适合我国的监理工程师。我国的监理工程师执业特点主要表现在以下几个方面。

1) 执业范围广泛

就监理工程类别看，监理工程师的执业范围包括土木工程、建筑工程、线路管道与设备安装工程和装修工程等；就监理过程看，其包括工程项目前期决策、招标投标、勘察设计、施工、项目运行等各阶段。

2) 执业内容复杂

监理工程师执业内容的基础是合同管理，主要工作内容是建设工程目标控制和协调管理，执业方式包括监督管理和咨询服务。执业内容包括下述各点。

(1) 工程项目建设前期阶段：为业主提供投资决策咨询，协助业主进行工程项目可行性研究，提出项目评估。

(2) 设计阶段：审查、评选设计方案，选择勘察、设计单位，协助业主签订勘察、设计合同，监督管理合同的实施，审核设计概算。

(3) 施工阶段：监督、管理工程承包合同的履行，协调业主与工程建设有关各方的工作关系，控制工程质量、进度和造价，组织工程竣工预验收，参与工程竣工验收，审核工程结算。

(4) 工程保修期内：检查工程质量状况，鉴定质量问题责任，督促责任单位维修。

3) 执业技能全面

建设工程监理是专业化的管理服务，是涉及多学科、多专业的技术、经济、管理等知识的系统工程，执业资格条件要求较高。因此，监理工作需要一专多能的复合型人才来承担，监理工程师应具有复合型的知识结构，不仅要有专业基础理论知识，还要熟悉设计、施工、管理，并且要有组织协调能力，能够综合运用各种知识解决工程建设中的各种问题。因此，建设工程监理业务要求执业者具备较高的资格条件和较全面的执业技能。

4) 执业责任重大

责任包括两个方面：一是国家法律法规赋予的行政责任；二是委托监理合同约定的监理人义务，体现为监理工程师的合同民事责任。没有专业技能的人不能从事监理工作；有一定的专业技能、从事多年工程建设工作，但没有学习过工程监理知识的人，也难以开展监理工作。也就是说，监理工程师在执业过程中，担负着重要的经济和管理等方面涉及生命、财产安全的法律责任，也即监理的执业责任。

2.1.2 监理工程师的素质

监理工程师要承担对整个工程项目进行全面监督和管理的责任。为了适应监理工作责任岗位的需要，监理工程师应比一般工程师具有更好的素质，在国际上被视为高智能人才。其素质由下列要素构成。

1. 要有较高的学历和广泛的理论知识

现代工程建设，投资规模巨大，要求多功能兼备，应用科技门类复杂，组织成千上万人协作的工作经常出现，如果没有深厚的现代科技理论知识、经济管理理论知识和法律知识作基础，是不可能胜任其监理工作的。

对监理工程师有较高学历的要求，是保障监理工程师队伍素质的重要基础，也是向

国际水平靠近所必需的。就科技理论知识而言，在我国与工程建设有关的主干学科就有近20种，所设置的工程技术专业就有近40种。作为一个监理工程师，当然不可能学习和掌握这么多的学科和技术专业理论知识，但应要求监理工程师至少学习与掌握一种技术专业知识，这是监理工程师所必须具备的全部理论知识中的主要部分。作为科技理论知识，其中每一门类都是千百年来许多科学家理论探索、科学试验和无数生产实践所积累的成果。如果不学习与掌握前人的丰富的科学成果，单靠个人有限的时间和有限的工程建设实践，是不可能全面积累到这些科技理论知识的，也不可能正确指导现代工程建设的实践。同时，每个监理工程师，无论他掌握任何一种学科和技术专业，都必须学习与掌握一定的经济、组织管理和法律等方面的理论知识。

2. 要有丰富的工程建设实践经验

工程建设实践经验是指理论知识在工程建设上应用的经验。一般来说，应用的时间越长、次数越多，经验也就越丰富。不少研究指出，一些工程建设中的失误，往往与实践者的经验不足有关，所以世界各国都把工程建设实践经验放在重要地位。我国在监理工程师注册制度中也对实践经验做出了规定。

3. 要有良好的职业道德

监理人员除了应具备专业的理论知识、丰富的工程建设实践经验外，更重要的是，应具备高尚的职业道德。监理人员必须秉公办事，按照合同条件公正地处理各种问题，遵守国家的各项法律、法规。既不接受业主所支付的酬金以外的任何回扣、津贴或其他间接报酬，也不得与承包商有任何经济往来，包括接受承包商的礼物，经营或参与经营施工，以及设备、材料采购活动，或在施工单位或设备材料供应单位任职或兼职。监理工程师还要有很强的责任心，认真细致地进行工作。这样才能避免由于监理人员的行为不当，给工程带来不必要的损失和影响。

4. 要有良好的身体素质

监理工程师要具有健康的体魄和充沛的精力，这是由监理工作现场性强、流动性大、工作条件差、任务繁忙所决定的。我国对年满65周岁的监理工程师不再进行注册，主要就是考虑监理从业人员身体健康状况的适应能力而设定的条件。

2.1.3 监理工程师的职业道德

工程建设监理是一项高尚的工作，监理工程师在执业过程中不能损害工程建设任何一方的利益。为了确保建设监理事业的健康发展，我国对监理工程师的职业道德和工作纪律都有严格的要求，在有关法规中也做了具体的规定。

(1) 维护国家的荣誉和利益，按照“守法、诚信、公正、科学”的准则执业。

(2) 执行有关工程建设的法律、法规、规范、标准和制度，履行监理合同规定的义务和职责。

(3) 努力学习专业技术和建设监理知识，不断提高业务能力和监理水平。

(4) 不以个人名义承揽监理业务。

(5) 不同时在两个或两个以上监理企业注册和从事监理活动，不在政府部门和施工、材料设备的生产供应等单位兼职。

(6) 不为所监理的工程建设项目指定承建商、建筑构配件、设备、材料和施工方法。

(7) 不收受被监理单位的任何礼金。

(8) 不泄露所监理工程各方认为需要保密的事项。

(9) 坚持独立自主地开展工作。

2.1.4 监理工程师的工作职责

建筑监理工程师的工作职责主要包括下列各点。

(1) 建筑监理工程师是项目安全生产日常监理工作的主要实施者，代表总监理工程师在项目工程监理过程中行使项目安全生产监理的职责。

(2) 建筑监理工程师应认真贯彻执行《建设工程安全生产管理条例》，贯彻执行劳动保护、安全生产的方针政策、法令法规、规范标准，做好安全生产的宣传教育和监理工作。

(3) 建筑监理工程师有权参加施工组织设计(方案)和安全技术措施计划的审查工作，并对执行情况进行监督检查。

(4) 建筑监理工程师应做好日常安全巡视检查工作，掌握安全生产动态。

(5) 建筑监理工程师应参加监理安全巡检活动，做好安全活动记录。

(6) 建筑监理工程师有权检查施工人员持证上岗情况，对特殊工种人员无证上岗情况有权制止。

(7) 建筑监理工程师在实施监理过程中，有权制止违章指挥、违章操作行为。发现存在安全隐患的，有权要求施工单位整改，并应及时向总监理工程师汇报。情况严重的，应当要求施工单位暂时停止施工，并立即向总监理工程师汇报。

(8) 建筑监理工程师应监督检查施工单位对安全整改通知的落实情况。对整改通知回复单内容有权进行核查，对未达到整改要求的，有权要求其继续整改，并将核查情况向总监理工程师汇报。

【案例 2-1】某工程，实施过程中发生以下事件。

事件 1：总监理工程师对项目监理机构的部分工作做出以下安排。

(1) 总监理工程师负责审核监理实施细则，进行监理人员的绩效考核，调换不称职监理人员；

(2) 专业监理工程师全权处理合同争议和工程索赔。

事件 2：施工单位向项目监理机构提交了分包单位资格报审材料，包括营业执照、特殊行业施工许可证、分包单位业绩及拟分包工程的内容和范围。项目监理机构审核时发现，

分包单位资格报审材料不全，要求施工单位补充并提交相应材料。

事件 3：深基坑分项工程施工前，施工单位项目经理审查该分项工程的专项施工方案后，即向项目监理机构报送，在项目监理机构审批该方案过程中就组织队伍进场施工，并安排质量员兼任安全生产管理员对现场施工安全进行监督。

事件 4：项目监理机构在整理归档监理文件资料时，总监理工程师要求将需要归档的监理文件直接移交本监理单位和城建档案管理机构保存。

试分析：上述事件中总监理工程师对工作安排有哪些不妥之处？指出总监理工程师对监理文件归档要求的不妥之处。

2.1.5 监理工程师的权利和义务

监理工程师的法律地位是由国家法律确定的，并建立在委托监理合同基础之上。《建筑法》明确提出推行建设工程监理制度，《建设工程质量管理条例》(国务院令第 279 号)赋予监理工程师多项签字权，并确定了监理工程师的职责。此外，在合同中也应约定监理工程师的权利和义务。

1. 监理工程师的权利

《注册监理工程师管理规定》(原建设部令第 147 号)第二十五条明确规定了监理工程师的权利，具体如下。

(1) 使用注册监理工程师称谓；

(2) 在规定范围内从事执业活动；

(3) 依据本人能力从事相应的执业活动；

(4) 保管和使用本人的注册证书和执业印章；

(5) 对本人执业活动进行解释和辩护；

(6) 接受继续教育；

(7) 获得相应的劳动报酬；

(8) 对侵犯本人权利的行为进行申诉。

音频 监理工程师的权利.mp3

2. 监理工程师的义务

《注册监理工程师管理规定》(原建设部令第 147 号)第二十六条明确规定了监理工程师应当履行下列义务。

(1) 遵守法律、法规和有关管理规定；

(2) 履行管理职责，执行技术标准、规范和规程；

(3) 保证执业活动成果的质量，并承担相应责任；

(4) 接受继续教育，努力提高执业水准；

(5) 在本人执业活动所形成的工程监理文件上签字、加盖执业印章；

(6) 保守在执业中知悉的国家秘密和他人的商业、技术秘密；

(7) 不得涂改、倒卖、出租、出借或者以其他形式非法转让注册证书或者执业印章；

(8) 不得同时在两个或者两个以上单位受聘或者执业；

(9) 在规定的执业范围和聘用单位业务范围内从事执业活动；

(10) 协助注册管理机构完成相关工作。

2.1.6 监理工程师的法律责任与违规行为的处罚

1. 监理工程师的法律责任

监理工程师法律责任的表现行为主要有两方面：一是违法行为；二是违约行为。

1) 违法行为

现行法律法规对监理工程师的法律责任专门做出了具体规定。例如，《建筑法》第三十五条规定："工程监理单位不按照委托监理合同的约定履行监理义务，对应当监督检查的项目不检查或者不按照规定检查，给建设单位造成损失的，应当承担相应的赔偿责任。"《中华人民共和国刑法》第一百三十七条规定："建设单位、设计单位、施工单位、工程监理单位违反国家规定，降低工程质量标准，造成重大安全事故的，对直接责任人员，处五年以下有期徒刑或者拘役，并处罚金；后果特别严重的，处五年以上十年以下有期徒刑，并处罚金。"这些规定能够有效地规范、指导监理工程师的执业行为，提高监理工程师的法律责任意识，引导监理工程师公正守法地开展监理业务。

2) 违约行为

监理工程师一般主要受聘于工程监理企业，从事工程监理业务。工程监理企业是订立委托监理合同的当事人，是法定意义的合同主体。但委托监理合同在具体履行时，是由监理工程师代表监理企业来实现的。因此，如果监理工程师出现工作过失，违反了合同约定，其行为将被视为监理企业违约，由监理企业承担相应的违约责任。当然，监理企业在承担违约赔偿责任后，有权在企业内部向有相应过失行为的监理工程师追偿部分损失。所以，由监理工程师个人过失引发的合同违约行为，监理工程师应当与监理企业承担一定的连带责任。其连带责任的基础是监理企业与监理工程师签订的聘用协议或责任保证书，或监理企业法定代表人对监理工程师签发的授权委托书。一般来说，授权委托书应包含职权范围和相应责任条款。

2. 监理工程师违规行为的处罚

监理工程师的违规行为及其处罚，主要有下列几种情况。

(1) 对于未取得监理工程师执业资格证书、监理工程师注册证书和执业印章，以监理工程师名义执行业务的人员，政府建设行政主管部门将予以取缔，并处以罚款；有违法所得的，予以没收。

(2) 对于以欺骗手段取得监理工程师执业资格证书、监理工程师注册证书和执业印章的人员，政府建设行政主管部门将吊销其证书，收回执业印章，并处以罚款；情节严重的，

3 年之内不允许参加考试及注册。

(3) 如果监理工程师出借监理工程师执业资格证书、监理工程师注册证书和执业印章，情节严重的，将被吊销证书，收回执业印章，3 年之内不允许参加考试和注册。

(4) 监理工程师注册内容发生变更，未按照规定办理变更手续的，将被责令改正，并可能受到罚款的处罚。

(5) 同时受聘于两个及以上单位执业的，将被注销其监理工程师注册证书，收回执业印章，并将受到罚款处理；有违法所得的，将被没收。

合同约束.pdf

(6) 对于监理工程师在执业中出现的行为过失，产生不良后果的，《建设工程质量管理条例》有明确规定：监理工程师因过错造成质量事故的，责令停止执业 1 年；造成重大质量事故的，吊销执业资格证书，5 年以内不予注册；情节特别恶劣的，终身不予注册。

【案例 2-2】2009 年 6 月 27 日，上海闵行区莲花南路罗阳路口一幢 13 层在建商品楼发生倒塌事故，造成一名工人死亡。其原因系大楼两侧堆土过高、地下车库基桩开挖造成巨大压力差，致使土体水平位移，最终导致房屋倾倒。2010 年 2 月 11 日，上海闵行区人民法院对“莲花河畔景苑”倒楼案六名责任人一审判决，其中监理方上海光启建设监理有限公司的总监理工程师乔某对工程项目经理名不符实的违规情况审查不严，对建设方违规发包土方工程疏于审查，在对违规开挖、堆土提出异议未果后，未能有效制止，对本案倒楼事故的发生负有未尽监理职责的责任，判有期徒刑 3 年。试分析在本案中监理工程师有哪些违法行为及其法律责任。

2.2 工程监理企业

工程监理企业的概念.mp4

2.2.1 工程监理企业的概念与分类

1. 工程监理企业的概念

工程监理企业是指从事建设工程监理业务并取得工程监理企业资质证书的经济组织。其包括主要从事建设工程监理工作的监理公司、监理事务所，以及承接监理业务的工程设计、科研院所和工程咨询单位。它是监理工程师的执业机构。

建筑市场是由三大主体构成的，即业主、承建商和监理方。一个发育完善的市场不仅要有具备法人资格的交易双方，而且要有协调交易双方、为交易双方提供交易服务的第三方。就建筑市场而言，业主和承建商是买卖双方，承建商以物的形式出卖自己的劳动，是卖方；业主以支付货币的形式购买承建商的建筑产品，是买方。一般来说，建筑产品的买卖交易不是短时间就可以完成的，往往需要经历较长的时间。交易的时间越长，或阶段性交易的次数越多，买卖双方产生矛盾的概率就越高，需要协调的问题就越多。况且，建筑市场中交易活动的专业技术性很强，没有相当高的专业技术水平，就难以圆满地完成建筑市场中的交易活动。工程监理企业正是介于业主和承建商之间的第三方，它是为促进建筑市场中交易活动顺利开展而服务的。

2. 工程监理企业的分类

目前我国公司制监理企业的种类有两种，即监理有限责任公司和监理股份有限公司。

1) 监理有限责任公司

监理有限责任公司是指由50人以下的股东共同出资，股东以其所认缴的出资额对公司行为承担责任，公司以其全部资产对其债务承担责任的企业法人。

监理有限责任公司有以下特征。

(1) 公司不对外发行股票，股东的出资额由股东协商确定。

(2) 股东交付股金后，公司出具股权证书，作为股东在公司中拥有的权益凭证，这种凭证不同于股票，不能自由流通，必须在其他股东同意的条件下才能转让，且要优先转让给公司原有股东。

(3) 公司股东所负责任仅以其出资额为限，即股东投入公司的财产与其个人的其他财产脱钩，公司破产或解散时，只以公司所有的资产偿还债务。

(4) 公司具有法人地位。

(5) 在公司名称中必须注明“有限责任公司”字样。

(6) 公司股东可以作为雇员参与公司的经营管理，通常公司管理者也是公司的所有者。

(7) 公司账目可以不公开，尤其是公司的资产负债表一般不公开。

2) 监理股份有限公司

监理股份有限公司是指全部资本由等额股份构成，并通过发行股票筹集资本，股东以其所认购股份对公司承担责任，公司以其全部资产对公司债务承担责任的企业法人。

设立监理股份有限公司可以采取发起设立或者募集设立的方式。发起设立是指由发起人认购公司应发行的全部股份而设立公司；募集设立是指由发起人认购公司应发行股份的一部分，其余部分向社会公开募集而设立公司。

监理股份有限公司有以下特征。

(1) 公司资本总额分为金额相等的股份，股东以其所认购的股份对公司承担有限责任。

(2) 公司作为独立的法人，有自己独立的财产，公司在对外经营业务时，以其独立的全部财产承担公司债务。

(3) 公司可以公开向社会发行股票。

(4) 公司股东的数量有最低限制，应当有 5 个以上的发起人，其中必须有过半数的发起人在中国境内有住所。

(5) 股东以其所持有的股份享受相应权利和承担相应义务。

(6) 在公司名称中必须标明“股份有限公司”字样。

(7) 公司账目必须公开，便于股东全面掌握公司情况。

(8) 公司管理实行两权分离，董事会接受股东大会委托，监督公司财产的保值、增值，行使公司财产所有者职权，而经理由董事会聘任并掌握公司经营权。

2.2.2 工程监理企业的设立

1. 工程监理企业设立的基本条件

音频 工程监理企业设立的基本条件.mp3

(1) 有固定的办公场所。

(2) 有一定数量且具有相应职称的专门从事监理工作的工程经济、技术人员，并应做到专业基本配套。

(3) 有一定数额的注册资金。

(4) 有拟定的工程监理企业章程。

(5) 有主管单位的，要有主管单位同意设立工程监理企业的批准文件。

(6) 拟从事监理工作的人员中，已取得国家建设行政主管部门颁发的“监理工程师资格证书”的人员数量要达到一定标准。

2. 工程监理企业筹备设立时应准备的材料

(1) 筹备设立工程监理企业的申请报告，必要时还应提交设立工程监理企业的可行性研究报告。

(2) 有主管单位的，应出具主管单位同意设立工程监理企业的批准文件。

(3) 拟定的工程监理企业组织机构方案和主要负责人的人选名单。

(4) 工程监理企业章程(草案)。

(5) 已有的从事监理工作的人员一览表及相关证件。

(6) 已有的可应用于监理工作的机械、设备一览表。

(7) 开户银行出具的验资证明。

(8) 办公场所所有权或使用权的房产证明。

3. 设立工程监理企业的申报及审批程序

要设立工程监理企业，首先应在工商行政管理部门申请登记注册，经审查合格后，进行登记注册并签发营业执照。

在取得企业法人营业执照后，工程监理企业方可到企业注册所在地的县级以上地方人民政府建设行政主管部门办理相关资质申请手续。

根据我国2007年6月颁布的《工程监理企业资质管理规定》，新设立的企业申请工程监理企业资质，应先在工商部门登记注册，取得《企业法人营业执照》或《合伙企业营业执照》，办理相应的执业人员注册手续后，方可申请资质。

【案例2-3】某项目工程建设单位与甲监理公司签订了施工阶段的监理合同，该合同明确规定：监理单位应对工程质量、工程造价、工程进度进行控制。建设单位在室内精装修招标前，与乙审计事务所签订了审查工程预结(决)算的审计服务合同。与丙装修中标单位签订的精装修合同中写明监理单位为甲监理公司。但在另一条款中又规定：精装修工程预付款、工程款及工程结算必须经乙审计事务所审查签字同意后方可付款。在精装修施工过程中，建设单位要求甲监理公司对乙审计单位的审计工作予以配合。

请结合本章内容分析监理单位的职责及法律责任。

2.2.3 工程监理企业的资质

工程监理企业资质分为综合资质、专业资质和事务所三个序列。综合资质只设甲级。专业资质原则上可分为甲、乙、丙三个级别，并按照工程性质和技术特点划分为 14 个专业工程类别；除房屋建筑、水利水电、公路和市政公用四个专业工程类别设丙级资质外，其他专业工程类别不设丙级资质。事务所不分等级。

企业资质证书.pdf

1. 综合资质标准

(1) 具有独立法人资格且注册资本不少于 600 万元。

(2) 企业技术负责人应为注册监理工程师，并具有 15 年以上从事工程建设工作的经历或者具有工程类高级职称。

(3) 具有 5 个以上工程类别的专业甲级工程监理资质。

(4) 注册监理工程师不少于 60 人，注册造价工程师不少于 5 人，一级注册建造师、一级注册建筑师、一级注册结构工程师或者其他勘察设计注册工程师合计不少于 15 人次。

(5) 企业具有完善的组织机构和质量管理体系，有健全的技术、档案等管理制度。

(6) 企业具有必要的工程试验检测设备。

(7) 申请工程监理资质之日前两年内，企业没有违反法律、法规及规章的行为。

(8) 申请工程监理资质之日前两年内没有因本企业监理责任造成重大质量事故。

(9) 申请工程监理资质之日前两年内没有因本企业监理责任发生三级以上工程建设重大安全事故或者发生两起以上四级工程建设安全事故。

2. 专业资质标准

1) 专业资质甲级标准

(1) 具有独立法人资格且注册资本不少于 300 万元。

(2) 企业技术负责人应为注册监理工程师，并具有 15 年以上从事工程建设工作的经历或者具有工程类高级职称。

(3) 注册监理工程师、注册造价工程师、一级注册建造师、一级注册建筑师、一级注册结构工程师或者其他勘察设计注册工程师合计不少于 25 人次；其中，相应专业注册监理工程师不少于《专业资质注册监理工程师人数配备表》(见表 2-1)中要求配备的人数，注册造价工程师不少于 2 人。

(4) 企业近 2 年内独立监理过 3 个以上相应专业的二级工程项目，但是，具有甲级设计资质或一级及以上施工总承包资质的企业申请本专业工程类别甲级资质的除外。

(5) 企业具有完善的组织机构和质量管理体系，有健全的技术、档案等管理制度。

(6) 企业具有必要的工程试验检测设备。

(7) 申请工程监理资质之日前两年内，企业没有违反法律、法规及规章的行为。

(8) 申请工程监理资质之日前两年内没有因本企业监理责任造成重大质量事故。

(9) 申请工程监理资质之日前两年内没有因本企业监理责任发生三级以上工程建设重大安全事故或者发生两起以上四级工程建设安全事故。

2) 专业资质乙级标准

(1) 具有独立法人资格且注册资本不少于 100 万元。

(2) 企业技术负责人应为注册监理工程师,并具有 10 年以上从事工程建设工作的经历。

(3) 注册监理工程师、注册造价工程师、一级注册建造师、一级注册建筑师、一级注册结构工程师或者其他勘察设计注册工程师合计不少于 15 人次。其中，相应专业注册监理工程师不少于《专业资质注册监理工程师人数配备表》(见表 2-1)中要求配备的人数，注册造价工程师不少于 1 人。

表 2-1 专业资质注册监理工程师人数配备表

单位：人

序 号	工程类别	甲 级	乙 级	丙 级
1	房屋建筑工程	15	10	5
2	冶炼工程	15	10	
3	矿山工程	20	12	
4	化工石油工程	15	10	
5	水利水电工程	20	12	5
6	电力工程	15	10	
7	农林工程	15	10	
8	铁路工程	23	14	
9	公路工程	20	12	5
10	港口与航道工程	20	12	
11	航天航空工程	20	12	
12	通信工程	20	12	
13	市政公用工程	15	10	5
14	机电安装工程	15	10	

注：表中各专业资质注册监理工程师人数配备是指企业取得本专业工程类别注册的注册监理工程师人数。

(4) 有较完善的组织机构和质量管理体系，有技术、档案等管理制度。

(5) 有必要的工程试验检测设备。

(6) 申请工程监理资质之日前两年内，企业没有违反法律、法规及规章的行为。

(7) 申请工程监理资质之日前两年内没有因本企业监理责任造成重大质量事故。

(8) 申请工程监理资质之日前两年内没有因本企业监理责任发生三级以上工程建设重大安全事故或者发生两起以上四级工程建设安全事故。

3) 专业资质丙级标准

(1) 具有独立法人资格且注册资本不少于50万元。

(2) 企业技术负责人应为注册监理工程师，并具有8年以上从事工程建设工作的经历。

(3) 相应专业的注册监理工程师不少于《专业资质注册监理工程师人数配备表》(见表2-1)中要求配备的人数。

(4) 有必要的质量管理体系、档案管理和规章制度。

(5) 有必要的工程试验检测设备。

3. 事务所资质标准

(1) 取得合伙企业营业执照，具有书面合作协议书。

(2) 合伙人中有不少于3名注册监理工程师，合伙人均有5年以上从事建设工程监理的工作经历。

(3) 有固定的工作场所。

(4) 有必要的质量管理体系、档案管理和规章制度。

(5) 有必要的工程试验检测设备。

2.3 工程监理企业的经营管理

2.3.1 工程监理企业的法律责任

监理企业所涉及的法律法规大体上可以分为两大类：一类是规范一般主体行为方面的，主要有《民法通则》《招标投标法》《劳动法》《合同法》《税法》等。另一类是规范行业主体行为方面的，主要有《建筑法》《建设工程质量管理条例》《工程监理企业资质管理规定》以及具有法律效力的国家标准，如《建设工程监理规范》等。

1．监理企业的行业法律责任

监理企业在行业行为中的法律责任主要是承担民事法律责任，除属于一般主体行为的单位犯罪外，在具体的监理业务中一般不会构成单位犯罪，监理企业的行业法律责任在《建筑法》第三十五条和第六十九条中有明确规定。

(1) 不按照委托监理合同的约定履行监理义务，对应当监督检查的项目不检查或者不按照规定检查，给建设单位造成损失的，应当承担相应的赔偿责任。

(2) 与承包单位串通，为承包单位谋取非法利益，给建设单位造成损失的，应当与承包单位承担连带赔偿责任。

(3) 与建设、施工单位串通、弄虚作假、降低工程质量，造成损失的，承担连带赔偿责任。

2．监理企业的行业行政责任

监理企业的行业行政责任在《建设工程质量管理条例》第四章罚则中有明确规定，归

纳起来，监理企业有下列行为时应受到相应的处罚。

(1) 超越本单位资质等级承揽工程的，其应受的处罚是：责令停止违法行为，处以监理费酬金 1 倍以上 2 倍以下的罚款可责令停业整顿，降低资质等级；情节严重的，吊销资质证书。

(2) 允许其他单位或个人以本单位名义承揽工程的，其应受的处罚是：责令改正，没收违法所得，处以监理酬金 1 倍以上 2 倍以下的罚款；可以责令停业整顿，降低资质等级；情节严重的，吊销资质证书。

(3) 转让监理业务的，其应受的处罚是：责令改正，没收违法所得，处合同的监理酬金 25%以上 50%以下的罚款；可责令停业整顿，降低资质等级；情节严重的，吊销资质证书。

(4) 与建设单位或者施工单位串通，弄虚作假，降低工程质量的，其应受的处罚是：责令改正，处 50 万元以上 100 万元以下的罚款。降低资质等级或者吊销资质证书；有违法所得的予以没收。

(5) 将不合格的建设工程、建筑材料、建筑构配件和设备按照合格签字的，其应受的处罚是责令改正，处 50 万元以上 100 万元以下的罚款；降低资质等级或者吊销资质证书；有违法所得的予以没收。

(6) 与被监理工程的施工承包单位以及建筑材料、建筑构配件和设备供应单位有隶属关系或者其他利害关系承担该工程监理业务的，其应受的处罚是：责令改正，处 5 万元以上 10 万元以下的罚款；降低资质等级或者吊销资质证书；有违法所得的，予以没收。

(7) 未取得资质证书承揽工程的，其应受的处罚是：予以取缔，处合同约定监理酬金 1 倍以上 2 倍以下的罚款；有违法所得的，予以没收。

(8) 以欺骗手段取得资质证书承揽工程的，其应受的处罚是：吊销资质证书，处合同约定监理酬金 1 倍以上 2 倍以下的罚款；有违法所得的，予以没收。

2.3.2 工程监理企业的经营管理与市场开发

1. 工程监理企业经营活动基本准则

工程监理企业从事建设工程监理活动，应当遵循“守法、诚信、公正、科学”的准则。

1) 守法

守法即遵守国家的法律法规。工程监理企业只能在核定的业务范围内开展经营活动。核定的业务范围包括两个方面：一是监理业务的工程类别；二是承接监理工程的等级。

工程监理企业离开原住所地承接监理业务，要自觉遵守当地人民政府颁发的监理法规和有关规定，主动向监理工程所在地的省、自治区、直辖市建设行政主管部门备案登记，接受其指导和监督管理。

2) 诚信

信用是企业的一种无形资产，良好的信用能为企业带来巨大效益。

信用管理制度主要有：①建立健全合同管理制度；②建立健全与业主的合作制度；

③建立健全监理服务需求调查制度；④建立企业内部信用管理责任制度。

3) 公正

工程监理企业要做到公正，必须做到以下几点：一要具有良好的职业道德；二要坚持实事求是；三要熟悉有关建设工程合同条款；四要提高专业技术能力；五要提高综合分析判断问题的能力。

4) 科学

科学是指工程监理企业工作的开展要依据科学的方案，运用科学的手段，采取科学的方法。工程项目监理结束后，还要进行科学的总结。

(1) 科学的方案。

就一个工程项目的监理工作而言，科学的方案主要是指监理规划，其内容包括建设工程监理的组织计划、程序，各专业、各阶段的监理内容和对策，工程的关键部位或可能出现的重大问题的监理措施。在实施监理前，要尽可能地预测出各种可能出现的问题，拟订解决办法，使各项监理活动都纳入计划管理的轨道，并制定出切实可行、行之有效的监理细则，指导监理活动顺利地进行。

(2) 科学的手段。

实施建设工程监理必须借助先进的设备和仪器才能更好地完成监理任务，如已普遍使用的计算机，各种检测、试验、化验仪器，摄像和录像设备等。

(3) 科学的方法。

监理工作的科学方法主要体现在监理人员在掌握工程项目建设及其外部环境实际情况的基础上，运用科学的方法，适时、稳妥、高效地处理有关问题，并且在解决问题时能用事实说话、用书面文字说话、用数据说话，使与问题有关的各方都心服口服、感到满意。同时还要开发、利用计算机软件辅助建设工程监理业务。

2. 工程监理企业市场开发的基本准则

1) 取得监理业务的基本方式

工程监理企业承揽监理业务的表现形式有两种：一是通过投标竞争取得监理业务；二是由业主直接委托取得监理业务。在不宜公开招标的机密工程或没有投标竞争对手的情况下，或者是工程规模比较小、比较单一的监理业务，再或者是对工程监理企业的续用等情况下，业主也可以采用直接委托的方式选择工程监理企业。

2) 工程监理企业投标书的核心

工程监理企业投标书的核心是反映所提供的管理服务水平高低的监理大纲，尤其是主要的监理对策。业主在监理招标时不应把监理费的高低当作选择工程监理企业的主要评定标准。

3) 工程监理费的计算方法

(1) 工程监理费的构成：它是构成工程概算的一部分，在工程概算中单独列支。建设工程监理费由监理直接成本、监理间接成本、税金和利润 4 部分构成。

(2) 监理费的计算方法：①按建设工程投资的百分比计算法：采用这种方法的关键是确定计算监理费的基数。新建、改建、扩建工程以及较大型的技术改造工程所编制的工程概算就是初始计算监理费的基数。工程结算时，再按实际工程投资进行调整。当然，作为计算监理费基数的工程概算仅限于委托监理的工程部分。②工资加一定比例的其他费用计算法。③按时计算法：这种计算方法主要适用于临时性的、短期的监理业务，或者不宜按工程概算的百分比等其他方法计算监理费的监理业务。④固定价格计算法：这种方法适用于监理内容比较明确的中小型工程监理费的计算。

4) 工程监理企业在竞争承揽监理业务时的注意事项

(1) 严格按照批准的经营范围承接监理业务，特殊情况下，承接经营范围以外的监理业务时，需向资质管理部门申请批准。

(2) 承揽监理业务的总量要视本单位的力量而定，不得在与业主签订监理合同后，把监理业务转包给其他工程监理企业，或允许其他企业、个人以本监理企业的名义挂靠承揽监理业务。

(3) 对于监理风险较大的建设工程，可以联合几家工程监理企业组成联合体共同承担监理业务，以分担风险。

2.3.3 工程监理企业与工程建设各方的关系

(1) 建设单位与监理单位的关系是委托与被委托的合同关系。监理单位直接对建设单位负责，在监理业务活动中应当维护建设单位的合法权益。监理单位根据授权代表建设单位对施工现场进行管理，建设单位与施工单位之间涉及建设工程施工合同有关的联系活动应通过监理单位进行。

(2) 监理单位与施工单位的关系是监理与被监理的关系。监理单位应监督施工单位认真履行建设工程施工合同中规定的责任和义务，但不得损害施工单位的合法权益。

(3) 监理单位与勘察、设计单位的关系是协作关系；监理单位与设计单位没有合同关系，但勘察、设计单位向建设单位提供的勘察报告、设计文件是监理服务的依据之一，为此，监理与勘察、设计单位形成协作关系。

(4) 安全、质量监督机构与监理单位的关系是监督与被监督的关系。安全、质量监督机构代表建设行政主管部门执行政府的监督职能，监理单位应接受其监督和检查。

2.4 监理工程师执业资格考试、注册和继续教育

2.4.1 监理工程师执业资格考试

监理工程师执业资格考试由建设部(现为住房和城乡建设部)和人事部(现为人力资源和社会保障部)共同负责组织协调和监督管理。其中建设部负责组织拟定考试科目，编写考试大纲、培训教材和命题工作，统一规划和组织考前培训；人事部负责审定考试科目、考试

大纲和试题，组织实施各项考务工作，并会同建设部对考试进行检查、监督、指导和确定考试合格标准。监理工程师执业资格考试的作用如图 2-1 所示。

监理工程师执业资格考试报名条件限制如下。

(1) 工程技术或工程经济专业大专(含大专)以上学历，按照国家有关规定，取得工程技术或工程经济专业中级职称，并任职满 3 年；

(2) 按照国家有关规定，取得工程技术或工程经济专业高级职称；

(3) 1970 年(含 1970 年)以前工程技术或工程经济专业中专毕业，按照国家有关规定，取得工程技术或工程经济专业中级职称，并任职满 3 年。

图 2-1　监理工程师执业资格考试的作用

2.4.2　实施监理工程师执业资格考试制度的意义

音频　实施监理工程师执业资格考试制度的意义.mp3

监理工程师是新中国成立以来在工程建设领域第一个设立的执业资格。

实行监理工程师执业资格考试制度的意义在于：促进监理人员努力钻研监理业务，提高业务水平；统一监理工程师的业务能力标准；有利于公正地确定监理人员是否具备监理工程师的资格；合理建立工程监理人才库；便于同国际接轨，开拓国际工程监理市场。因此，我国要建立监理工程师执业资格考试制度。

国际上多数国家在设立执业资格时，通常比较注重职业人员的专业学历和工作经验。他们认为这是执业人员的基本素质，是保证执业工作有效实施的主要条件。我国根据对监理工程师业务素质和能力的要求，对参加监理工程师执业资格考试的报名条件也从两方面做了限制：一是要具有一定的专业学历；二是要具有一定年限的工程建设实践经验。

由于监理工程师的业务主要是控制建设工程的质量、投资、进度，监督管理建设工程合同，协调工程建设各方的关系，所以监理工程师执业资格考试的内容主要是工程建设监理基本理论、工程质量控制、工程进度控制、工程投资控制、建设工程合同管理和涉及工程监理的相关法律法规等方面的理论知识和实务技能。

监理工程师执业资格考试是一种水平考试，是对考生掌握监理理论和监理实务技能的抽检。

对考试合格人员，由省、自治区、直辖市人民政府人事行政主管部门颁发由国务院人事行政主管部门统一印制，国务院人事行政主管部门和建设行政主管部门共同用印的《监

理工程师执业资格证书》。取得执业资格证书并经注册后，即成为监理工程师。

2.4.3 监理工程师注册

1．申请监理工程师注册的条件

取得中华人民共和国监理工程师执业资格证书的申请人，应自证书签发之日起 3 年内提出初始注册申请。逾期未申请者，须符合近 3 年继续教育要求后方可申请初始注册。

2．申请初始注册需提交的材料

(1) 本人填写的《中华人民共和国注册监理工程师初始注册申请表》(一式二份，另附一张近期一英寸免冠照片，供制作注册执业证书使用)和相应电子文档(电子文档通过网上报送给省、自治区、直辖市建设行政主管部门或其委托的注册管理机构，以下简称省级注册管理机构)；

(2) 《中华人民共和国监理工程师执业资格证书》复印件；

(3) 身份证件(身份证或军官证、警官证等)复印件；

(4) 与聘用单位签订的有效聘用劳动合同及社会保险机构出具的参加社会保险的清单复印件(退休人员仅需提供有效的聘用合同和退休证明复印件)；

(5) 学历或学位证书、职称证书复印件，与申请注册专业相关的工程技术、工程管理工作经历和工程业绩证明；

(6) 逾期初始注册的，应提交达到继续教育要求证明的复印件。

3．申请初始注册的程序

申请人向聘用单位提出申请；聘用单位同意后，将《监理工程师执业资格证书)及其他有关资料，向所在省、自治区、直辖市人民政府建设行政主管部门提出申请：省、自治区、直辖市人民政府建设行政主管部门初审合格后，报国务院建设行政主管部门；国务院建设行政主管部门对初审意见进行审核，符合条件者准予注册，并颁发由国务院建设行政主管部门统一印制的《监理工程师注册证书》和执业印章，执业印章由监理工程师本人保管。

监理工程师执业资格证书.pdf

国务院建设行政主管部门对监理工程师初始注册随时受理审批，并实行公示、公告制度，对符合注册条件的进行网上公示，经公示未提出异议的予以批准确认。监理工程师初始注册有效期为 3 年。

2.4.4 监理工程师继续教育

1．注册监理工程师应参加继续教育培训的相关文件规定

根据《注册监理工程师管理规定》(原建设部令第 147 号)第四章继续教育中第二十三条的有关规定：注册监理工程师在每一注册有效期内应当达到国务院建设主管部门规定的继续

教育要求。继续教育作为注册监理工程师逾期初始注册、延续注册和重新申请注册的条件之一。

根据住房和城乡建设部建筑市场监管司《注册监理工程师继续教育暂行办法》中继续教育学时的要求：注册监理工程师在每一注册有效期(3年)内应接受96学时的继续教育，其中必修课和选修课各为48学时。

注册监理工程师申请变更注册专业时，在提出申请之前，应接受申请变更注册专业24学时选修课的继续教育。注册监理工程师申请跨省、自治区、直辖市变更执业单位时，在提出申请之前，应接受新聘用单位所在地8学时选修课的继续教育。

2. 注册监理工程师继续教育的类型

注册监理工程师继续教育可分为四种类型，即逾期初始注册、重新初始注册、变更注册及延续注册继续教育。

3. 注册监理工程师继续教育培训方式的种类

继续教育培训可分为面授培训、网络培训、面授与网络培训相结合的三种方式。延续注册的继续教育由各省(自治区、直辖市)行业协会负责组织实施。网络培训由中国建设监理协会统一组织；面授与网络培训相结合的方式由省、行业协会统一组织，中国建设监理协会负责协调、监督管理。

本章小结

通过对本章内容的学习，学生们可以了解监理工程师的概念、素质、职业道德；掌握监理工程师的权利和义务、工作职责等基本常识；了解工程监理企业的概念与分类；了解工程监理企业的资质基本知识；了解监理工程师注册基本知识。希望通过对本章的学习，使同学们对监理工程师和工程监理企业有基本了解，并掌握相关的知识点，举一反三，学以致用。

实训练习

一、单选题

1. 在工程建设领域诞生工程监理制度的核心是(　　)。

A. 建造工程师　　B. 造价工程师

C. 监理工程师　　D. 结构工程师

2. 我国有关规定认为，年纪过大的同志不宜再在监理单位工作的原因是建设工程施工是露天作业、工作条件艰苦等，这个年龄界限是(　　)。

A. 55周岁　　B. 60周岁　　C. 65周岁　　D. 70周岁

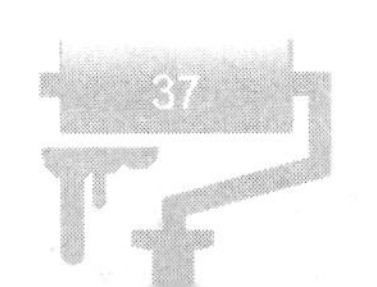

3. 下列选项中，属于监理工程师的允许行为的是(　　)。

A. 以个人名义承揽监理业务　　B. 收受被监理单位的礼金

C. 在政府部门兼职　　D. 接受委托监理单位负责人的宴请

4. 保持其知识和技能与技术、法规、管理的发展相一致的水平，对于委托人要求的服务采用相应的技能，并尽心尽力，这是FIDIC道德准则中(　　)方面的要求。

A. 对社会和职业的责任　　B. 公正性

C. 对他人的公正　　D. 能力

5. 在FIDIC道德准则中，通知该咨询工程师并且接到委托人终止其先前任命的建议前(　　)该咨询工程师的工作。

A. 不得取代　　B. 取代　　C. 行使　　D. 承担

6. “寻求与确认的发展原则相适应的解决办法”的观念，属于FIDIC协会成员基本准则中的(　　)准则。

A. 对社会和职业的责任　　B. 对他人的公正

C. 正直性　　D. 能力

7. 下列属于FIDIC道德准则的是(　　)。

A. 服务性　　B. 科学性　　C. 独立性　　D. 公正性

8. 如果监理工程师与建设单位或施工企业串通，弄虚作假、降低工程质量，从而引发安全事故，则(　　)。

A. 监理工程师承担责任，质量、安全事故责任主体不承担责任

B. 监理工程师不承担责任，质量、安全事故责任主体承担责任

C. 监理工程师应当与质量、安全事故责任主体平均分担责任

D. 监理工程师应当与质量、安全事故责任主体承担连带责任

二、多选题

1. 我国监理工程师的执业范围十分广泛，就其监理的过程来看，它包括(　　)。

A. 土木工程　　B. 前期决策　　C. 经营管理

D. 项目运行　　E. 施工

2. 监理单位所承担的责任主要包括(　　)。

A. 行政责任　　B. 民事责任　　C. 刑事责任

D. 监理责任　　E. 连带责任

3. 监理工程师要有良好的品德，其良好品德主要表现有(　　)。

A. 热爱本职工作

B. 具有科学的工作态度

C. 具有廉洁奉公、为人正直、办事公道的高尚情操

D. 能听取不同意见，而且有良好冷静分析问题的能力

E. 能够独立地开展工作

4. 监理工程师按照(   )准则执法。

A. 守法　　B. 诚信　　C. 科学

D. 公正　　E. 文明

5. 下列哪些是 FIDIC 对其会员提出的基本准则？(   )

A. 对社会和职业的责任　　B. 能力　　C. 公平性

D. 正直性　　E、文明性

三、简答题

1. 何谓监理工程师？ 其执业特点有哪些？
2. 监理工程师的素质和职业道德各是什么？
3. 我国工程监理企业的资质可分为几大类？分别可以监理何种类型的工程项目？
4. 工程监理企业与业主、承包商是什么关系？

第 2 章答案.docx

实训工作单

班级		姓名		日期	
教学项目		掌握监理工程师和工程监理企业知识			
学习项目	熟悉监理工程师和工程监理企业的执业特点、概念；了解工程监理企业的定义；掌握工程监理企业的资质；了解工程监理企业的设立程序	学习要求	①了解监理工程师的概念、执业特点；②掌握监理工程师的法律地位、法律责任；③理解工程监理企业的定义；④了解工程监理企业分类的方式；⑤了解工程监理企业设立、资质审批的基本要求		
相关知识		监理工程师的素质；监理工程师的工作职责；监理工程师的职业道德；监理工程师的继续教育			
其他内容		监理工程师执业资格考试、注册			
学习记录					
评语				指导老师	

第 3 章　监理规划及监理实施细则

第 3 章　建筑工程监理规划及监理实施细则.pptx

【教学目标】

- 掌握监理规划相关知识。
- 掌握监理实施细则的相关知识。

【教学要求】

本章要点	掌握层次	相关知识点
监理规划	(1) 熟悉监理规划的概念和作用 (2) 掌握监理规划的编制 (3) 掌握监理规划的审核	监理规划内容
监理实施细则	(1) 熟悉监理实施细则的概念与作用 (2) 掌握监理实施细则的概念与作用 (3) 掌握监理实施的细则和内容	监理实施细则

【案例导入】

某建设工程项目，建设单位委托某监理公司负责施工阶段的监理工作。该公司副经理出任项目总监理工程师。

总监理工程师责成公司技术负责人组织经营、技术部门人员编制该项目监理规划。参编人员根据本公司已有的监理规划标准范本，将投标时的监理大纲做适当改动后编成该项目监理规划，该监理规划经公司经理审核签字后，报送给建设单位。

【问题导入】

请结合自身所学的相关知识，试根据本案的相关背景，指出该监理公司编制监理规划的做法的不妥之处，并写出正确的做法。

3.1 监理规划

监理规划.mp4

3.1.1 监理规划的概念和作用

音频 建设工程监理规划的作用.mp3

监理大纲又称监理方案，它是监理单位在业主开始委托监理的过程中，特别是在业主进行监理招标过程中，监理公司是为了获得监理业务而编写的监理方案性文件，也是监理投标文件的重要组成部分。中标后的监理大纲是工程建设监理合同的一部分，也是工程建设监理规划编制的直接依据。

1. 监理大纲的作用

监理单位编制监理大纲有以下两个作用。

(1) 使业主认可监理大纲中的监理方案，从而承揽到监理业务。

(2) 为项目监理机构今后开展监理工作制定基本的方案。为使监理大纲的内容和监理实施过程紧密结合，监理大纲的编制人员应当是监理单位经营部门或技术管理部门人员，也应包括拟定的总监理工程师。总监理工程师参与编制监理大纲有利于监理规划的编制。

2. 监理大纲的内容

监理大纲的内容应当根据业主所发布的监理招标文件的要求而制定，一般来说，应该包括以下主要内容。

(1) 拟派往项目监理机构的监理人员情况。在监理大纲中，监理单位需要介绍拟派往所承揽或投标工程的项目监理机构的主要监理人员，并对他们的资格情况进行说明。其中，应该重点介绍拟派往投标工程的项目总监理工程师的情况，这往往决定着承揽监理业务的成败。

(2) 拟采用的监理方案。监理单位应当根据业主所提供的工程信息，并结合自己为投标所初步掌握的工程资料，制定出拟采用的监理方案。监理方案的具体内容包括项目监理机构的方案、工程建设三大目标的具体控制方案、工程建设各种合同的管理方案、项目监理机构在监理过程中进行组织协调的方案等。

(3) 将提供给业主的监理阶段性文件。在监理大纲中，监理单位还应该明确未来工程监理工作中向业主提供的阶段性的监理文件，这将有助于满足业主掌握工程建设过程的需要，有利于监理单位顺利承揽该工程建设的监理业务。

3. 监理规划

监理规划(见图 3-1)是在项目监理机构详细调查和充分研究建设工程的目标、技术、管理、环境以及工程参建各方等情况后制定的指导工程建设监理工作的实施方案，监理规划应起到指导项目监理机构实施工程建设监理工作的作用，因此，监理规划中应有明确、具体、切合工程实际的监理工作内容、程序、方法和措施，并制定完善的监理工作制度。

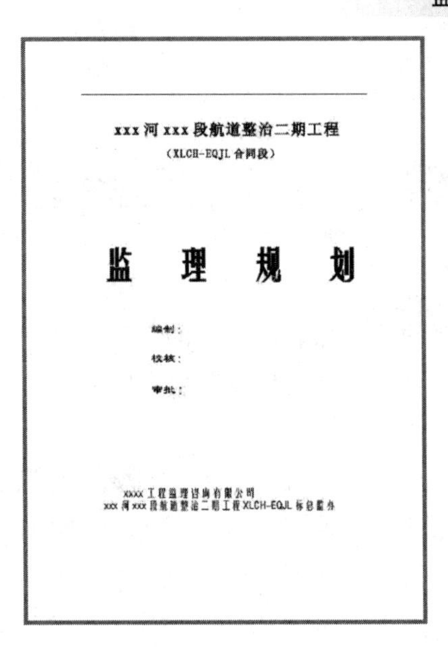

xxx 河 xxx 段航道整治二期工程

（XLCH-EQJL 合同段）

监　理　规　划

编制：

校核：

审批：

xxxx 工程监理咨询有限公司

xxx 河 xxx 段航道整治二期工程 XLCH-EQJL 标总监办

图 3-1　监理规划

监理规划作为工程监理单位的技术文件，应经过工程监理单位技术负责人的审核批准，并在工程监理单位存档。

1)　监理规划的编审程序

监理规划编审应遵循下列程序。

(1)　总监理工程师组织专业监理工程师编制；

(2)　总监理工程师签字后由工程监理单位技术负责人审批。

在监理工作实施过程中，建设工程的实施可能会发生较大变化，如设计方案重大修改、施工方式发生变化、工期和质量要求发生重大变化，或者当原监理规划所确定的程序、方法、措施和制度等需要做重大调整时，总监理工程师应及时组织专业监理工程师修改监理规划，并按原程序经过批准后报建设单位。

2)　监理规划的内容

监理规划应包括下列主要内容。

(1)　工程概况；

(2)　监理工作的范围、内容、目标；

(3)　监理工作依据；

(4)　监理组织形式、人员配备及进退场计划、监理人员岗位职责；

(5)　监理工作制度；

(6)　工程质量控制；

(7)　工程造价控制；

(8)　工程进度控制；

(9)　安全生产管理的监理工作；

(10) 合同与信息管理；

(11) 组织协调；

(12) 监理工作设施。

3.1.2 监理规划的编制

1. 建设工程监理文件的构成

施工监理规划.pdf

建设工程监理文件是指监理单位投标时编制的监理大纲、监理合同签订以后编制的监理规划和专业监理工程师编制的监理实施细则。

1) 监理大纲

监理大纲又称监理方案，它是监理单位在业主开始委托监理的过程中，特别是在业主进行监理招标过程中，为承揽到监理业务而编写的监理方案性文件。监理单位编制监理大纲有以下两个作用：一是使业主认可监理大纲中的监理方案，从而承揽到监理业务；二是为项目监理机构今后开展监理工作制定基本的方案。为使监理大纲的内容与监理实施过程紧密结合，监理大纲的编制人员应当是监理单位经营部门或技术管理部门人员，也应包括拟定的总监理工程师。总监理工程师参与编制监理大纲有利于监理规划的编制。监理大纲的内容应当根据业主所发布的监理招标文件的要求而制定，一般来说应该包括以下主要内容。

(1) 拟派往项目监理机构的监理人员情况介绍。

在监理大纲中，监理单位需要介绍拟派往所承揽或投标工程的项目监理机构的主要监理人员，并对他们的资格情况进行说明。其中应该重点介绍拟派往投标工程的项目总监理工程师的情况，这往往可以决定承揽监理业务的成败。

(2) 拟采用的监理方案。

监理单位应当根据业主所提供的工程信息并结合自己为投标所初步掌握的工程资料，制定出拟采用的监理方案。监理方案的具体内容包括项目监理机构的方案、建设工程三大目标的具体控制方案、工程建设各种合同的管理方案、项目监理机构在监理过程中进行组织协调的方案等。

音频　工程建设监理实施细则的编制原则.mp3

(3) 将提供给业主的阶段性监理文件。

在监理大纲中，监理单位还应该明确未来工程监理工作中向业主提供的阶段性的监理文件，这将有助于满足业主掌握工程建设过程的需要，有利于监理单位顺利承揽该建设工程的监理业务。

【案例 3-1】某学校的教学楼工程，在施工设计图纸完成前，业主通过招标选择了一家总承包单位承包该工程的施工任务。因为设计工作还未完成，所以承包范围内待实施的工程虽性质明确，但是仍难以确定工程量。为了减少双方的风险，双方通过协商，决定采用总价合同形式签订施工合同。在签订施工合同之前，业主委托了一家监理单位，以协助业主签订施工合同和进行施工阶段监理。

结合自身所学的相关知识，简述监理实施规划的概念与作用。

2) 监理规划

监理规划是监理单位接受业主委托并签订委托监理合同之后，在项目总监理工程师的主持下，根据委托监理合同，在监理大纲的基础上，结合工程的具体情况，广泛收集工程信息和资料的情况下制定，经监理单位技术负责人批准，用来指导项目监理机构全面开展监理工作的指导性文件。从内容范围上讲，监理大纲与监理规划都是围绕着整个项目监理机构所开展的监理工作来编写的，但监理规划的内容要比监理大纲更翔实、更全面。

3) 监理实施细则

监理实施细则简称监理细则，其与监理规划的关系可以比作施工图设计与初步设计的关系。也就是说，监理实施细则是在监理规划的基础上由项目监理机构的专业监理工程师针对建设工程中某一专业或某一方面的监理工作编写，并经总监理工程师批准实施的操作性文件。监理实施细则的作用是指导本专业或本子项目具体监理业务的开展。

4) 三者之间的关系

监理大纲、监理规划、监理实施细则是相互关联的，都是建设工程监理工作文件的组成部分，它们之间存在着明显的依据性关系，在编写监理规划时，一定要严格根据监理大纲的有关内容来编写；在制定监理实施细则时，一定要在监理规划的指导下进行。一般来说，监理单位开展监理活动应当编制以上工作文件。但这也不是一成不变的，就像工程设计一样，对于简单的监理活动只编写监理实施细则就可以了，而有些建设工程也可以制定较详细的监理规划，不再编写监理实施细则。

2．建设工程监理规划的作用

1) 指导项目监理机构全面开展监理工作

监理规划的基本作用就是指导项目监理机构全面开展监理工作。建设工程监理的中心目的是协助业主实现建设工程的总目标。实现建设工程总目标是一个系统的过程，它需要制订计划，建立组织，配备合适的监理人员，进行有效的领导，实施工程的目标控制。只有系统地做好上述工作，才能完成建设工程监理的任务，实施目标控制。在实施建设监理的过程中，监理单位要集中精力做好目标控制工作。因此，监理规划需要对项目监理机构开展的各项监理工作做出全面、系统的组织和安排，它包括确定监理工作目标，制定监理工作程序，确定目标控制、合同管理、信息管理、组织协调等各项措施和确定各项工作的方法和手段。

2) 监理规划是建设监理主管机构对监理单位监督管理的依据

政府建设监理主管机构对建设工程监理单位要实施监督、管理和指导，对其人员素质、专业配套和建设工程监理业绩要进行核查和考评，以确认其资质和资质等级，以使我国整个建设工程监理行业能够达到应有的水平。要做到这一点，除了进行一般性的资质管理工作之外，更为重要的是，通过监理单位的实际监理工作来认定它的水平。而监理单位的实际水平，可从监理规划和它的实施中充分地表现出来。因此，政府建设监理主管机构对监理单位进行考核时，十分重视对监理规划的检查。所以说，监理规划是政府建设监理主管

机构监督、管理和指导监理单位开展监理活动的重要依据。

3) 监理规划是业主确认监理单位履行合同的主要依据

监理单位如何履行监理合同，如何落实业主委托监理单位所承担的各项监理服务工作，作为监理的委托方，业主不但需要而且应当了解和确认监理单位的工作。同时业主有权监督监理单位全面、认真执行监理合同。而监理规划正是业主了解和确认这些问题的最好资料，是业主确认监理单位是否履行监理合同的主要说明性文件。监理规划应当能够全面而详细地为业主监督监理合同的履行提供依据。实际上，监理规划的前期文件即监理大纲，是监理规划的框架性文件。而且，经由谈判确定的监理大纲应当纳入监理合同的附件之中，成为监理合同文件的组成部分。

4) 监理规划是监理单位内部考核的依据和重要的存档资料

从监理单位内部管理制度化、规范化、科学化的要求出发，需要对各项目监理机构(包括总监理工程师和专业监理工程师)的工作进行考核，其主要依据就是经过内部主管负责人审批的监理规划。通过考核，可以对有关监理人员的监理工作水平和能力做出客观、正确的评价，从而有利于今后在其他工程上更加合理地安排监理人员，提高监理工作效率。从建设工程监理控制的过程可知，监理规划的内容必然随着工程的进展而逐步调整、补充和完善。它在一定程度上真实地反映了一项建设工程监理工作的全貌，是最好的监理工作过程记录。因此，它是每个工程监理单位的重要存档资料。

3．建设工程监理规划的编写

监理规划是在项目总监理工程师和项目监理机构，充分分析和研究建设工程的目标、技术、管理、环境，以及参与工程建设的各方等方面的情况后制定的。监理规划要真正能起到指导项目监理机构进行监理工作的作用，监理规划中就应当有明确具体的、符合该工程要求的工作内容、工作方法、监理措施、工作程序和工作制度并应具有可操作性。

1) 建设工程监理规划编写的依据

(1) 工程建设方面的法律、法规。

工程建设方面的法律、法规具体包括三个方面。

① 国家颁布的有关工程建设的法律、法规；

② 工程所在地或所属部门颁布的工程建设相关的法规、规定和政策；

③ 工程建设的各种标准、规范。

(2) 政府批准的工程建设文件。

政府批准的工程建设文件包括两个方面。

① 政府工程建设主管部门批准的可行性研究报告、立项批文；

② 政府规划部门确定的规划条件、土地使用条件、环境保护要求、市政管理规定。

(3) 建设工程监理合同。

在编写监理规划时，必须依据建设工程监理合同中的以下内容：监理单位和监理工程师的权利和义务；监理工作范围和内容；有关建设工程监理规划方面的要求。

(4) 其他建设工程合同。

在编写监理规划时，也要考虑其他建设工程合同关于业主和承建单位权利和义务的内容。

(5) 监理大纲。

监理大纲中的监理组织计划，拟投入的主要监理人员，投资、进度、质量控制方案，合同管理方案，信息管理方案，定期提交给业主的监理工作阶段性成果等内容都是监理规划编写的依据。

2) 建设工程监理规划的编写要求

(1) 基本构成内容应当力求统一。

监理规划在总体内容组成上应力求做到统一，这是监理工作规范化、制度化、科学化的要求。监理规划基本构成内容的确定，首先应考虑整个建设监理制度对建设工程监理的内容要求。建设工程监理的主要内容是控制建设工程的投资、工期和质量，进行建设工程合同管理，协调有关单位的工作关系。这些内容无疑是构成监理规划的基本内容。如前所述，监理规划的基本作用是指导项目监理机构全面开展监理工作。因此整个监理工作的组织、控制、方法、措施等将成为监理规划必不可少的内容。这样监理规划构成的基本内容就可以确定下来。至于某一个具体建设工程的监理规划，则要根据监理单位与业主签订的监理合同所确定的监理实际范围和深度来加以取舍。归纳起来，监理规划基本构成内容应当包括目标规划、监理组织、目标控制、合同管理和信息管理。施工阶段监理规划统一的内容要求，应当在建设监理法规文件或监理合同中明确下来。

(2) 具体内容应具有针对性。

监理规划基本构成内容应当统一，但各项具体的内容则要有针对性。这是因为，监理规划是指导某一个特定建设工程监理工作的技术组织文件，它的具体内容应与这个建设工程相适应。由于所有建设工程都具有单件性和一次性的特点，也就是说每个建设工程都有自身的特点，而且，每一个监理单位和每一位总监理工程师，对某一个具体建设工程，在监理思想、监理方法和监理手段等方面，都会有自己的独到之处，因此，不同的监理单位和不同的监理工程师，在编写监理规划的具体内容时必然会体现出自己鲜明的特色。或许有人会认为，这样难以有效辨别建设工程监理规划编写的质量。实际上，建设工程监理的目的就是协助业主实现其投资目标，因此，某个建设工程监理规划，只要能够有效指导该工程监理工作，能够圆满地完成所承担的建设工程监理业务，就是合格的建设工程监理规划。每一个监理规划都是针对某一个具体建设工程的监理工作计划，都必然有它自己的投资目标、进度目标、质量目标，有它自己的项目组织形式，有它自己的监理组织机构，有它自己的目标控制措施、方法和手段，有它自己的信息管理制度，也有它自己的合同管理措施。只有具有针对性，建设工程监理规划才能真正起到指导具体监理工作的作用。

(3) 监理规划应当遵循建设工程的运行规律。

监理规划是针对某一个具体建设工程编写的，而不同的建设工程具有不同的工程特点、工程条件和运行方式。这也决定了建设工程监理规划必然与工程运行客观规律具有一致性，

必须把握、遵循建设工程运行的客观规律。只有把握建设工程运行的客观规律，监理规划的运行才是有效的，才能实施对这项工程的有效监理。此外，监理规划要随着建设工程的展开进行不断的补充、修改和完善。它由开始“粗线条”或“近细远粗”逐步变得完整、完善起来。在建设工程的运行过程中，内外因素和条件不可避免地要发生变化，造成工程的实施情况偏离计划，往往需要调整计划及目标，这就必然造成监理规划在内容上也要相应地调整。其目的是使建设工程能够在监理规划的有效控制之下，不能让它成为脱缰的野马，变得无法驾驭。

监理规划要把握建设工程运行的客观规律，就需要不断地收集大量的编写信息。如果掌握的工程信息很少，就不可能对监理工作进行详尽的规划。例如，随着设计的不断进展、工程招标方案的出台和实施，工程信息量越来越多，监理规划的内容也就越来越趋于完整。就一项建设工程的全过程监理规划来说，想一气呵成的做法是不实际的，也是不正确的，即使编写出来也是一纸空文，没有任何实用的价值。

(4) 项目总监理工程师是监理规划编写的主持人。

监理规划应当在项目总监理工程师的主持下编写制定，这是建设工程监理实施项目总监理工程师负责制的必然要求。当然编制好建设工程监理规划还要充分调动整个项目监理机构中专业监理工程师的积极性，要广泛征求各专业监理工程师的意见和建议，并吸收其中水平比较高的专业监理工程师共同参与编写。在监理规划编写的过程中，应当充分听取业主的意见，最大限度地满足他们的合理要求，为进一步搞好监理服务奠定基础。作为监理单位的业务工作，在编写监理规划时还应当按照本单位的要求进行编写。

(5) 监理规划一般要分阶段编写。

如前所述，监理规划的内容与工程进展密切相关，没有规划信息也就没有规划内容。因此，监理规划的编写需要有一个过程，需要将编写的整个过程划分为若干阶段。监理规划编写阶段可按工程实施的各阶段来划分，这样，工程实施各阶段所输出的工程信息就成为相应的监理规划信息，例如，可划分为设计阶段、施工招标阶段和施工阶段。设计的前期阶段，即设计准备阶段应完成规划的总框架并将设计阶段的监理工作进行“近细远粗”的规划，使监理规划内容与已经掌握的工程信息紧密结合；设计阶段结束，大量的工程信息能够提供出来，所以施工招标阶段监理规划的大部分内容能够落实；随着施工招标的进展，各承包单位逐步确定下来，工程施工合同逐步签订，施工阶段监理规划所需的工程信息基本齐备，足以编写出完整的施工阶段监理规划。在施工阶段，有关监理规划的主要工作是根据工程进展情况进行调整、修改，使监理规划能够动态地控制整个建设工程的正常进行。在监理规划的编写过程中需要进行审查和修改，因此，监理规划的编写还要留出必要的审查和修改的时间。为此，应当对监理规划的编写时间事先做出明确的规定，以免编写时间过长，从而耽误了监理规划对监理工作的指导，使监理工作陷入被动和无序状态。

(6) 监理规划的表达方式应当格式化、标准化。

现代科学管理应当讲究效率、效能和效益，其表现之一就是使控制活动的表达方式格式化、标准化，从而使控制的规划显得更明确、更简洁、更直观。因此需要选择最有效的方式和方法来表达监理规划的各项内容。比较而言，图、表和简单的文字说明应当是采用的基本方法。我国的建设监理制度应当走规范化、标准化的道路，这是科学管理与粗放型管理在具体工作上的明显区别。可以这样说，规范化、标准化是科学管理的标志之一。所以，编写建设工程监理规划的各项内容时，应当采用什么表格、图示，以及哪些内容需要采用简单的文字说明应当做出统一规定。

(7) 监理规划应该经过审核。

监理规划在编写完成后需进行审核并经批准。监理单位的技术主管部门是内部审核单位，其负责人应当签字确认。监理规划是否要经过业主的认可，由委托监理合同或双方协商确定。

从监理规划编写的上述要求来看，它的编写既需要由主要负责者(项目总监理工程师)主持，又需要形成编写班子。同时，项目监理机构的各部门负责人也有相关的任务和责任。监理规划涉及建设工程监理工作的各方面，所以，有关部门和人员都应当关注它，使监理规划编制得更加科学、完备，真正发挥全面指导监理工作的作用。

3.1.3 监理规划的审核

工程建设监理规划在编写完成后需要进行审核并经批准。监理单位的技术主管部门是内部审核单位，负责人应当签字确认。监理规划审核的内容主要包括以下几个方面。

1. 监理规划的报审程序

依据《工程建设监理规范》(GB/T 50319—2013)的规定，监理规划应在签订工程建设监理合同及收到工程设计文件后编制，在召开第一次工地会议前报送建设单位。监理规划报审程序的时间节点安排、各节点工作内容及负责人见表3-1。

表3-1 监理规划报审程序

序号	时间节点安排	工作内容	负 责 人
1	签订监理合同及收到工程设计文件后	编制监理规划	总监理工程师组织 专业监理工程师参与
2	编制完成、总监理签字	监理规划审批	监理单位技术负责人审批
3	第一次工地会议前	报送建设单位	总监理工程师
4	设计文件、施工组织计划和施工方案发生重大变化时	调整监理规划	总监理工程师组织 专业监理工程师参与 监理单位技术负责人审批
		重新审批监理规划	总监单位技术负责人审批

2. 监理范围、工作内容及监理目标的审核

依据监理招标文件和委托监理合同，看其是否理解业主对该工程的建设意图，监理范围、监理工作内容是否包括全部委托的工作任务，监理目标是否与合同要求和建设意图相一致。

3．项目监理机构和人员结构的审核

1) 组织机构的审核

在组织形式和管理模式等方面是否合理、是否结合工程实施的具体特点、是否能够与业主的组织关系和承包方的组织关系相协调等。

2) 人员结构的审核

(1) 派驻监理人员的专业满足程度。应根据工程特点和委托监理任务的工作范围审查，不仅要考虑专业监理工程师如土建监理工程师、机械监理工程师等能否满足开展监理工作的需要，而且还要看其专业监理人员是否满足了工程实施过程中的各种专业要求，以及高、中级职称和年龄结构的组成。

(2) 人员数量的满足程度。主要审核从事监理工作人员在数量和结构上的合理性。按照我国已完成监理工作的工程资料统计测算，在施工阶段，大中型建设工程每年完成 100 万元人民币的工程量所需监理人员至少 1 人，专业监理工程师、一般监理人员和行政文秘人员的结构比例为 0.2∶0.6∶0.2。专业类别较多的工程的监理人员数量应适当增加。

(3) 专业人员不足时采取的措施是否恰当。大中型建设工程由于技术复杂、涉及的专业面广，当监理单位的技术人员不足以满足全部监理工作要求时，对拟临时聘用的监理人员的综合素质应认真审核。

(4) 派驻现场人员计划表。对于大中型建设工程，不同阶段对监理人员数量和专业等方面的要求不同，应对各阶段所派驻现场监理人员的专业、数量计划是否与建设工程的进度计划相适应进行审核；还应平衡正在其他工程上执行监理业务的人员，是否能按照预定计划进入本工程参加监理工作。

4．工作计划的审核

在工程进展中各个阶段的工作实施计划是否合理、可行，审查其在每个阶段中如何控制建设工程目标以及组织协调的方法。

5．投资、进度、质量控制方法的审核

对三大目标的控制方法和措施应重点审查，看其如何运用组织、技术、经济、合同措施保证目标的实现，方法是否科学、合理、有效。

6．监理工作制度的审核

主要审查监理的内、外工作制度是否健全。

3.2 监理实施细则

3.2.1 监理实施细则的概念与作用

在监理规划指导下，在落实了各专业的监理责任后，由专业监理工程师针对项目的具体情况制定的更具有实施性和可操作性的业务文件称为监理实施细则。它起着指导监理业务开展的作用。对中型及中型以上或专业性较强的工程项目，项目监理机构应编制工程建设监理实施细则，监理实施细则如图3-2所示。

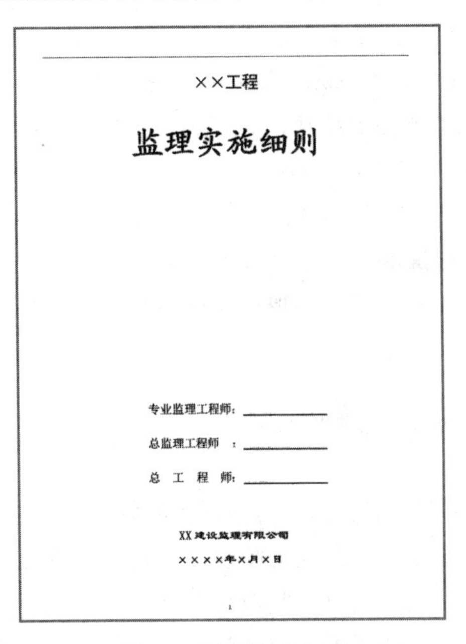
××工程

监理实施细则

专业监理工程师：________

总监理工程师　：________

总　工　程　师：________

XX建设监理有限公司

××××年×月×日

图3-2　监理实施细则

1．监理实施细则对业主的作用

业主与监理是委托与被委托的关系，是通过监理委托合同确定的，监理代表业主的利益工作。监理实施细则是监理工作的指导性资料，它反映了监理单位对项目控制的理解能力、程序控制技术水平。一份翔实且针对性较强的监理实施细则可以消除业主对监理工作能力的疑虑，增强信任感，有利于业主对监理工作的支持。

2．监理实施细则对承包人的作用

(1) 承包人在收到监理实施细则后，会十分清楚各分项工程的监理控制程序与监理方法。在以后的工作中能加强与监理的沟通、联系，明确各质量控制点的检验程序与检查方法，在做好自检的基础上，为监理的抽查做好各项准备工作。

(2) 监理实施细则中对工程质量的通病、工程施工的重点、难点都有预防与应急处理措施。这对承包人起着良好的警示作用，它能时刻提醒承包人在施工中注意哪些问题，如何预防质量通病的产生，避免工程质量留下隐患及延误工期。

(3) 促进承包人加强自检工作，完善质量保证体系，进行全面的质量管理，提高整体管理水平。

3．监理实施细则对监理工作及监理人员的作用

(1) 指导监理工作，使监理人员通过各种控制方法能更好地进行质量控制。

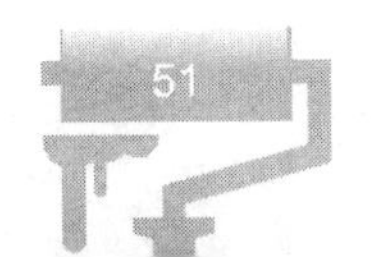

(2) 增加监理人员对本工程的认识和熟悉程度，有针对性地开展监理工作。

(3) 监理实施细则中质量通病、重点、难点的分析及预控措施能使现场监理人员在施工中迅速采取补救措施，有利于保证工程的质量。

(4) 有助于提高监理的专业技术水平与监理素质。

【案例 3-2】某输出管道工程在施工过程中，施工单位未经监理工程师事先同意，订购了一批钢管，钢管运抵施工现场后监理工程师进行了检验，检验中监理人员发现钢管质量存在以下问题。

(1) 施工单位未能提交产品合格证、质量保证书和检测证明资料；

(2) 实物外观粗糙，标识不清，且有锈斑。

结合自身所学的相关知识，简述监理实施细则的概念与作用以及对施工单位错误做法的应对措施。

3.2.2 监理实施细则的编制

项目监理细则又称项目监理(工作)实施细则。如果把工程建设监理看作一项系统工程，那么项目监理细则就好比这项工程的施工图设计，它与项目监理规划的关系可以比作施工图设计与初步设计的关系。也就是说，监理细则是在项目监理规划基础上，由项目监理组织的各有关部门根据监理规划的要求，在部门负责人主持下，针对所分担的具体监理任务和工作，结合项目具体情况和掌握的工程信息制定的指导具体监理业务实施的文件。对中型及以上或专业性较强的工程项目，项目监理机构应编制监理实施细则。监理实施细则应符合监理规划的要求，并应结合工程项目的专业特点，做到详细具体，具有可操作性。

项目监理细则在编写时间上总是滞后于项目监理规划，编写主持人一般是项目监理组织的某个部门的负责人，其内容具有局部性，是围绕着自己部门的主要工作来编写的，它的作用是指导具体监理业务的开展。

监理实施细则是指导项目监理机构具体开展专项监理工作的操作性文件，应体现项目监理机构对于建设工程的专业技术、目标控制方面的工作要点、方法和措施，做到详细、具体、明确。项目监理机构应结合工程特点、施工环境、施工工艺等编制监理实施细则，明确监理工作要点、监理工作流程和监理工作方法及措施，达到规范和指导监理工作的目的。监理实施细则可随工程进展编制，但应在相应工程开始施工前完成，并经总监理工程师审批后实施。

1. 工程建设监理实施细则的编制原则

1) 分阶段编制原则

工程建设监理实施细则应根据监理规划的要求，按工程进展情况，尤其当施工图未出齐就开工的时候，可分阶段进行编写，并在相应工程(如分部工程、单位工程或按专业划分构成一个整体的局部工程)施工开始前编制完成，用于指导专业监理的操作，确定专业监理的监理标准。

2) 总监理工程师审批原则

工程建设监理实施细则是专门针对工程中一个具体的专业制定的，如基础工程、主体结构工程、电气工程、给排水工程、装修工程等。其专业性较强，编制的程度要求较高，应由专业监理工程师组织项目监理机构中该专业的监理人员编制，并必须经总监理工程师审批。

3) 动态性原则

工程建设监理实施细则编好后，并不是一成不变的。因为工程的动态性很强，项目动态性决定了工程建设监理实施细则的可变性。所以，当发生工程变更、计划变更或原监理实施细则所确定的方法、措施、流程不能有效地发挥作用时，要把握好工程项目变化规律，及时根据实际情况对工程建设监理实施细则进行补充、修改和完善，调整工程建设监理实施细则内容，使工程项目的运行能够在工程建设监理实施细则的有效控制之下，最终实现项目建设的目标。

2. 监理实施细则的编制依据

监理实施细则编制依据.pdf

监理实施细则的编制应依据下列资料。

(1) 监理规划；

(2) 工程建设标准、工程设计文件；

(3) 施工组织设计、(专项)施工方案。

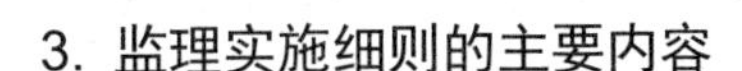

3. 监理实施细则的主要内容

监理实施细则应包括下列主要内容。

(1) 专业工程特点；

(2) 监理工作流程；

(3) 监理工作的要点；

(4) 监理工作的方法及措施。

3.2.3 监理实施细则的内容

监理实施细则是在监理规划的基础上，对各种监理工作如何具体实施和操作进一步细化和具体化。监理实施细则应包括的主要内容有：专业工程的特点，监理工作的流程，监理工作的控制要点及目标值；监理工作的方法及措施。下面分阶段详细阐述监理实施细则包含的主要内容。

1. 设计阶段

在设计阶段，监理实施细则的主要内容有下述几点。

(1) 协助业主组织设计竞赛或设计招标，优选设计方案和设计单位。

(2) 协助设计单位开展限额设计和设计方案的技术经济比较，优化设计，保证项目使

用功能安全可靠合理。

(3) 向设计单位提供满足功能和质量要求的设备、主要材料的有关价格、生产厂家的资料。

(4) 组织好各设计单位的协调。

音频 监理实施细则内容.mp3

2．施工招投标阶段

在施工招投标阶段，监理实施细则的主要内容有下述各点。

(1) 引进竞争机制，通过招投标，正确选择施工承包单位和材料设备的供应单位。

(2) 合理确定工程承包和材料、设备合同价。

(3) 正确拟订承包合同和订货合同条款等。

3．施工阶段

1) 施工阶段在投资控制方面监理实施细则的主要内容

(1) 在承包合同价款外，尽量减少所增加的工程费用。

(2) 全面履约，减少对方提出索赔的机会。

(3) 按合同支付工程款。

【案例 3-3】某项工程，钢筋混凝土大板结构，地下 2 层，地上 18 层，基础为整体底板，混凝土量为 840m³，底板底标高-6m，钢门窗框，木门，采用集中空调设备。施工组织设计确定，土方采用大开挖放坡施工方案，开挖土方工期 20d，浇筑底板混凝土 24h，连续施工需 4d。

施工单位在合同协议条款约定的开工日期前 6d 提交了一份请求报告，报告请求延期 10d 开工，其理由为：

(1) 电力部门通知，施工用电变压器在开工 4d 后才能安装完毕；

(2) 由铁路部门运输的 5 台施工单位自有施工主要机械，在开工后 8d 才能运输到施工现场；

(3) 为工程开工所必需的辅助施工设施在开工后 10d 才能投入使用。

请结合上下文分析监理工程师接到报告后应如何处理，为什么？并简述监理实施细则的编制。

2) 施工阶段在质量控制方面监理实施细则的主要内容

(1) 要求承包单位推行全面质量管理，建立质量保证体系，做到开工有报告，施工有措施，技术有交底，定位有复查，材料、设备有试验报告，隐蔽工程有记录，质量有自检、专检，交工有资料。

(2) 制定一套具体、细致的质量监督措施，特别是质量预控措施，如对工程上所用的主要材料、半成品、设备的质量，要审核产品技术合格证及质保证明，抽样试验、考察生产厂家等；对重要工程部位及容易出现质量问题的分部(项)工程制定质量预控措施。

本章小结

通过对本章内容的学习，要求学生熟悉监理规划的概念和作用；掌握监理规划的编制，掌握监理规划的审核；熟悉监理实施细则的概念与作用；掌握监理实施细则的编制；掌握监理实施细则。

实训练习

一、单选题

1. 监理大纲可以由(　　)主持编写。

A. 总监理工程师　　B. 拟任总监理工程师

C. 总监理工程师代表　　D. 专业监理工程师

2. 与监理规划相比，监理实施细则更具有(　　)。

A. 全面性　　B. 系统性　　C. 指导性　　D. 可操作性

3. 下列关于监理大纲、监理规划、监理实施细则的表述中，错误的是(　　)。

A. 它们共同构成了建设工程监理工作文件

B. 监理单位开展监理活动必须编制上述文件

C. 监理规划依据监理大纲编制

D. 监理实施细则经总监理工程师批准后实施

4. 监理规划要随着工程项目的展开进行不断的补充、修改和完善，这是监理规划编写的(　　)要求。

A. 应当遵循建设工程的运行规律　　B. 应当分阶段编写

C. 基本内容应力求统一　　D. 具体内容应有针对性

5. 由项目监理机构的专业监理工程师编写，并经总监理工程师批准实施的监理文件是(　　)。

A. 监理大纲　　B. 监理规划　　C. 监理实施细则　　D. 监理合同

二、多选题

1. 下列关于监理规划的说法中，正确的有(　　)。

A. 监理规划的表述方式不应该格式化、标准化

B. 监理规划具有针对性才能真正起到指导具体监理工作的作用

C. 监理规划要随着建设工程的展开进行不断的补充、修改和完善

D. 监理规划编写阶段不能按工程实施的各阶段来划分

E. 监理规划在编写完成后需进行审核并经批准后方可实施

2. 下列关于建设工程监理规划编写要求的表述中，正确的是(　　)。
   A. 监理工作的组织、控制、方法、措施是必不可少的内容
   B. 由总监理工程师组织监理单位技术管理部门人员共同编制
   C. 要随建设工程的开展进行不断的补充、修改和完善
   D. 可按工程实施的各阶段来划分编写阶段
   E. 留有必要的时间，以便监理单位负责人进行审核签认
3. 监理规划的具体内容应针对(　　)来制定。
   A. 所监理的工程项目　　B. 特定的监理任务　　C. 具体的监理目标
   D. 具体的被监理单位　　E. 业主的需要
4. 《建设工程监理规范》规定，监理规划编写的依据包括(　　)。
   A. 建设工程项目审批文件　　B. 施工组织设计文件
   C. 建设工程设计合同　　D. 建设工程设计文件
   E. 监理大纲
5. 监理工程师“良好的品德”这一素质的要求包括(　　)。
   A. 不损害他人名誉
   B. 有科学的工作态度，廉洁奉公，为人正直、办事公道
   C. 不泄露保密的事项
   D. 能够听取不同方面的意见
   E. 热爱本职工作

三、简答题

1. 简述监理规划的概念和作用。
2. 简述监理实施细则的概念与作用。
3. 简述监理实施细则的内容。

第3章答案.docx

实训工作单

<table>
<tr><td>班级</td><td></td><td>姓名</td><td></td><td>日期</td><td></td></tr>
<tr><td colspan="2">教学项目</td><td colspan="4">监理实施细则</td></tr>
<tr><td>任务</td><td colspan="2">学习监理实施细则的编制</td><td>学习途径</td><td colspan="2">本书中的案例分析，自行查找相关书籍</td></tr>
<tr><td colspan="3">学习目标</td><td colspan="3">掌握监理实施细则的编制</td></tr>
<tr><td colspan="3">学习要点</td><td colspan="3"></td></tr>
<tr><td colspan="6">学习查阅记录</td></tr>
<tr><td>评语</td><td colspan="3"></td><td>指导老师</td><td></td></tr>
</table>

第 4 章　工程监理目标控制

目标控制基本原理.mp4

第 4 章　工程监理目标控制.pptx

【教学目标】

- 熟悉目标控制基本原理。
- 掌握工程监理三大目标的控制。
- 掌握工程监理投资控制。

【教学要求】

本章要点	掌握层次	相关知识点
目标控制基本原理	(1) 熟悉控制流程及其基本环节 (2) 掌握控制原理 (3) 掌握控制类型	目标控制
工程监理三大目标的控制	(1) 熟悉工程目标控制系统 (2) 掌握工程目标的确定 (3) 掌握工程目标的分解 (4) 掌握目标控制的主要措施 (5) 掌握工程监理三大目标的控制含义	进度控制 费用控制 成本控制
工程监理投资控制	(1) 熟悉工程监理投资控制概述 (2) 熟悉工程设计阶段的投资控制 (3) 掌握工程施工招标阶段的投资控制 (4) 掌握工程施工招标阶段的投资控制	工程监理投资控制

【案例导入】

某学校的教学楼工程，在施工设计图纸完成前，业主通过招标选择了一家总承包单位承包该工程的施工任务。因为设计工作还未完成，所以承包范围内待实施的工程虽性质明确，但是难以确定工程量。为了减少双方的风险，双方通过协商，决定采用总价合同形式签订施工合同。在签订施工合同之前，业主委托了一家监理单位，以协助业主签订施工合同和进行施工阶段监理。

【问题导入】

请结合自身所学的相关知识，试根据本案的相关背景，简述监理单位在工程设计阶段的投资控制。

4.1　目标控制的基本原理

4.1.1　控制流程及其基本环节

目标控制.pdf

1. 目标控制原理

控制是建设工程监理的重要管理活动。在管理学中，控制通常是指管理人员按计划标准来衡量所取得的成果，纠正所发生的偏差，使目标和计划得以实现的管理活动。管理首先开始于确定目标和制订计划，继而进行组织和人员配备，并进行有效的领导，一旦计划付诸实施或运行，就必须进行控制和协调，检查计划实施情况，找出偏离目标和计划的误差，确定应采取的纠正措施，以实现预定的目标和计划。

2. 控制流程的基本环节

控制流程可以抽象为投入、转换、反馈、对比、纠正(或叫纠偏)5 个基本环节，如图 4-1 所示。对于每次控制循环来说，如果缺少某一环节或某一环节出现了问题，就会导致循环障碍，导致控制有效性的降低，就不能发挥循环控制的整体作用。因此，必须明确控制流程中各个环节的有关内容并做好相应的控制工作。

控制流程.pdf

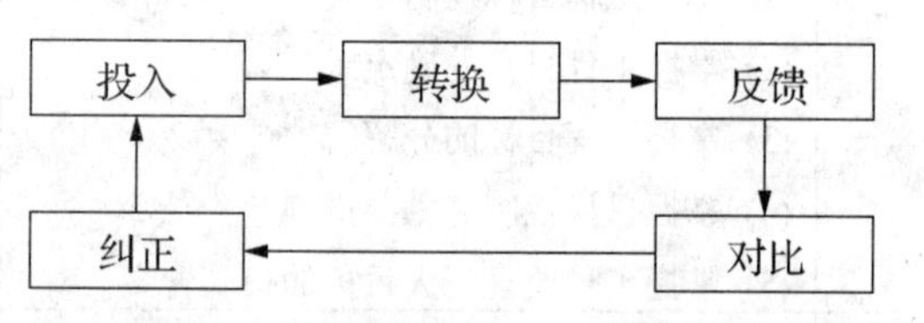

图 4-1　控制的基本环节

1)　投入

控制流程的每一循环始于投入。对于建设工程的目标控制流程来说，投入首先涉及的是传统的生产要素，包括人力(管理人员、技术人员、工人)、建筑材料、工程设备、施工机具、资金等；此外还包括施工方法、信息等。工程实施计划本身就包含着有关投入的计划。要使计划能够正常实施并达到预定的目标，就应当保证将质量、数量符合计划要求的资源按规定时间和地点投入建设工程实施过程中去。

2)　转换

转换是指由投入到产出的转换过程，如建设工程的建造过程，设备购置等活动。转换过程，通常表现为劳动力(管理人员、技术人员、工人)运用劳动资料(如施工机具)将劳动对象(如建筑材料、工程设备等)转变为预定的产出品，如设计图纸、分项工程、分部工程、单

位工程、单项工程，最终输出完整的建设工程。在转换过程中，计划的运行往往受到来自外部环境和内部系统的多种因素干扰，从而造成实际状况偏离预定的目标和计划。同时，由于计划本身不可避免地存在一定问题，例如，计划没有经过科学的资源、技术、经济和财务可行性分析，从而造成实际输出与计划输出之间发生的偏差。

转换过程中的控制工作是实现有效控制的重要工作。在建设工程实施过程中，监理工程师应当跟踪了解工程进展情况，掌握第一手资料，为分析偏差原因、确定纠偏措施提供可靠依据。同时，对于可以及时解决的问题，应及时采取纠偏措施，避免积重难返。

3)　反馈

即使是一项制订得相当完善的计划，其运行结果也未必与计划一致。因为在计划实施过程中，实际情况的变化是绝对的，不变是相对的，每个变化都会对目标和计划的实现带来一定的影响。所以，控制部门和控制人员需要全面、及时、准确地了解计划的执行情况及其结果，而这就需要通过反馈信息来实现。

反馈信息包括工程实际状况、环境变化等信息，如投资、进度、质量的实际状况，现场条件，合同履行条件，经济、法律环境变化等。控制部门和人员需要什么信息，取决于监理工作的需要以及工程的具体情况。为了使信息反馈能够有效地配合控制的各项工作，使整个控制过程流畅地进行，需要设计信息反馈系统，预先确定反馈信息的内容、形式、来源、传递等，使每个控制部门和人员都能及时获得他们所需要的信息。

信息反馈方式可以分为正式和非正式两种。正式信息反馈是指书面有工程状况报告之类的信息，它是控制过程中应当采用的主要反馈方式；非正式信息反馈主要指口头方式，如口头指令，口头反映的工程实施情况，对非正式信息反馈也应当予以足够的重视。当然，非正式信息反馈应当适时转化为正式信息反馈，才能更好地发挥其对控制的作用。

【案例 4-1】施工单位编制了高大模板工程地专项施工方案，并组织专家论证、审核后报送项目监理机构审批。总监理工程师审核签字后即交由施工单位实施。施工过程中，专业监理工程师巡视发现，施工单位未按专项施工方案组织施工，且存在安全隐患，便立刻报告了总监理工程师。总监理工程师随即与施工单位进行沟通，施工单位解释：为保证施工工期，调整了原专项施工方案中确定的施工顺序，保证不存在安全问题。总监理工程师现场察看后认可施工单位的解释，故未要求施工单位采取整改措施。结果，由上述隐患导致发生了安全事故。

结合自身所学的相关知识，根据本案例的相关背景，试分析监理单位的控制流程。

4)　对比

对比是将目标的实际值与计划值进行比较，以确定是否发生偏离以及偏差的大小。目标的实际值来源于反馈信息。在对比工作中，要注意以下几点。

(1)　明确目标实际值与计划值的内涵，目标的实际值与计划值是两个相对的概念。随着建设工程实施过程的进展，其实施计划和目标一般将逐渐深化、细化，往往还要做适当的调整。从目标形成的时间来看，在前者为计划值，在后者为实际值。以投资目标为例，

有投资估算、设计概算、施工图预算、标底、合同价、结算价等表现形式，其中，投资估算相对于其他投资值都是目标值；施工图预算相对于投资估算、设计概算为实际值，而相对于标底，合同价、结算价则为计划值；结算价相对于其他投资值均为实际值(注意不要将投资的实际值与实际投资两个概念相混淆)。

(2) 合理选择比较的对象，在实际工作中最为常见的是相邻两种目标值之间的比较。在许多建设工程中，我国业主往往以批准的设计概算作为投资控制的总目标，这时，合同价与设计概算、结算价与设计概算的比较也是必要的。另外，结算价以外各种投资值之间的比较都是一次性的，而结算价与合同价(或设计概算)的比较则是经常性的，一般是定期(如每月)比较。

(3) 建立目标实际值与计划值之间的对应关系。建设工程的各项目标都要进行适当的分解，通常，目标的计划值分解较粗，目标的实际值分解较细。例如，建设工程初期制订的总进度计划中的工作可能只达到单位工程的标准，而施工进度计划中的工作却达到分项工程的标准；投资目标的分解也有类似问题。因此，为了保证能够切实地进行目标实际值与计划值的比较，并通过比较发现问题，必须建立目标实际值与计划值之间的对应关系。这就要求目标的分解深度、细度可以不同，但分解的原则、方法必须相同，从而可以在较粗的层次上进行目标实际值与计划值的比较。

(4) 确定衡量目标偏离的标准。要正确判断某一目标是否发生偏差，就要预先确定衡量目标偏离的标准。例如，某建设工程的某项工作的实际进度比计划要求拖延了一段时间，如果这项工作是关键工作，或者虽然不是关键工作，但该项工作拖延的时间超过了它的总时差，则应当判断为发生偏差，即实际进度偏离计划进度。反之，如果该项工作不是关键工作，且其拖延的时间未超过总时差，则虽然该项工作本身偏离计划进度，但从整个工程的角度来看，则实际进度并未偏离计划进度。又如，某建设工程在实施过程中发生了较为严重的超投资现象，为了使总投资额控制在预定的计划值(如设计概算)之内，决定删除其中的某单项工程。在这种情况下，虽然整个建设工程投资的实际值未偏离计划值，但是，对于保留的各单项工程来说，投资的实际值可能均不同程度地偏离了计划值。

5) 纠正

对于目标实际值偏离计划值的情况要采取措施加以纠正。根据偏差的具体情况，可以分为以下 3 种情况进行纠偏。

(1) 直接纠偏。在轻度偏离的情况下，不改变原定目标的计划值，基本不改变原定的实施计划，在下一个控制周期内，使目标的实际值控制在计划值范围内。例如，某建设工程某月的实际进度比计划进度拖延了一两天，则在下个月中适当增加人力、施工机械的投入量即可使实际进度恢复到计划状态。

(2) 不改变总目标的计划值。调整后期实施计划，这是在中度偏离情况下所采取的对策。由于目标实际值偏离计划值的情况已经比较严重，已经不可能通过直接纠偏在下一个控制周期内恢复到计划状态，因而必须调整后期实施计划。例如，某建设工程施工计划工期为 24 个月，在施工进行到 12 个月时，工期已经拖延 1 个月，这时，通过调整后期施工计划，若最终能按计划工期建成该工程，应当说仍然是令人满意的结果。

(3) 重新确定目标的计划值，并重新制订实施计划。这是在重度偏离情况下所采取的对策。由于目标实际值偏离计划值的情况已经很严重，不可能通过调整后期实施计划保证原定目标计划值的实现，因而必须重新确定目标的计划值。例如，某建设工程施工计划工期为8个月，在施工进行到4个月时，工期已经拖延2个月(仅完成原计划2个月的工程量)，这时，不太可能在以后4个月内完成6个月的工作量，工期拖延基本上已成定局。但是，从进度控制的要求出发，至少不能在今后4个月内出现等比例拖延的情况；如果能在今后4个月内完成原定的工程量，已属不易；而如果最终用9个月完成该工程(甚至是10个月完成该工程)，则后期进度控制的效果还是相当不错的。

需要特别说明的是，只要目标的实际值与计划值有差异，就会发生偏差。但是，对于建设工程目标控制来说，纠偏一般是针对正偏差(实际值大于计划值)而言，如投资增加、工期拖延。而如果出现负偏差，如投资节约、工期提前，并不会采取纠偏措施，故意增加投资、放慢进度，使投资和进度恢复到计划状态。不过，对于负偏差的情况，要仔细分析其原因，排除假象。例如，投资的实际值存在缺项、计算依据不当、投资计划值中的风险费估计过高。对于确实是通过积极、有效的目标控制方法和措施而产生负偏差的情况，应认真总结经验，扩大其应用范畴，更好地发挥其在目标控制中的作用。

4.1.2 控制原理和动态控制原理

1. 控制原理

在工程实施过程中，通过对目标、过程和活动的跟踪，全面、及时、准确地掌握有关信息，将工程的实际情况与环境进行比较，发现偏差，就应该采取纠偏措施，或改变投入，或修改计划使工程得以顺利进行。

2. 动态控制原理

采取了纠偏措施后，仍应继续对工程项目的实施过程进行跟踪，若发现新的偏差，就继续采取新的纠偏措施，直至项目完成，也就是说，目标控制是一个循环工程，可能包含对已经采取的措施进行调整或控制。这就是动态控制原理。

4.1.3 控制的类型

音频 控制的类型.mp3

根据划分依据的不同，可将控制分为不同的类型。例如，按照控制措施作用于控制对象的时间，可分为事前控制、事中控制和事后控制；按照控制信息的来源，可分为前馈控制和反馈控制；按照控制过程是否形成闭合回路，可分为开环控制和闭环控制；按照控制措施制定的出发点，可分为主动控制和被动控制。控制类型的划分是人为的(主观的)，是根据不同的分析目的而选择，而控制措施本身是客观的。因此，同一控制措施可以表述为不同的控制类型。

1．主动控制

所谓主动控制，是在预先分析各种风险因素及其导致目标偏离的可能性和程度的基础上，拟订和采取有针对性的预防措施，从而减少乃至避免目标偏离。主动控制也可以表述为其他不同的控制类型。

(1) 主动控制是一种事前控制，必须在计划实施之前就采取控制措施，以降低目标偏离的可能性或其后果的严重程度，起到防患于未然的作用。

(2) 主动控制是一种前馈控制，主要是根据已建同类工程实施情况的综合分析结果，结合拟建工程的具体情况和特点，将教训上升为经验，用以指导拟建工程的实施，起到避免重蹈覆辙的作用。

(3) 主动控制通常是一种开环控制。

综上所述，主动控制是一种面对未来的控制，可以解决传统控制过程中存在的时滞影响，尽最大可能地避免偏差，降低偏差发生的概率及其严重程度，从而使目标控制得到有效控制。

2．被动控制

所谓被动控制，是从计划的实际输出中发现偏差，通过对产生偏差原因的分析，研究制定纠偏措施，以使偏差得以纠正，使工程实施恢复到原来的计划状态，或虽然不能恢复到计划状态但可以减少偏差的严重程度。被动控制也可以表述为其他不同的控制类型。

(1) 被动控制是一种事中控制和事后控制，在计划实施过程中对已经出现的偏差采取控制措施，虽然不能降低目标偏离的可能性，但可以降低目标偏离的严重程度，并将偏差控制在尽可能小的范围内。

(2) 被动控制是一种反馈控制，根据本工程实施情况(即反馈信息)的综合分析结果进行控制，其控制效果在很大程度上取决于反馈信息的全面性、及时性和可靠性。

(3) 被动控制是一种闭环控制，闭环控制即循环控制。也就是说，被动控制表现为一个循环过程：发现偏差，分析产生偏差的原因，研究制定纠偏措施并预计纠偏措施的成效，落实并实施纠偏措施，产生实际成效，收集实际实施情况，对实施的实际效果进行评价，将实际效果与预期效果进行比较，直至整个工程建成。

综上所述，被动控制是一种面对现实的控制。虽然目标偏离已成为客观事实，但是通过被动控制措施，仍然可能使工程的实施恢复到计划状态，至少可以减少偏差的严重程度。不可否认，被动控制仍然是一种有效的控制，也是十分重要而且经常运用的控制方式。因此，对被动控制应当予以足够的重视，并努力提高其控制效果。

3．主动控制与被动控制的关系

由以上分析可知，在建设工程的实施过程中，一方面，如果仅仅采取被动控制措施，出现偏差是不可避免的，而且偏差可能有累积效应，即虽然采取了纠偏措施，但偏差可能越来越大，从而难以实现预定的目标。另一方面，主动控制的效果虽然比被动控制好，但

是，仅仅采取主动控制措施却是不现实的，或者说是不可能的。因为建设工程实施过程中有相当多的风险因素是不可预见甚至是无法防范的，如政治、社会、自然等因素。而且，采取主动控制措施往往要付出一定的代价，即耗费一定的资金和时间，对于那些发生概率小且发生后损失亦较小的风险因素，采取主动控制措施有时可能是不经济的。这表明，是否采取主动控制措施以及采取什么主动控制措施，应在对风险因素进行定量分析的基础上，通过技术经济分析和比较来决定。在某些情况下，被动控制倒可能是较佳的选择。因此，对于建设工程目标控制来说，主动控制和被动控制两者缺一不可，都是实现建设工程目标所必须采取的控制方式，应将主动控制与被动控制紧密结合起来。

主动控制与被动控制相结合.pdf

要做到主动控制与被动控制相结合，关键在于处理好以下两方面问题：一是要扩大信息来源，即不仅要从本工程获得实施情况的信息，而且要从外部环境获得有关信息，包括已建同类工程的有关信息，这样才能对风险因素进行定量分析，使纠偏措施具有针对性；二是要把握好输入这个环节，即要输入两类纠偏措施，不仅有纠正已经发生的偏差的措施，而且有预防和纠正可能发生的偏差的措施，这样才能取得较好的控制效果。

需要说明的是，虽然在建设工程实施过程中仅仅采取主动控制措施是不可能的，但不能因此而否定主动控制的重要性。实际上，牢固确立主动控制的思想，认真研究并制定多种主动控制措施，尤其要重视那些基本上不需要耗费资金和时间的主动控制措施，如组织、经济、合同方面的措施，并力求加大主动控制在控制过程中的比例，对于提高建设工程目标控制的效果，具有十分重要而现实的意义。

主动控制与被动控制之间的关系.pdf

4.2　工程监理三大目标的控制

工程监理三大目标的控制.mp4

4.2.1　工程目标控制系统

任何建设工程都有投资、进度、质量三大目标，这三大目标构成了建设工程的目标系统。建设工程监理的中心工作是进行工程项目的目标控制，即对工程项目的投资目标、进度目标、质量目标实施控制。为了有效地进行目标控制，必须正确认识和处理投资、进度、质量三大目标之间的关系，并且合理确定和分解这三大目标。

能够称得上工程建设项目的工程都应当具有明确的目标。不同的项目，其质量、工期、投资目标均会不同。对于确定的项目，在各因素均已相对明确的情况下，三大目标之间存在相互依存、相互制约的关系，即三大目标两两之间存在着对立统一的关系。从业主的角度出发，总是期望获得优良的质量，同时期望尽可能地节省投资(降低成本)、缩短工期。因此，要弄清在什么情况下表现为对立的关系，在什么情况下又表现为统一的关系。在项目实体的形成过程中，多变的因素将会对三大目标的实现造成更大的干扰，也是最难控制的阶段。如果采取某种措施可以同时实现其中两个目标(如既质量好又工期短)，则该两个目标

之间就是统一的关系；反之，如果只能实现其中一个目标(如工期短)，而另一个目标不能实现(如质量差)，则该两个目标(即工期和质量)之间就是对立的关系。下面具体分析建设工程三大目标之间的关系。

1．建设工程三大目标之间存在对立的关系

建设工程投资、进度、质量三大目标之间首先存在着矛盾和对立的一面。例如，在通常情况下，如果业主对工程质量有较高要求，那么要投入较多的资金和花费较长的建设时间；如果要抢时间、争速度地完成工程项目，把工期目标定得很高，那么投资就要相应地提高，或者质量要求适当下降；如果要降低投资、节约费用，那么势必要考虑降低项目的功能要求和质量标准。所有这些表现都反映了工程项目三大目标关系存在着矛盾和对立的一面。

由于工程项目的投资目标、进度目标和质量目标存在着对立关系，因此，对一个工程项目，通常不能说某个目标最重要。同一个工程项目，在不同的时期，三大目标的重要程度可以不同。对监理工程师而言，应把握住特定条件下工程项目三大目标的关系及重要顺序，恰如其分地对整个目标系统实施控制。

2．建设工程三大目标之间存在统一的关系

建设工程投资目标、进度目标、质量目标关系还存在着统一的一面。例如，适当增加投资的数量，为采取加快进度措施提供经济条件，就可以加快项目建设速度，缩短工期，使项目提前启用，投资尽早收回，使项目全寿命经济效益得到提高；适当提高项目功能要求和质量标准，虽然会造成一次性投资的提高和工期的增加，但能够节约项目启动后的运营费和维修费，降低产品成本，从而获得更好的投资经济效益；在工程实施过程中如果严格控制质量，保证工程实现预定的功能和质量要求，不仅可以减少返工费用，而且可以大大减少投入使用后的维修费用；同时严格控制质量还能起到保证进度的作用。建设工程所确定的目标要通过计划的实施才能实现，如果项目进度计划制订得既可行又优化，使工程进展具有连续性、均衡性，则不但可以使工期得以缩短，而且有可能获得较好的质量和较低的费用。这一切都说明了工程项目投资、进度、质量三大目标关系之中存在着统一的一面。

明确了三大目标之间的关系，监理工程师在确定和控制建设工程目标时，应注意以下事项。

(1) 掌握客观规律，充分考虑制约因素。例如，加快进度、缩短工期所提前发挥的投资效益，一般来说会超过加快进度所需要增加的投资，但加快进度、缩短工期会受到技术、环境等因素的制约，不可能无限制地缩短工期。

(2) 应客观估计将来可能的收益。在通常情况下当前的投入是现实的，其数额也是较为确定的，而未来的收益却是预期的、不很确定的，因此对未来的、可能的收益不宜过于乐观。

(3) 建设工程三大目标既然是对立统一关系，如图 4-2 所示，监理工程师在进行目标规划时，要注意统筹兼顾，合理确定投资、进度、质量三个目标的关系，力求三大目标的统一。

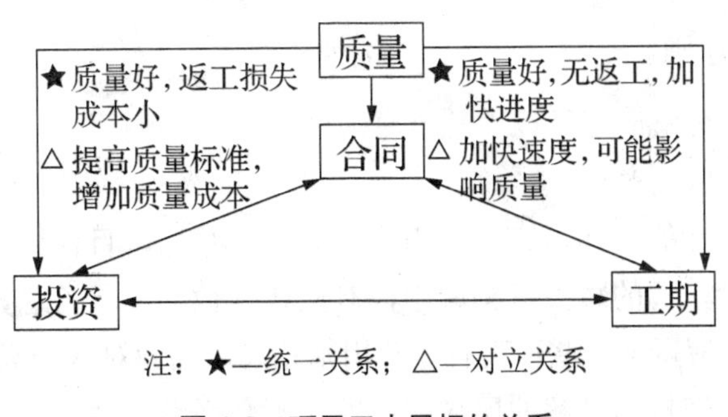

注：★—统一关系；△—对立关系

图4-2 项目三大目标的关系

(4) 追求目标系统的整体效果。在实施目标控制时，要以实现目标系统作为衡量目标控制效果的标准，针对整个目标系统实施控制，防止发生盲目追求单一目标而出现冲击或干扰其他目标的现象。

4.2.2 工程目标的确定

1. 建设工程目标确定的依据

建设工程不同阶段所具备的条件不同，目标确定的依据也不同。一般来说，在施工图完成之后，目标规划的依据比较充分，目标规划的结果也比较可靠。对于施工图设计完成以前的各个阶段来说，建设工程数据库具有十分重要的作用。

建立建设工程数据库，至少要做好以下几方面的工作。

(1) 对建设工程按照一定的标准进行分类。

(2) 对各类建设工程所可能采用的结构体系进行统一分类。

(3) 数据既要有一定的综合性，又要能足以反映建设工程的基本情况和特征。

2. 建设工程数据库的应用

要确定某一拟建工程的目标，首先必须大致明确该工程的基本技术要求。然后，在建设工程数据库中检索并选择尽可能相近的建设工程，将其作为确定该拟建工程目标的参考对象。同时，认真分析拟建工程的特点，找出拟建工程与已建类似工程之间的差异，并定量分析这些差异对拟建工程目标的影响，从而确定拟建工程的各项目标。

另外，建设工程数据库中的数据都是历史数据，必须考虑时间因素和外部条件的变化，采取适当的方式加以调整。

4.2.3 工程目标的分解

建设工程项目一般具有一定规模，实施时间较长，为了在建设工程实施过程中有效地进行目标控制，如果总目标还不够，还需将总目标进行适当的分解。

1. 目标分解的原则

建设工程目标的分解应遵循以下几个原则。

1) 有粗有细，区别对待

根据建设工程目标的具体内容、作用和所具备的数据，目标分解的粗细程度应当有所区别。例如，在建设工程的总投资构成中，有些费用数额大，占总投资的比例大，对这一类费用应当尽可能分解得细一些；而有些费用则相反，因此对这一类费用则分解得粗一些。总之，对不同工程内容目标分解的层次或深度，不必强求一律，要根据目标控制的实际需要和可能来确定。

2) 按工程部位分解

这是因为建设工程的建造过程也是工程实体的形成过程，这样分解比较直观，而且可以将投资、进度、质量三大目标联系起来，也便于对偏差原因进行分析。

音频 目标分解的原则.mp3

3) 能分能合

这要求建设工程的总目标能够自上而下逐层分解，也能够根据需要自下而上逐层综合。这一原则实际上是要求目标分解要有明确的依据并采用适当的方式，避免目标分解的随意性。

4) 有可靠的数据来源

如果数据来源不可靠，分目标就不可靠，就不能作为目标控制的依据。因此，目标分解所达到的深度应当以能够取得可靠的数据为原则，并非越深越好。

5) 目标分解结构与组织分解结构相对应

目标控制必须有组织加以保障，要落实到具体的机构和人员，因而就存在一定的目标控制组织分解结构。只有使目标分解结构与组织分解结构相对应，才能进行有效的目标控制。

2. 目标分解的方式

建设工程的总目标可以按照不同的方式进行分解。其中，按工程内容分解是建设工程目标分解的最基本方式，适用于投资、进度、质量三个目标的分解，但三个目标分解的深度不一定完全一致。一般将投资、进度、质量三个目标分解到单项工程和单位工程比较容易办到，而且其结果也是比较合理和可靠。至于是否分解到分部工程和分项工程，一方面取决于工程进度所处的阶段、资料的详细程度、设计所达到的深度等，另一方面还取决于目标控制工作的需要。

对建设工程投资、进度、质量三个目标而言，进度目标和质量目标的分解较为单一，而投资目标的分解方式较多，它除了可按工程内容分解外，还可按总投资构成内容和资金使用时间分解。

4.2.4 目标控制的主要措施

为了取得目标控制的理想成果，应当从多方面采取措施。建设工程目标控制的措施通

常可以概括为组织措施、技术措施、经济措施和合同措施四个方面。

1. 组织措施

控制是由人来执行的，监督按计划要求投入劳动力、机具、设备、材料，巡视、检查工程实施情况，对项目信息进行收集、加工、整理、反馈，发现和预测目标偏差，采取纠正措施等都需要事先委任执行人员，授予相应职权，确定职责，制定工作考核标准，并力求使之一体化运行。除此之外，如何充实控制机构，挑选与其工作相称的人员；对工作进行考评，以便评估工作、改进工作、挖掘潜在工作能力、加强相互沟通；在控制过程中激励人们以调动和发挥他们实现目标的积极性、创造性；培训人员等，都是在控制过程中需要考虑采取的措施。只有采取适当的组织措施，保证目标控制的组织工作明确、完善，才能使目标控制取得良好效果。

2. 技术措施

控制在很大程度上要通过技术来解决问题。实施有效控制，如果不对多个可能的主要技术方案进行技术可行性分析，不对各种技术数据进行审核、比较，不事先确定设计方案的评选原则，不通过科学试验确定新材料、新工艺、新设备、新结构的适用性，不对各投标文件中的主要技术方案进行必要的论证，不对施工组织设计进行审查，不想方设法在整个项目实施阶段寻求节约投资、保障工期和质量的技术措施，目标控制就会毫无效果可言。使计划能够输出期望的目标需要依靠掌握特定技术的人，需要采取一系列有效的技术措施实现项目目标的有效控制。

【案例 4-2】监理员在巡视中发现，由分包单位施工的幕墙工程存在质量缺陷，监理员报告监理工程师，由监理工程师根据事件的影响程度，报总监理工程师签发工程暂停令即签发《监理通知单》要求整改。经核验，该质量缺陷需进行返工处理，为此，分包单位编制了幕墙工程返工处理方案报送项目监理机构审查。

结合自身所学的相关知识，简述目标控制的主要措施。

3. 经济措施

从项目的提出到项目的实施，始终伴随着资金的筹集和使用工作。无论是对工程造价实施控制，还是对工程质量、进度实施控制，都离不开经济措施。为了理想地实现工程项目，项目管理人员要收集、加工、整理工程经济信息和数据，要对各种实现目标的计划进行资源、经济、财务诸方面的可行性分析，要对经常出现的各种设计变更和其他工程变更方案进行技术经济分析，以力求减少对计划目标实现的影响，要对工程概、预算进行审核，要编制资金使用计划，要对工程付款进行审查等。如果项目管理人员在目标控制时忽视了经济措施，不但会使工程造价目标难以实现，而且还会影响工程质量和进度目标的实现。

4. 合同措施

工程项目建设需要设计单位、施工单位和材料设备供应单位分别承担设计、施工和材

料设备供应。在市场经济条件下，这些单位分别根据其与业主签订的设计合同、施工合同和供销合同来参与工程项目建设，他们与工程项目业主构成了工程承发包关系。为了对这些合同进行科学管理，以实现对工程项目目标的有效控制，业主还可委托专业化、社会化的项目管理单位及监理单位，在其授权范围内由项目管理单位及监理单位依据其与业主签订的委托合同及相关的工程建设合同行使管理及监理职责，对合同的履行实施监督管理。由此可见，确定对目标控制有利的承发包模式和合同结构，拟订合同条款，参加合同谈判，处理合同执行过程中的问题，以及做好防止和处理索赔的工作等，是建设工程目标控制的重要手段。

4.2.5 工程监理三大目标控制的含义

1. 建设工程投资控制的含义

1) 建设工程投资控制的目标

建设工程投资控制的目标，就是在建设工程实施过程中采取投资控制措施，在满足进度和质量要求的前提下，力求把建设工程实际投资控制在计划投资额以内。这一目标如图 4-3 所示。

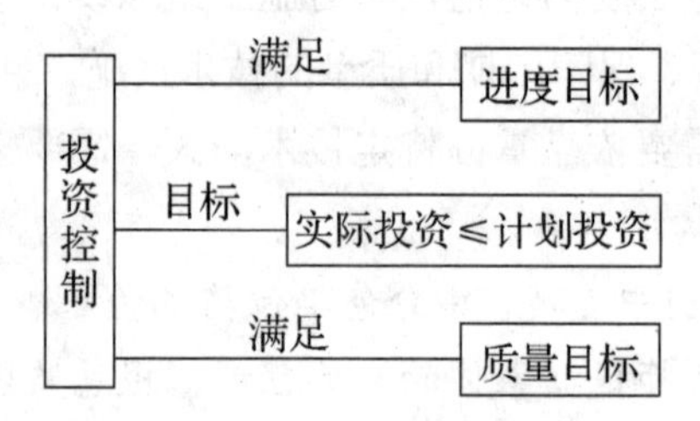

图 4-3 投资控制的含义

实际投资不超过计划投资，可能表现为以下几种情况：①在投资目标分解的各个层次上，实际投资均不超过计划投资。②在投资目标分解的较低层次上，实际投资在有些情况下超过计划投资，在大多数情况下不超过计划投资，因而在投资目标分解的较高层次上，实际投资不超过计划投资。③实际总投资未超过计划总投资，在投资目标分解的各个层次上，都出现实际投资超过计划投资的情况，但在大多数情况下实际投资未超过计划投资。

第一种情况是最理想的，第二、三种情况虽然存在局部实际投资超过计划投资现象，但建设工程的实际总投资未超过计划总投资，结果可令人满意。

2) 系统控制

由项目的三大目标组成的目标系统，是一个相互制约、相互影响的统一体，其中任何一个目标的变化，势必会引起另外两个目标的变化，并受到它们的影响和制约。投资控制是与进度控制和质量控制同时进行的，在实施投资控制的同时需要满足预定的进度目标和质量目标。因此，在投资控制的过程中，要协调好与进度控制和质量控制的关系，做到三大目标控制的有机配合和相互平衡，而不能片面强调投资控制。

当采取某项投资控制措施时，如果某项措施会对进度目标和质量目标产生不利的影响，就要考虑是否还有其他措施。目标系统控制的思想就是要实现三大目标控制的统一。例如：采用限额设计进行投资控制时，一方面要力争使整个工程总的投资估算额控制在投资限额之内，同时又要保证工程预定的功能、使用要求和质量标准。

3) 全过程控制

建设工程实施的全过程包括设计准备阶段、设计阶段(可分为初步设计阶段、技术设计阶段和施工图设计阶段)、招标阶段、施工阶段以及竣工验收和保修阶段。投资控制应贯穿于工程建设的全过程，但是必须突出重点。

对项目投资影响最大的阶段，是技术设计结束前的方案设计阶段。在初步设计阶段，影响项目投资的可能性为 75%～95%；在技术设计阶段，影响项目投资的可能性为 35%～75%；在施工图设计阶段，影响项目投资的可能性则为 5%～35%。显然，项目投资控制的重点在于设计阶段。

对建设工程的实施过程，一方面表现为价值形成过程，即其投资的不断累加过程；另一方面表现为实物形成过程，即其生产能力和使用功能的形成过程。

累计投资和节约投资可能性的特征如图 4-4 所示。从图中可以看出，在建设工程实施过程中，累计投资在项目决策、设计阶段和招标阶段缓慢增加，进入施工阶段后则迅速增加，到施工阶段后期，累计投资的增加又变得平缓。但是，节约投资的可能性从设计阶段到施工开始前迅速降低，其后就基本平缓了。建设工程的实际投资虽然主要发生在施工阶段，但节约投资的可能性却主要在施工阶段以前的各阶段，尤其是设计阶段。

因此，投资目标的全过程控制要求从设计阶段就开始进行，并将投资控制工作贯穿于建设工程实施的全过程，直至整个工程建成且延续到保修期结束。同时，还要特别强调早期控制的重要性，因为越早进行控制，投资控制的效果越好，节约投资的可能性越大。

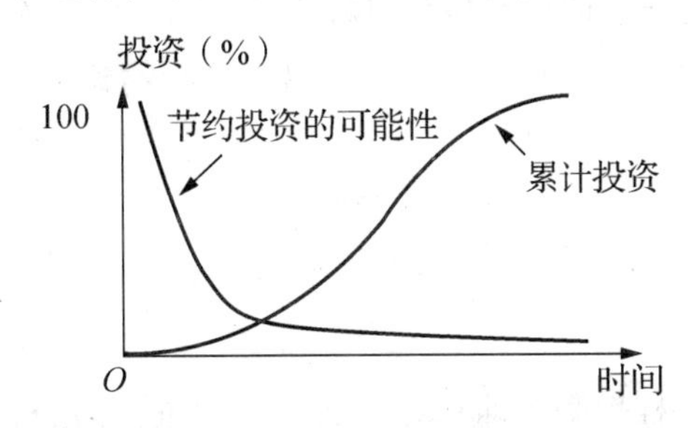

图 4-4 累计投资和节约投资的可能性曲线

4) 全方位控制

投资目标的全方位控制主要是指对按总投资构成内容分解的各种费用进行控制，即对建筑安装工程费、设备和工器具购置费以及工程建设其他费，均进行控制。在对建设工程投资进行全方位控制时，应注意以下几个问题：第一，不同建设工程的各项费用占总投资的比例不同，在进行投资控制时应该抓住主要矛盾、有所侧重。例如，普通民用建筑工程的工程费用占总投资的大部分，则把建筑工程费的控制作为投资控制重点。又如，工艺复

杂的工业项目以设备购置费为主，则应把设备购置费作为投资控制重点。第二，应该根据各项费用的特点，选择适当的控制方式。例如，设备购置费用有时需要较长的订货周期和一定数额的定金，此时投资控制应考虑利息的支付，选择合适的控制方式。第三，认真分析建设工程及其投资构成的特点，了解各项费用的变化趋势和影响因素。例如，根据我国的统计资料，工程建设其他费用一般不超过总投资的 10%。但这是综合资料，对于确定的建筑工程来说，可能与这个比例相差较大，如上海的南浦大桥拆迁费高达 4 亿元人民币，约占总投资的一半，说明它不符合统计资料的规律，这部分投资控制要给予高度重视。

2．建设工程进度控制的含义

1)　建设工程进度控制的目标

建设工程进度控制的目标可表达为通过有效进度控制工作和具体的进度控制措施，在满足投资和质量要求的前提下，力求使工程实际工期不超过计划工期。进度控制的最终目的是确保工程进度目标的实现，建设工程进度控制的总目标是建设工期。它是项目实施的计划时间，即工业工程建设项目达到负荷联动试车成功、民用工程建设项目交付使用的计划时间。

进度控制的目标能否实现，主要取决于关键线路上的工程内容能否按预定的时间完成。在建设工程的实施过程中，一般会发生不同程度的局部工期延误情况，但局部工期延误的严重程度与其对进度目标的影响程度，并不存在某种等值或等比例的关系，这是进度控制与投资控制的重要区别，在进度控制工作中要充分利用这一特点。

2)　系统控制

进度控制的系统控制方式与投资控制基本相同，即监理工程师在进行目标控制时要努力实现三个目标控制的统一。当采取进度控制措施时，既要保证进度目标的实现，又要实现投资、质量目标，要尽可能采取可对投资目标和质量目标产生有利影响的进度控制措施，如完善施工组织设计、优化进度计划等，以提高目标控制的整体效果。

3)　全过程控制

进行工程进度的全过程控制，应做好以下工作。

(1)　在工程建设早期就应编制进度计划，这是早期控制理念在进度控制中的反映。越早控制，进度控制的效果越好。

首先，进度控制是全过程控制，即对整个建设工程进度的控制，而非只是对施工阶段进度的控制；其次，改变工程建设早期由于资料详细程度不够且可变因素很多而无法编制进度计划的观念。

整个建设工程的总进度计划包括很多内容，除施工之外，有征地、拆迁、施工场地准备、勘察、设计、材料和设备采购、动用前准备等。工程建设早期所编制的总进度计划，虽然不可能达到施工进度计划的详细程度，但应达到一定的深度；对于远期工作，在进度计划中可以粗略一些；对于近期工作在进度计划中应具体一些，即要掌握进度计划的“远粗近细”原则，做好早期进度控制。

(2) 充分考虑各阶段之间工作内容和时间的合理衔接，优化并编制出可操作性强且合理的进度计划。在建设工程实施过程中，各阶段的工作虽然是相对独立的，但在内容上有联系，在时间上可以有一定的衔接。例如，土建工程施工中装饰工程施工与结构工程施工可以衔接。利用衔接时间可以缩短建设工期，但衔接时间与各阶段工作之间的逻辑关系有关，应有合理的限度。

(3) 通过工程建设早期编制的进度计划，知道哪些工作是关键工作，哪些工作是非关键工作，努力抓好关键线路的进度控制。进度控制的重点对象是关键线路上的各项工作，包括关键线路变化后的各项关键工作，这样可取得事半功倍的效果。对于非关键线路的各项工作，要确保其不能因延误而变为关键工作。

4) 全方位控制

对工程进度目标进行全方位控制应注意以下问题。

(1) 对整个建设工程，既要对所有工作内容(单项工程、单位工程、道路、绿化、配套等)的进度进行控制，还要对所有工作内容(征地、拆迁、勘察、设计、招标、施工等)的进度进行控制。

(2) 对影响进度的各种因素都要进行控制。影响建设工程实际进度的因素很多，例如人为因素，技术因素，设备、材料及构配件因素，机具因素，资金因素，水文、地质与气象因素，以及其他自然与社会环境等方面的因素。其中，人为因素是最大的干扰因素。要实现有效的进度控制，必须对上述影响进度的各种因素都进行控制，采取措施减少或避免这些因素对进度的不利影响。

(3) 注意各方面工作进度对施工进度的影响。施工进度的拖延往往是由其他方面工作进度的拖延引起的。因此，要围绕施工进度的需要来安排其他方面的工作进度。例如，根据结构工程和装饰工程施工进度的需要安排材料采购进度计划，根据安装工程进度的需要来安排设备采购进度计划等。

5) 进度控制的特殊问题

组织协调和控制都是为实现建设工程目标服务的，在建设工程三大目标控制中，组织协调对进度控制的作用最突出，有时可以取得其他控制措施难以达到的效果。因此，应充分发挥组织协调的作用，做好参与工程建设各有关单位的协调工作，有效地进行进度目标控制。

3. 建设工程质量控制的含义

1) 建设工程质量控制的目标

建设工程质量控制的目标是通过有效的质量控制工作和具体的质量控制措施，在满足投资和进度要求的前提下，力求使工程达到预定的质量目标。建设工程的质量首先必须符合国家现行的关于工程质量的法律、法规、技术标准和规范等的有关规定，尤其是强制性标准的规定。同类建设工程的质量目标具有共性，从这个角度讲，这是对设计、施工质量的基本要求。由于任何建设工程都有其特定的功能和使用价值，不同的业主有不同的功能

和使用价值要求。即使是同类建筑工程，具体的要求也不同。从这个意义上讲，建设工程的质量目标又具有个性，而这些个性的质量目标是通过合同约定的，内容非常具体。建设工程质量控制的目标就是要实现以上两方面的工程质量目标。工程共性质量目标一般都有严格、明确的规定，因而质量控制工作的对象和内容都比较明确，也可以比较准确、客观地评价质量控制的效果。而工程个性质量目标具有一定的主观性，有时没有明确、统一的标准，因而质量控制工作的对象和内容较难把握，这与质量控制效果的评价、评价方法和标准密切相关。因此，在建设工程质量控制工作中，要注意对工程个性质量目标的控制，最好能预先明确控制效果定量评价的方法和标准。另外，对于合同约定的质量目标，必须保证其不得低于国家强制性质量标准的要求。

2) 系统控制

建设工程质量控制的系统控制应注意以下几个方面的问题。

(1) 避免不断提高质量目标的倾向。首先，在工程建设早期确定质量目标时要有一定的前瞻性；其次，对质量目标要有一个理性的认识，不要盲目追求“最高”“最好”等目标；再次，要定量分析提高质量目标后对投资目标和进度目标的影响。即使确实有必要适当提高质量标准，也要把对投资目标和进度目标的不利影响减少到最低限度。

(2) 确保基本质量目标的实现。建设工程的质量目标关系到人身安全、使用功能等问题，因此不论何种情况，也不论在投资和进度方面要付出多大的代价，都必须保证建设工程安全可靠、质量合格的目标予以实现。另外，若无特殊原因，也应确保建筑工程预定功能的实现。

(3) 尽可能发挥质量控制对投资目标和进度目标的积极作用。

3) 全过程控制

建设工程总体质量目标的实现与工程质量的形成过程息息相关，因而必须对工程质量实行全过程控制。

建设工程的每个阶段都对工程质量的形成起着重要的作用，但各阶段关于质量问题的侧重点不同。例如，施工招标阶段，主要解决“谁来做”的问题，使工程质量目标的实现落实到承建商；施工阶段，主要解决“如何做”的问题，使建设工程项目形成实体。因此，应当根据建设工程各阶段质量控制的特点和重点，确定各阶段质量控制的目标和任务，以便实现全过程质量控制。

4) 全方位控制

对建设工程质量进行全方位控制应从以下几方面着手。

(1) 对建设工程所有工程内容的质量进行控制。对建设工程质量的控制必须落实到每一项工程内容上，只有确实实现了各项工程内容的质量目标，才能保证实现整个建设工程的质量目标。

(2) 对建设工程质量目标(外在质量、实体质量、功能和实用价值质量等)的所有内容进行控制。

(3) 对影响建设工程质量目标的所有因素进行控制。可以将影响建设工程质量目标的因素归纳为人、机械、材料、方法和环境五个方面。质量控制的全方位控制，就是要对这五个方面的因素都进行控制。

5) 质量控制的特殊问题

首先，由于建设工程质量的特殊性，需要对建设工程质量实行三重控制。①实施者自身的质量控制，这是从产品生产者角度进行的质量控制。②政府对工程质量的监督，这是从社会公众角度进行的质量控制；③监理企业的质量控制，这是从业主角度或者说是从产品需求者角度进行的质量控制。

其次，建设工程质量事故具有多发性特点，因此，应当对工程质量事故予以高度重视。从设计、施工以及材料和设备供应等多方面入手，进行全过程、全方位的质量控制，尽可能做到主动控制和事前控制。在实施建设监理的工程上，应尽可能减少一般性工程质量事故，杜绝重大工程质量事故。

4.3 工程监理投资控制

4.3.1 工程监理投资控制概述

项目投资控制是指要在批准的预算条件下确保项目保质按期完成，也就是在项目投资形成过程中，对项目所消耗的人力资源、物质资源和费用开支，进行指导、监督、调节和限制，及时纠正将发生和已发生的偏差，把各项费用控制在计划投资的范围之内，保证投资目标的实现。

投资控制要点如下所述。

(1) 项目实际成本不超过项目计划投资。

(2) 应十分重视前期(设计开始前)和设计阶段的投资控制工作。

(3) 以动态控制原理为指导进行投资计划值与实际值的比较。

(4) 可采取组织、技术、经济、合同措施。

(5) 有必要地进行计算机辅助投资控制。

4.3.2 工程设计阶段的投资控制

设计阶段和施工阶段是建设工程目标全过程控制中的两个主要阶段，正确认识设计阶段和施工阶段的特点，对于正确确定设计阶段和施工阶段目标控制的任务和措施，具有十分重要的意义。下面主要分析这两个阶段的特点。

设计阶段的特点主要表现在以下几方面。

1. 设计阶段是确定工程价值的主要阶段

在设计阶段，通过设计使项目的规模、标准、功能、结构、组成、构造等各方面都确定下来，从而也就确定了它的基本工程价值。同时，一项工程的预计资金投放量完全取决

于设计的结果。因此，在项目计划投资目标确定以后，能否按照这个目标来实现工程项目，设计就是最关键、最重要的工作。明确设计阶段的这个特点，可为确定设计阶段的投资控制任务和重点工作提供依据。

2．设计阶段是影响投资程度的关键阶段

建设工程实施各个阶段影响投资的程度是不同的。与施工阶段相比，设计阶段是影响建设工程投资的关键阶段；与施工图设计阶段相比，方案设计阶段和初步设计阶段是影响建设工程投资的关键阶段。

3．设计工作表现为创造性的脑力劳动

设计的创造性主要体现在因时、因地根据实际情况解决具体的技术问题，不能简单地以设计工作的时间消耗量作为衡量设计产品价值量的尺度，也不能以此作为判断设计产品质量的依据。

4．设计工作需要反复协调

(1) 建设工程的设计涉及许多不同的专业领域，各专业之间在同一设计阶段需要进行反复协调，以避免和减少设计上的矛盾。在设计阶段要正确处理个体劳动与集体劳动之间的关系，每一个专业设计都要考虑来自其他专业的制约条件，也要考虑对其他专业设计的影响，这是一个需要反复协调的过程。

(2) 建设工程的设计是由方案设计到施工图设计不断深化的过程。因此，在设计过程中，还要在不同设计阶段之间进行纵向的反复协调。从设计内容上看，这种纵向协调可能是同一专业之间的协调，也可能是不同专业之间的协调。

(3) 建设工程的设计还需要与外部环境因素进行反复协调，在这方面主要涉及与业主需求和政府有关部门审批工作的协调。需要注意的是，当业主需求变化影响建设工程目标控制时，不能一味迁就，要通过分析、论证说服业主，进行耐心的反复协调。

5．设计质量对项目总体质量具有决定性影响

在设计阶段，通过设计将对项目建设方案和项目总体质量目标进行具体落实。工程项目实体质量要求、功能和使用价值质量要求都可通过设计确定下来。从这个角度讲，设计质量在相当程度上决定了整个建设工程的总体质量。一个设计质量不佳的工程，无论其施工质量如何出色，都不可能成为总体质量优秀的工程；而一个总体质量优秀的工程，必然是设计质量上佳的工程。实际调查表明，设计质量对整个工程项目总体质量的影响是决定性的。

工程项目实体质量的安全可靠性在很大程度上取决于设计的质量。符合要求的设计成果是保障项目总体质量的基础。工程设计应符合业主的投资意图，满足业主对项目的功能和使用要求。只有既满足了这些适用性要求，同时又符合有关法律、法规、规范、标准要求的设计才能称得上实现了预期的设计质量目标。

4.3.3 工程施工招标阶段的投资控制

建设工程监理施工招标阶段目标控制的主要任务是通过编制施工招标文件、编制标底、做好投标单位资格预审、组织评标和定标、参加合同谈判等工作，根据公开、公正、公平的原则，协助业主选择理想的承建单位，力求以合理的价格、先进的技术、较高的管理水平、较短的时间、较好的质量来完成工程施工任务。

(1) 协助业主编制施工招标文件，为本阶段和施工阶段目标控制打下基础。

施工招标文件是编制投标书、进行评标的依据。编制施工招标文件时应当为选择符合要求的施工单位打下基础，为投资控制、进度控制、质量控制、合同管理和信息管理打下基础。

(2) 协助业主编制标底。

应当使标底控制在工程概算或预算以内，并用标底控制工程承包合同价。

(3) 做好投标资格预审工作。

做好投标资格预审工作，为选择符合目标控制要求的承建单位做好首轮择优工作。

(4) 组织开标、评标、定标工作。

通过开标、评标、定标工作，协助业主选择出报价合理、技术水平高、社会信誉好、能够保证施工质量和施工工期、具有足够财务能力和施工项目管理水平的承建单位。

4.3.4 工程施工阶段的投资控制

施工阶段建设工程监理的主要任务是在施工过程中，根据施工阶段的目标规划和计划，通过动态控制、组织协调、合同管理使项目施工质量、进度和投资符合预定的目标要求。

音频 建设工程监理施工招标阶段目标控制的主要任务.mp3

1．投资控制的任务

建设工程监理在施工阶段投资控制的任务是努力实现实际发生的费用不超过计划投资。

监理工程师为完成本阶段投资控制的任务，应做好以下工作：制订本阶段资金使用计划；严格控制付款；严格控制工程变更，力求减少变更费用；研究确定预防费用索赔措施；及时处理费用索赔；根据合同的要求，协助做好应由业主方完成的，与工程进展密切相关的各项工作；做好工程计量工作；审核施工单位提交的工程结算书等。

2．进度控制的任务

建设工程监理在施工阶段进度控制的任务是努力实现实际施工进度达到计划施工进度的要求。

监理工程师为完成施工阶段进度控制任务，应当做好以下工作：完善项目控制性进度计划，并据此进行施工阶段进度控制；审查施工单位施工进度计划，并确认其可行性；审查施工单位进度控制报告，督促施工单位做好施工进度控制；对施工进度进行跟踪，掌握

施工动态并研究制定预防工期索赔措施，及时处理工期索赔工作；协调有关各方关系，使工程施工顺利进行等。

3. 质量控制的任务

建设工程监理在施工阶段质量控制的任务主要是努力实现工程质量按标准达到预定的施工质量要求。

监理工程师为完成施工阶段质量控制任务，应当做好以下工作：协助业主做好施工现场准备工作，按时提交质量合格的施工现场；确认施工单位、施工分包单位资质；做好材料和设备的质量检查工作；确认施工机械和机具能保证施工质量；审查施工组织设计；进行施工工艺过程质量控制工作；检查工序质量，严格工序交接检查制度；做好各项隐蔽工程的检查工作；认真做好质量签证工作，行使质量否决权；协助做好付款控制；做好中间质量验收准备工作；做好项目竣工验收工作等。

【案例 4-3】某工程执行《建设工程工程量清单计价规范》，分部分项工程费合计 28150 万元，不含安全文明施工费的可计量措施项目费为 4500 万元，其他项目费为 150 万元，规费为 123 万元，安全文明施工费费率为 3%(以分部分项工程费与可计量的措施项目费为计算基数)，企业管理费费率为 20%，利润率为 5%，综合税率为 3.48%(按营业税计算)，人工费为 80 元/工日，吊车使用费为 3000 元/台班。该工程定额工期为 50 个月。业主委托了一家监理单位，以协助业主签订施工合同和进行施工阶段监理。

结合自身所学的相关知识，简述工程施工阶段的投资控制。

本章小结

本章主要讲述了目标控制基本原理、工程监理三大目标的控制及工程监理投资控制。通过本章的学习，学生可以掌握工程监理目标控制的相关内容，为以后深入的学习打下坚实的基础。

实训练习

一、单选题

1. 在控制流程投入与反馈两个环节之间的环节是(　　)。

   A. 计划　　B. 对比　　C. 转换　　D. 纠正

2. 根据建设工程进度控制早期控制的思想，建设单位(　　)。

   A. 在工程建设的早期尚无法编制总进度计划

   B. 在工程建设的早期就应当编制总进度计划

   C. 在设计阶段就应当编制总进度计划

   D. 在招标阶段就应当编制总进度计划

3. 建设工程合同约定的质量目标(　　)国家强制性质量标准的要求。

A. 必须高于　　B. 应当高于　　C. 应当等于　　D. 不得低于

4. 在下列内容中，属于合同措施的是(　　)。

A. 按合同规定的时间、数额付款

B. 审查承包单位的施工组织设计

C. 协助业主确定对目标控制有利的建设工程组织管理模式

D. 协助业主选择承建单位

5. 为了既缩短工期又获得较好的质量且耗费较低的投资，建设工程进度计划应当制定得既可行又优化，使工程进度(　　)。

A. 尽可能地加快　　B. 具有可控性

C. 具有连续性、均衡性　　D. 具有可操作性

二、多选题

1. 建设工程数据库对建设工程(　　)阶段的目标确定具有重要作用。

A. 项目决策　　B. 方案设计　　C. 初步设计

D. 施工招标　　E. 施工

2. 在下列内容中，属于建设工程目标控制组织措施的是(　　)。

A. 审查施工组织设计　　B. 落实目标控制的组织机构和人员

C. 明确目标控制人员的任务　　D. 选择最佳的建设工程组织管理模式

E. 改善目标控制工作的流程

3. 在规定时间内工程监理企业没有参加资质年检，(　　)。

A. 一年内不得重新申请资质

B. 资质证书自行失效

C. 应当将资质证书交回原发证机关

D. 建设行政主管部门应当在建设工程教育网重新核定其资质等级

E. 再核定的资质等级应当低于原资质等级

4. 在确定建设工程目标时，应对投资、进度、质量三大目标之间的统一关系进行客观且尽可能定量的分析，在分析时应注意的问题有(　　)。

A. 掌握客观规律，充分考虑制约因素

B. 对未来的可能的收益不宜过于乐观

C. 将目标规划和计划结合起来

D. 使投资、进度、质量同时达到最优

E. 要侧重于分析目标之间的对立关系

5. 工程咨询公司参与联合承包工程的形式有(　　)。

A. 工程咨询公司与土木工程承包商和设备制造商组成联合体

B. 工程咨询公司作为总承包商，承包商作为分包商

C. 承包商作为总承包商，工程咨询公司作为分包商

D. 工程咨询公司作为BOT项目的发起人

E. 财团作为BOT项目发起人，工程咨询公司参与BOT项目

三、简答题

1. 简述建设工程三大目标之间的关系。
2. 简述工程目标的分解。
3. 简述工程施工阶段的投资控制。

第4章答案.docx

实训工作单

<table>
<tr><td>班级</td><td></td><td>姓名</td><td></td><td>日期</td><td></td></tr>
<tr><td colspan="2">教学项目</td><td colspan="4">现场学习监理的目标控制要点</td></tr>
<tr><td>任务</td><td>目标的确定、分解、控制措施</td><td>学习途径</td><td colspan="3">本书中的案例分析，自行查找相关书籍</td></tr>
<tr><td colspan="2">学习目标</td><td colspan="4">各阶段的目标控制措施</td></tr>
<tr><td colspan="2">学习要点</td><td colspan="4">目标控制</td></tr>
<tr><td colspan="6">学习查阅记录</td></tr>
<tr><td>评语</td><td colspan="3"></td><td>指导老师</td><td></td></tr>
</table>

第 5 章　建筑工程项目进度控制

【教学目标】

- 了解建筑工程监理进度控制基本知识、程序及原则。
- 掌握建筑工程监理进度控制的影响因素。
- 掌握流水施工和网络计划技术的相关知识及关键线路和工期的确定。
- 熟悉建筑工程设计和施工阶段进度控制。

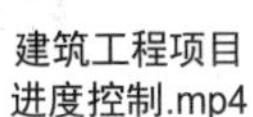

建筑工程项目进度控制.mp4

第 5 章　建筑工程项目进度控制.pptx

【教学要求】

本章要点	掌握层次	相关知识点
建筑工程监理进度控制基本知识、程序及原则	(1) 了解建筑工程监理进度控制基本知识 (2) 了解建筑工程监理进度控制程序及原则	进度控制
建筑工程监理进度控制的影响因素	重点掌握建筑工程监理进度控制的影响因素	进度控制的影响因素
流水施工、网络计划技术	(1) 熟悉流水施工的基本步骤及优点 (2) 重点掌握网络计划技术的绘制原则 (3) 掌握关键线路及工期的计算	进度控制方法
建筑工程设计和施工阶段进度控制	(1) 了解建筑工程设计阶段的进度控制 (2) 掌握建筑工程施工阶段的进度控制	各阶段的进度控制

【案例导入】

某工程业主在招标文件中规定：工期 T(周)不得超过 80 周，也不应短于 60 周。

某施工单位决定参与该工程的投标。在基本确定技术方案后，为提高竞争能力，对其中某技术措施拟定了三个方案进行比选。方案一的费用为 $C1=100+4T$，方案二的费用为 $C2=150+3T$，方案三的费用为 $C3=250+2T$。

这种技术措施的三个比选方案对施工网络计划的关键线路均没有影响。各关键工作可压缩的时间及相应增加的费用见表 5-1。

表 5-1 各关键工作可压缩的时间及相应增加的费用表

关键工作	A	C	E	H	M
可压缩时间/周	1	2	1	3	2
压缩单位时间增加的费用/(万元/周)	3.5	2.5	4.5	6.0	2.0

【问题导入】

(1) 该施工单位应采用哪种技术措施方案投标？为什么？

(2) 该工程采用问题(1)中选用的技术措施方案时的工期为 80 周，造价为 2653 万元。为了争取中标，该施工单位投标应报工期和报价各为多少？

(3) 若招标文件规定，施工单位自报工期小于 80 周时，工期每提前 1 周，其总报价降低 2 万元作为经评审的报价，则施工单位的自报工期应为多少？相应的经评审的报价为多少？

5.1 工程项目进度控制概述

5.1.1 建筑工程监理进度控制的基本知识

大型建筑工程影响进度控制的因素多且易变，从而导致施工进度控制较为复杂且不易有效把握。因此，监理工程师在大型建筑工程项目中只有提纲挈领，运筹帷幄，科学组织，有效协调，做好施工进度控制工作，才能实现工程项目建设的工期目标。

进度控制是指对工程项目建设各阶段的工作内容、工作程序、持续时间和衔接关系根据进度总目标及资源优化配置的原则编制计划并付诸实施，然后在进度计划的实施过程中经常检查实际进度是否按计划要求进行，对出现的偏差情况进行分析，采取补救措施或调整、修改原计划后再付诸实施，如此循环，直到建设工程竣工验收交付使用。建设工程进度控制的最终目的是确保建设项目按预定的时间动工或提前交付使用，建设工程进度控制的总目标是建设工期。

工程进度控制监理流程图.pdf

5.1.2 影响工程施工进度控制的主要因素

1．影响进度的因素分析

1) 有关单位的影响

工程项目的主要施工单位对施工进度起决定性作用，但是建设单位与业主、设计单位、银行信贷单位、材料设备供应部门、运输部门、水电供应部门及政府的有关主管部门都可能给施工的某些方面造成困难而影响施工进度。

2) 施工合同影响

施工合同段划分不合理、施工驻地位置安排不当造成主要材料运距不合理、施工不经济，从而导致施工工期过长、费用加大。

3) 施工组织管理不力

流水施工组织不合理、劳动力和施工机械调配不当、施工平面布置不合理等将影响施工进度计划的执行。

4) 技术失误

施工单位采用技术措施不当，施工中发生技术事故，应用新技术、新材料、新结构缺乏经验，不能保证质量等都会影响施工进度。

5) 施工条件的变化

施工过程中工程地质条件和水文地质条件与勘察设计不符，如地质断层、溶洞、地下障碍物、软弱地基及恶劣气候、暴雨、高温和洪水等都会对施工进度产生影响、造成临时停工或破坏。

2．进度控制的措施

1) 合同措施

(1) 合同工期的确定。

一般来说，合同工期主要受建设单位的要求工期、工程规模的定额工期以及投标价格的影响。工程招投标时，由于工程项目工期紧迫，建设单位通常不采用定额工期而根据自身的现实需要提出要求工期，并由此限定投标工期，只从价格上选择相对低价者中标。因此，要求工期的科学合理和允许投标工期在平衡投标报价中发挥作用，将有利于减小建设单位在进度目标控制中存在的风险。

(2) 工程款支付的合同控制。

工程进度控制与工程款的合同支付方式密不可分，工程进度款既是对施工单位履约程度的量化，又是推进项目运转的动力。如合同文本对工程进度款支付的约定方式通常为按每月完成工程量计量，可调整为按形象进度计量，即将工程项目总体目标分解为若干阶段性目标，在每一阶段完成并验收合格后根据投标预算中该阶段的造价支付进度款。

(3) 合同工期延期的控制。

合同工期延期一般是由于建设单位、工程变更、不可抗力等造成的；而工期延误是施工单位组织不力或因管理不善等造成的，两者概念不同。因此，合同约定中应明确合同工期顺延的申报条件和许可条件，即导致工期拖延的原因不是由施工单位自身的原因引起的，例如，施工场地条件的变更，建设、合同文件的缺陷，由于建设单位或设计单位图纸变更原因造成的临时停工、工期耽搁，由业主供应的材料、设备的推迟到货，影响施工的不可抗力等。通常约定为在延期事件发生后 14d 内向建设单位代表或监理工程师提出申请，并递交详细报告，否则申请无效。

2) 经济措施

(1) 强调工期违约责任。

建设单位要想取得好的工程进度控制效果，实现工期目标，必须突出强调施工单位的工期违约责任，并且形成具体措施，在进度控制过程中就对企图拖延、蒙混工期的施工单

位起到震慑作用。施工单位在下一阶段目标或合同工期内赶上进度计划的可予以退还违约金；否则，建设单位将继续扣留或累计扣罚违约金，违约金支付上限不超过法规规定的合同总价款的5%。

(2) 引入奖罚结合的激励机制。

长期以来，在实现工程进度控制目标的巨大压力下，针对施工单位合同工期的约束大多只采取“罚”字诀，但效果并不明显。从根本上讲建设单位的初衷是如期完工而不在于“罚”，而某些工程项目施工单位在考虑赶工投入的施工成本后会得出情愿受罚的结论，原因是违约金上限不能超过合同总价款的5%，这与增加人员投入、材料周转的费用比较接近，且拖延工期可直接降低一定的施工成本。所以，工程进度控制只采用罚的办法是比较被动的，而采取奖罚结合的办法可以引导施工单位变被动为主动。

(3) 技术措施。

① 审查承包商提交的进度计划，使承包商能在合理的状态下施工；

② 编制进度控制工作细则，指导监理人员实施进度控制；

③ 采用网络计划技术及其他科学适用的计划方法，并结合计算机的应用，对建设工程进度实施动态控制。

(4) 组织措施。

组织协调是实现进度控制的有效措施。为有效控制工程项目的进度，必须处理好参建各方工作中存在的问题，建立协调的工作关系，通过明确各方的职责、权利和工作考核标准，充分调动和发挥各方工作的积极性、创造性及潜在能力。

① 突出工作重心，强调责任。对于参建单位来说，工程项目的三大控制目标都同等重要，如果各方对三大控制目标都使用均等的力度来抓就有可能出现顾此失彼的问题。就进度控制来说，施工单位的主要职责是根据合同工期编制和执行施工进度计划，并在监理单位监督下确保工程质量合格，如造成工期拖延，建设单位和监理单位有权要求其增加人力、物力的投入并承担损失和责任。

② 加强对施工项目部的管理。施工单位工程项目部是建设项目进度实施的主体，建设单位进度控制的现场协调离不开工程项目部人员的积极配合。建设单位可以督促施工单位对工程项目部从进度、质量、资金等方面进行监督检查管理。

【案例5-1】项目施工进度控制涉及业主和承包各方的重大利益，是合同能否顺利执行的关键和衡量项目管理水平的重要标志。实践证明，通过进度控制，不仅能有效地缩短项目建设周期，减少各个单位和部门之间的相互干扰，而且能更好地落实施工单位各项施工计划，合理使用资源，保证施工项目成本、进度和质量等目标的实现，并为施工索赔提供依据。

5.1.3 工程建设进度监理的程序和原则

1. 建设工程监理实施程序

1) 确定项目总监理工程师，成立项目监理机构

监理单位应根据建设工程的规模、性质以及业主对监理的要求，委派称职的人员担任

项目总监理工程师，总监理工程师是一个建设工程监理工作的总负责人，他对内向监理单位负责，对外向业主负责。

监理机构的人员构成是监理投标书中的重要内容，是业主在评标过程中认可的，总监理工程师在组建项目监理机构时，应根据监理大纲内容和签订的委托监理合同内容组建，并在监理规划和具体实施计划执行中进行及时的调整。

2) 编制建设工程监理规划

建设工程监理规划是开展工程监理活动的纲领性文件，详细内容参见第 3 章相关知识。

3) 各专业监理实施细则详细内容

制定各专业监理实施细则详细内容参见第 3 章相关知识。

4) 规范化地开展监理工作是监理工作的规范化体现

(1) 工作的时序性。这是指监理的各项工作都应按一定的逻辑顺序先后展开。

(2) 职责分工的严密性。建设工程监理工作是由不同专业、不同层次的专家群体共同来完成的，他们之间严密的职责分工是协调进行监理工作的前提和实现监理目标的重要保证。

(3) 工作目标的确定性。在职责分工的基础上，每一项监理工作的具体目标都应是确定的，完成的时间也应有时限规定，从而能通过报表资料对监理工作及其效果进行检查和考核。

5) 参与验收，签署建设工程监理意见

建设工程施工完成以后，监理单位应在正式验交前组织竣工预验收，在预验收中发现的问题，应及时与施工单位沟通，提出整改要求。监理单位应参加业主组织的工程竣工验收，签署监理单位意见。

6) 向业主提交建设工程监理档案资料

建设工程监理工作完成后，监理单位向业主提交的监理档案资料应在委托监理合同文件中约定。如在合同中没有做出明确规定，监理单位一般应提交：设计变更、工程变更资料，监理指令性文件，各种签证资料等档案资料。

7) 监理工作总结

监理工作完成后，项目监理机构应及时从两方面对监理工作进行总结。其一，是向业主提交的监理工作总结，其主要内容包括：委托监理合同履行情况概述，监理任务或监理目标完成情况的评价，由业主提供的供监理活动使用的办公用房、车辆、试验设施等的清单，表明监理工作终结的说明等。其二，是向监理单位提交的监理工作总结，其主要内容如下。

(1) 监理工作的经验，可以是采用某种监理技术、方法的经验，也可以是采用某种经济措施、组织措施的经验，以及委托监理合同执行方面的经验或如何处理好与业主、承包单位关系的经验等。

(2) 监理工作中存在的问题及改进的建议。

2. 监理单位实施监理时应遵守的基本原则

监理单位受业主委托对建设工程实施监理时，应遵守以下基本原则。

音频 监理单位实施监理时应遵守的基本原则.mp3

1) 公正、独立、自主的原则

监理工程师在建设工程监理中必须尊重科学、尊重事实，组织各方协同配合，维护有关各方的合法权益。为此，必须坚持公正、独立、自主的原则。虽然业主与承建单位都是独立运行的经济主体，但他们追求的经济目标有差异，监理工程师应在按合同约定的权、责、利关系的基础上，协调双方的一致性。只有按合同的约定建成工程，业主才能实现投资的目标，承建单位也才能实现自己生产的产品的价值，取得工程款和实现盈利。

2) 权责一致的原则

监理工程师承担的职责应与业主授予的权限相一致。监理工程师的监理职权，依赖于业主的授权。这种权力的授予，除体现在业主与监理单位之间签订的委托监理合同之中，而且应作为业主与承建单位之间建设工程合同的合同条件。因此，监理工程师在明确业主提出的监理目标和监理工作内容要求后，应与业主协商，明确相应的授权，达成共识后明确反映在委托监理合同中及建设工程合同中。据此，监理工程师才能开展监理活动。总监理工程师代表监理单位全面履行建设工程委托监理合同，承担合同中确定的监理方向业主方所承担的义务和责任。因此，在委托监理合同的实施中，监理单位应给总监理工程师充分授权，体现权责一致的原则。

3. 总监理工程师负责制的原则

总监理工程师是工程监理全部工作的负责人。要建立和健全总监理工程师负责制，就要明确权、责、利关系，健全项目监理机构，具有科学的运行制度、现代化的管理手段，形成以总监理工程师为首的高效能的决策指挥体系。

总监理工程师负责制的内涵包括以下两项。

(1) 总监理工程师是工程监理的责任主体。责任是总监理工程师负责制的核心，它构成了对总监理工程师的工作压力与动力，也是确定总监理工程师权力和利益的依据。所以总监理工程师应是向业主和监理单位所负责任的承担者。

(2) 总监理工程师是工程监理的权力主体。根据总监理工程师承担责任的要求，总监理工程师全面领导建设工程的监理工作，包括组建项目监理机构，主持编制建设工程监理规划，组织实施监理活动，对监理工作进行总结、监督、评价。

4. 严格监理、热情服务的原则

严格监理，就是各级监理人员应严格按照国家政策、法规、规范、标准和合同控制建设工程的目标，依照既定的程序和制度，认真履行职责，对承建单位进行严格监理。

监理工程师还应为业主提供热情的服务，“应运用合理的技能，谨慎而勤奋地工作”。由于业主一般不熟悉建设工程管理与技术业务，监理工程师应按照委托监理合同的要求多方位、多层次地为业主提供良好的服务，维护业主的正当权益。但是，不能因此而一味地向各承建单位转嫁风险，从而损害承建单位的正当经济利益。

5．综合效益的原则

建设工程监理活动既要考虑业主的经济效益，也必须考虑与社会效益和环境效益的有机统一。建设工程监理活动虽经业主的委托和授权才得以进行，但监理工程师应首先严格遵守国家的建设管理法律、法规、标准等，以高度负责的态度和责任感，既对业主负责，谋求最大的经济效益，又要对国家和社会负责，取得最佳的综合效益。只有在符合宏观经济效益、社会效益和环境效益的条件下，业主投资项目的微观经济效益才能得以实现。

5.2 进度控制方法

5.2.1 流水施工原理与网络计划技术

1．流水施工

1) 流水施工的概念

流水施工为工程项目组织实施的一种管理形式，就是由固定组织的工人在若干个工作性质相同的施工环境中依次连续地工作的一种施工组织方法。工程施工中，可以采用依次施工(亦称顺序施工法)、平行施工和流水施工等组织方式。对于相同的施工对象，当采用不同的作业组织方法时，其效果也各不相同。

2) 流水施工的具体步骤

流水施工的具体步骤是：将拟建工程项目的全部建造过程，在工艺上分解为若干个施工过程，在平面上划分为若干个施工段，在竖向上划分为若干个施工层，然后按照施工过程组建专业工作队(或组)，并使其按照规定的顺序依次连续地投入各施工段，完成各个施工过程。当分层施工时，第一施工层各个施工段的相应施工过程全部完成后，专业工作队依次、连续地投入第二、第三、…、第 n 施工层，有节奏、均衡、连续地完成工程项目的施工全过程，这种施工组织方式称为流水施工。例如吊顶的班组在 10 层工作一周完成任务后，第二周立即转移到 11 层干同样的工作，然后第三周再到 12 层工作。别的工作队也是这样工作。此种作业法既能充分利用时间又能充分利用空间，大大缩短了工期，三个楼层总工期为 35 天。同时又克服了平行作业法资源高度集中的缺点，所以流水作业法是一种先进有效的作业组织法。流水作业法可保证生产的连续性和均衡性，而生产的连续性和均衡性势必使各种材料可以均衡使用，消除了工作组的施工间歇，因而可以大大缩短工期，一般可缩短 1/3～1/2。常见的流水施工横道图如图 5-1 所示。

横道图示意图.pdf

音频 流水施工的特点.mp3

3) 流水施工的优点

流水施工的优点是各工作队可以实行专业化施工，因而为工人提高技术熟练程度以及改进操作方法和生产工具创造了有利条件，可充分提高劳动生

产率。劳动生产率得到提高，相应可以减少工人人数和临时设施数量，从而可以节约投资，降低成本；同时专业化施工，有助于保证工程质量。

绘制实际的流水施工横道图

代号	工序	施工进度									
		5	10	15	20	25	30	35	40	45	50
A	基层清理	5									
B	垫层		5								
	养护			2							
C	防水层施工				5						
D	防水保护层					5					
	养护						2				
E	钢筋制作			10		10					
F	钢筋绑扎							10		10	
G	混凝土浇筑								2.5		2.5

图 5-1　流水施工横道图

流水施工具有以下特点。

(1)　科学地利用了工作面，争取了时间，使总工期趋于合理。

(2)　工作队及其工人实现了专业化生产，有利于改进操作技术，可以保证工程质量和提高劳动生产率。

(3)　工作队及其工人能够连续作业，相邻两个专业工作队之间，可实现合理搭接。

(4)　每天投入的资源量较为均衡，有利于资源供应的组织工作。

(5)　为现场文明施工和科学管理创造了有利条件。

上述经济效果都是在不需要增加任何费用的前提下取得的。可见，流水施工是实现施工管理科学化的重要组成内容，是与建筑设计标准化、施工机械化等现代施工内容紧密联系、相互促进的，是实现企业进步的重要手段。流水施工的主要参数包括工艺参数→施工过程数空间参数→施工层；施工段数；工作面时间参数→流水节拍；流水步距；流水强度；间歇时间；搭接时间；流水工期。

4)　依次施工

依次施工组织方式是将拟建工程项目的整个建造过程分解成若干个施工过程，按照一定的施工顺序，前一个施工过程完成后，后一个施工过程才开始施工；或前一个工程完成后，后一个工程才开始施工。它是一种最基本的、最原始的施工组织方式。

依次施工组织方式具有以下特点。

(1)　由于没有充分地利用工作面去争取时间，所以工期较长。

(2)　工作队不能实现专业化施工，不利于改进工人的操作方法和施工机具，不利于提高工程质量和劳动生产率。

(3)　工作队及工人不能连续作业。

(4) 单位时间内投入的资源量比较少，有利于资源供应的组织工作。

(5) 施工现场的组织、管理比较简单。

5) 平行施工组织方式

在拟建工程任务十分紧迫、工作面允许以及资源保证供应的条件下，可以组织几个相同的工作队，在同一时间、不同的空间内进行施工，这样的施工组织方式被称为平行施工组织方式。特点：工期短，资源强度大，存在交叉作业，有逻辑关系的施工过程之间不能组织平行施工。

【案例5-2】某五层四单元砖混结构(有构造柱)住宅，建筑面积4687.6平方米，基础为钢筋混凝土条形基础，主体工程为砖混结构，楼板为现浇钢筋混凝土；装饰工程为铝合金窗、夹板门，外墙为浅色面砖贴面，内墙、顶棚为中级抹灰，外加106涂料，地面为普通抹灰；屋面工程为现浇钢筋混凝土屋面板，屋面保温为炉渣混凝土上做三毡四油防水层，铺绿豆砂；设备安装及水、暖、电工程配合土建施工。

基础工程包括基础挖土、混凝土垫层、绑扎基础钢筋(包含侧模安装)、浇筑基础混凝土、浇筑混凝土基础墙基和回填土六个施工过程。考虑基础混凝土与素混凝土墙基是同一工种，班组施工可合并成一个施工过程。请结合上文对该工程进行合理的流水施工安排。

2. 网络计划技术

1) 双代号网络计划基本概念

音频 双代号网络图的要求.mp3

(1) 箭头。

工作是泛指一项需要消耗人力、物力和时间的具体活动过程，也称工序、活动、作业。在双代号网络图中，任意一条实箭线都要占用时间、消耗资源。在双代号网络图中，为了正确地表述图中工作之间的逻辑关系，往往需要应用虚箭线。虚箭线是实际工作中并不存在的一项虚设工作，故它们既不占用时间，也不消耗资源，一般起着工作之间的联系、区分和断路三个作用。

(2) 节点(又称结点、事件)。

节点是网络图中箭线之间的连接点。在时间上节点表示指向某节点的工作全部完成后该节点后面的工作才能开始的瞬间，它反映前后工作的交接点。网络图中有三个类型的节点。

① 起点节点：即网络图的第一个节点，它只有外向箭线，一般表示一项任务或一个项目的开始。

② 终点节点：即网络图的最后一个节点，它只有内向箭线，一般表示一项任务或一个项目的完成。

③ 中间节点：即网络图中既有内向箭线，又有外向箭线的节点。

双代号网络图中，节点应用圆圈表示，并在圆圈内编号。一项工作应当只有唯一的一条箭线和相应的一对节点，且要求箭尾节点的编号小于其箭头节点的编号，即$i<j$。网络图节点的编号顺序应从小到大，可不连续，但不允许重复。节点的表示如图5-2所示。

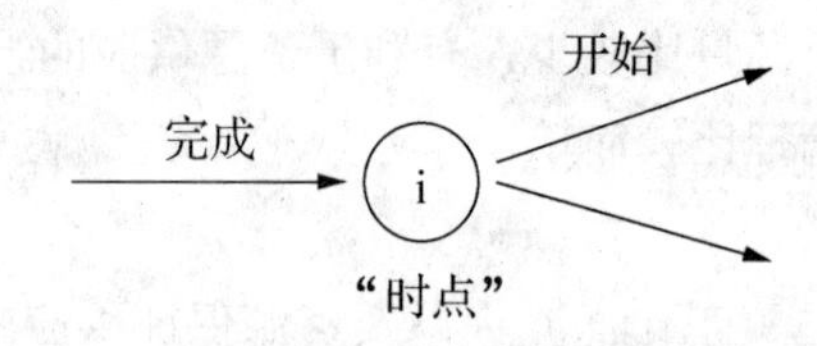

图 5-2　节点示意图

(3)　线路。

网络图中从起始节点开始，沿箭头方向顺序通过一系列箭线与节点，最后达到终点节点的通路称为线路。在一个网络图中可能有很多条线路，线路中各项工作持续时间之和就是该线路的长度，即线路所需要的时间。一般网络图有多条线路，可依次用该线路上的节点代号来记述，在各条线路中，有一条或几条线路的总时间最长，称为关键路线，一般用双线或粗线标注。其他线路长度均小于关键线路，称为非关键线路。

(4)　逻辑关系。

网络图中工作之间相互制约或相互依赖的关系称为逻辑关系，它包括工艺关系和组织关系，在网络中均应表现为工作之间的先后顺序。

①　工艺关系：生产性工作之间由工艺过程决定的、非生产性工作之间由工作程序决定的先后顺序叫工艺关系。

②　组织关系：工作之间由于组织安排需要或资源(人力、材料、机械设备和资金等)调配需要而规定的先后顺序关系称为组织关系。

网络图必须正确地表达整个工程或任务的工艺流程和各工作开展的先后顺序及它们之间相互依赖、相互制约的逻辑关系。因此，绘制网络图时必须遵循一定的基本规则和要求。

2)　双代号网络计划的绘图规则

(1)　双代号网络图必须正确表达已定的逻辑关系，工作编号不能重复，如图 5-3 所示。

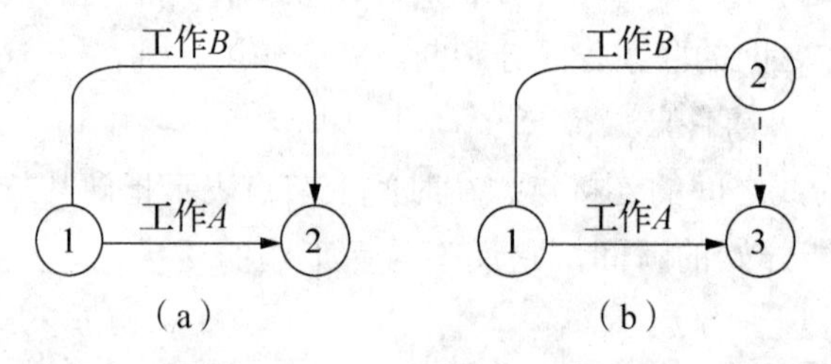

图 5-3　工作编号正确表达示意图

(2)　双代号网络图中，严禁出现循环回路。所谓循环回路是指从网络图中的某一个节点出发，顺着箭线方向又回到了原来出发点的线路，如图 5-4 所示。

(3)　双代号网络图中，在节点之间严禁出现带双向箭头或无箭头的连线。

(4)　双代号网络图中，严禁出现没有箭头节点或没有箭尾节点的箭线。

(5)　当双代号网络图的某些节点有多条外向箭线或多条内向箭线时，为使图形更简洁，可使用母线法绘制(但应满足一项工作用一条箭线和相应的一对节点表示)，如图 5-5 所示。

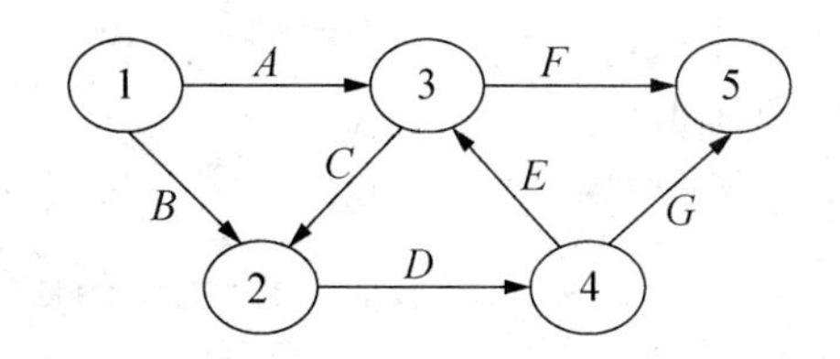

图 5-4　循环回路示意图

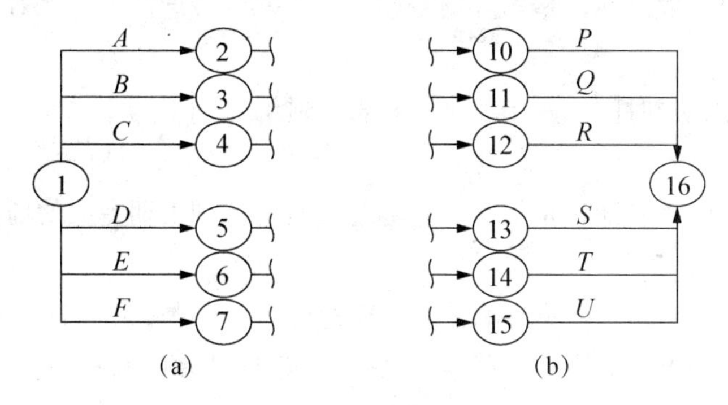

图 5-5　竖向母线示意图

(6) 绘制网络图时，箭线不宜交叉，如图 5-6 所示。

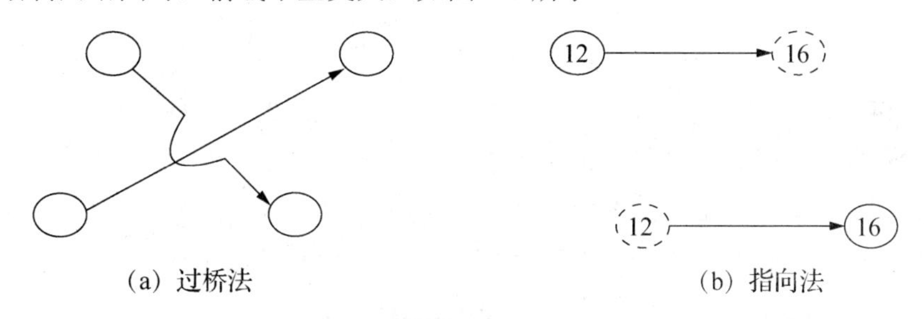

图 5-6　箭线正确表达示意图

(7) 双代号网络图中应只有一个起点节点和一个终点节点(多目标网络计划除外)，而其他所有节点均应是中间节点，如图 5-7 所示。

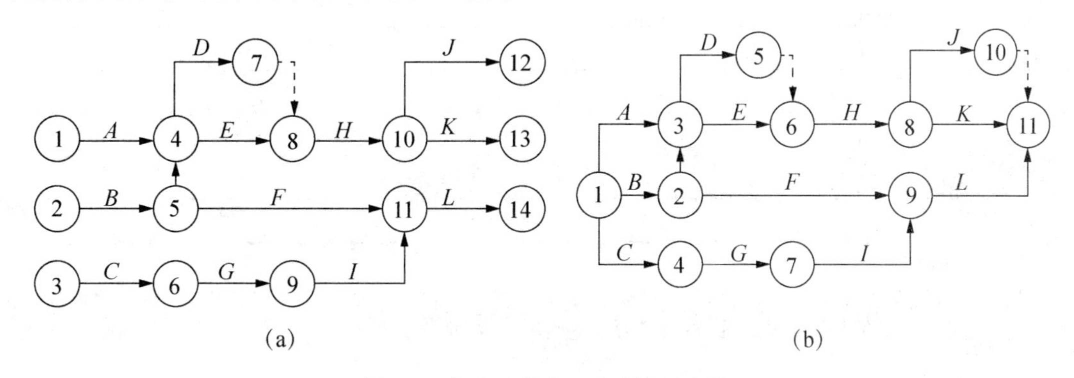

图 5-7　起点、终点正确表达示意图

(8) 双代号网络图应条理清楚，布局合理。例如，网络图中的工作箭线不宜画成任意

方向或曲线形状，尽可能用水平线或斜线；关键线路、关键工作安排在图面中心位置，其他工作分散在两边；避免倒回箭头等。

3) 双代号网络图中的主要有参数

(1) ES：最早开始时间，是指各项工作紧前工作全部完成后，本工作最有可能开始的时刻；

(2) EF：最早完成时间，是指各项紧前工作全部完成后，本工作有可能完成的最早时刻；

(3) LF：最迟完成时间，是指在不影响整个网络计划工期完成的前提下，本工作的最迟完成时间；

(4) LS：最迟开始时间，是指在不影响整个网络计划工期完成的前提下，本工作最迟开始时间；

(5) TF：总时差，是指在不影响计划工期的前提下，本工作可以利用的机动时间；

(6) FF：自由时差，是指在不影响紧后工作最早开始的前提下，本工作可以利用的机动时间。

4) 关键工作和关键线路的确定

(1) 关键工作。

网络计划中总时差最小的工作是关键工作。

(2) 关键线路。

自始至终全部由关键工作组成的线路为关键线路，或线路上总的工作持续时间最长的线路为关键线路。网络图上的关键线路可用双线或粗线标注。

【案例 5-3】请根据表 5-2 中各工作的逻辑关系，绘制双代号网络图。

表 5-2 工作关系逻辑表

工 作	紧后工作
A	C、D、E
B	D、E
C	F
D	F、G
E	—
F	—
G	—

5.2.2 实际进度与计划进度的比较方法

将实际进度数据与计划进度数据进行比较，可以确定建设工程实际执行状况与计划目标之间的差距。为了直接反映实际进度偏差，通常采用表格或图形进行实际进度与计划进度的对比分析，从而得出实际进度与计划进度超前、滞后还是一致的结论。实际进度与计划进度的比较是建设工程进度监测的主要环节。

常用的进度比较方法有下述几种。

1. 横道图比较法

横道图比较法是将项目实施过程中检查实际进度收集的数据，经加工整理后直接用横道线平行绘于原计划的横道线下，将实际进度与计划进度进行比较的方法。其特点是形象、直观。根据工程项目中各项工作的进展是否匀速，可分别采取以下两种方法进行实际进度与计划进度的比较。

(1) 匀速进展横道图比较法；

(2) 非匀速进展横道图比较法。

2. 前锋线比较法

前锋线比较法是通过绘制基本检查时刻工程项目实际进度前锋线，进行工程实际进度与计划进度比较的方法。它主要适用于时标网络计划。所谓前锋线，是指在原时标网络计划上，从检查时刻的时标点出发，用点划线依次将各项工作实际进度位置点连接而成的折线。

3. 列表比较法

当工程进度计划用非时标网络图表示时，可以采用列表比较法进行实际进度与计划进度的比较。这种方法是记录检查日期应该进行的工作名称及其已经作业的时间，然后列表计算有关时间参数，并根据工作总时差进行实际进度与计划进度比较的方法。

5.3　建筑工程各阶段进度控制

5.3.1　建筑工程设计阶段的进度控制

工程建设设计阶段是项目建设程序中的一个重要阶段，同时也是影响项目工期的关键阶段，因此，监理工程师必须采取有效措施对工程项目的设计进度进行控制，以确保项目建设总进度目标的实现。设计阶段进度控制的意义如下所述。

(1) 设计进度控制是工程建设进度控制的重要内容。工程建设进度控制的目标是建设工期，而工程设计作为工程项目实施阶段的一个重要环节，其设计周期又是建设工期的组成部分。因此，为了实现工程建设进度总目标，就必须对设计进度进行控制。工程设计工作涉及众多因素，包括规划、勘察、地理、地质、水文、能源、市政、环境保护、运输、物资供应、设备制造等。设计本身又是多专业的协作产物。它必须满足使用要求，同时也要讲究美观和经济效益，并考虑施工的可能性。为了对上述诸多复杂的问题进行综合考虑，工程设计要划分为初步设计和施工图设计两个阶段，特别复杂的工程设计还要增加技术设

计阶段，这样，工程项目的设计周期往往很长，有时需要经过多次反复才能定案。因此，控制工程设计进度，不仅对工程设计进度和工程建设总进度的控制有着很重要的意义，同时通过确定合理的设计周期，也可使工程设计的质量得到保证。

(2) 设计进度控制是施工进度控制的前提。在工程建设过程中，必须是先有设计图纸，然后才能按图施工。只有及时供应图纸，才能有正常的施工进度，否则，设计就会拖施工的后腿。在实际工作中，由于设计慢和设计变更多，使施工进度受到牵制的情况是经常发生的。为了保证施工进度不受影响，应加强设计进度控制。

(3) 设计进度控制是设备和材料供应进度控制的前提。工程项目建设所需要的设备和材料是根据设计而来的，设计单位必须提出设备清单，以便进行加工订货或购买。设备制造需要一定的时间，因此，必须控制设计工作的进度，才能保证设备加工的进度。材料加工和购买也是如此。这样在设计和施工两个实施环节之间就必须有足够的时间，以进行设备与材料的加工订货和采购。因此，必须对设计进度进行控制，以保证设备和材料供应的进度，进而保证施工进度。

(4) 设计阶段进度控制的工作程序。设计阶段进度控制的主要任务是出图控制，也就是通过采取有效措施使工程设计者如期完成初步设计、技术设计、施工图设计等各阶段的设计工作，并提交相应的设计图纸及说明。为此，监理工程师要审核设计单位的进度计划和各专业的出图计划，并在设计实施过程中，跟踪检查这些计划的执行情况，定期将实际进度与计划进度进行比较，进而纠正或修订进度计划。若发现进度拖后，监理工程师应督促设计单位采取有效措施加快进度。

5.3.2 建筑工程施工阶段的进度控制

1. 进度控制基本概述

在建设工程项目管理中，最主要的管理内容就是项目的施工质量、进度、成本与安全控制，对工程进度的控制是项目管理中的一项极为重要的工作。建设项目施工阶段进度管理，是项目管理中不可或缺的重要一环，有着特殊的重要地位与作用。工程项目进度除工期外，还包括工作量、资源消耗量等因素，这几方面相互影响、相互联系，所以必须从多角度进行综合控制，才能对施工进度及项目实施状况做出正确的评价。因此，只有认真分析影响施工阶段进度控制的各种因素，不断改进项目施工中进度控制的措施与方法，才能确保项目工期按期完成，此点对每一个施工企业来说都十分重要。

2. 施工阶段进度控制的地位与作用

工程项目能否在预定的时间内交付使用，直接影响到建设工程的经济效益，关系到施工企业的履约能力与信誉，也直接反映了施工企业项目管理的水平。进度控制的目标与成本控制、质量控制以及安全控制的目标是对立统一的，一般来说，进度快就要增加生产成本，但工期提前也会提高成本效益；进度快可能影响质量，而质量控制严格就可能影响进度；如果质量控制严格则可以避免返工，又会加快进度；加快进度或者赶工增加了安全风险并进而增加了安全控制的难度，但加强安全控制又可确保正常的施工秩序，为进度目标的实现提供安全保障。进度、质量、成本与安全四个目标是一个系统，工程施工管理就是要解决好它们之间的矛盾，既要进度快，又要成本省、质量好、安全可靠。

3. 建筑工程施工进度的影响因素

在市场经济运行的背景下，建筑工程施工工期与经济有着密切的联系，如果建筑工程施工不能按期完工，不仅会对业主的正常使用造成影响，而且会增加施工成本。因此，无论是从经济方面还是从建筑工程管理方面考虑，都需要保证建筑工程能够按照工期顺利完工。而施工阶段的进度控制，对整个工程的施工质量起着决定性作用。

1) 工程建设相关单位的影响

影响工程项目施工进度的单位不只是施工承包单位。事实上，只要是与工程建设有关的单位(如政府有关部门、建设单位、设计单位、物资供应单位、资金贷款单位，以及运输、通信、供电等部门等)，其工作进度的滞后必将对施工进度产生影响。因此，控制施工进度仅仅考虑施工承包单位是不够的，必须充分发挥监理的作用，协调各相关单位之间的进度关系。而对于那些无法进行协调控制的进度关系，在进度计划的安排中应留有足够的机动时间。

2) 物资供应进度的影响

施工过程中需要的材料、构配件、机具和设备等，如果不能按期运抵施工现场或者是运抵施工现场后发现其质量不符合有关标准的要求，都会对施工进度产生影响。因此，监理工程师应严格把关，采取有效措施控制好物资供应进度。

3) 资金的影响

工程施工的顺利进行必须有足够的资金作保障。一般来说，资金的影响主要来自建设单位或者是由于没有及时给足工程预付款，或者是由于拖欠了工程进度款，这些都会影响到承包单位流动资金的周转，进而影响施工进度。监理工程师应根据建设单位的资金供应能力，安排好施工进度计划，并督促建设单位及时拨付工程预付款和工程进度款，以免因资金供应不足拖延进度，导致工期索赔。

4) 设计变更的影响

在施工过程中出现设计变更是难免的，或者是由于原设计有问题需要修改，或者是由于建设单位提出了新的要求。监理工程师应加强图纸审查，严格控制随意变更，特别应对建设单位的变更要求进行制约。

5) 施工条件的影响

在施工过程中一旦遇到气候、水文、地质及周围环境等方面的不利因素，必然会影响施工进度。此时，承包单位应利用自身的技术组织能力予以克服。监理工程师应积极疏通关系，协助承包单位解决那些自身不能解决的问题。

6) 各种风险因素的影响

风险因素包括政治、经济、技术及自然等方面的各种可预见或不可预见的因素。政治

方面的有战争、内乱、罢工、拒付债务、制裁等。经济方面的有延迟付款、汇率浮动、换汇控制、通货膨胀、分包单位违约等。技术方面的有工程事故、试验失败、标准变化等。自然方面的有地震、洪水等。监理工程师必须对各种风险因素进行分析，提出控制风险、减少风险损失及对施工进度影响的措施，并对发生的风险事件给予恰当的处理。

7) 承包单位自身管理水平的影响

施工现场的情况千变万化，如果承包单位的施工方案不当，计划不周，管理不善，解决问题不及时等，都会影响工程项目的施工进度。承包单位应通过总结分析吸取教训，及时改进。而监理工程师应提供服务，协助承包单位解决问题，以确保施工进度控制目标的实现。

正是由于上述因素的影响，才使施工阶段的进度控制显得非常重要。在施工进度计划的实施过程中，监理工程师一旦掌握了工程的实际进展情况以及产生问题的原因，其影响是可以得到控制的。当然，上述某些影响因素，如自灾害等是无法避免的，但在大多数情况下，其损失是可以通过有效的进度控制而得到弥补的。

【案例 5-4】某工程项目施工网络计划图中箭线下方数字为工作的持续活动时间，如图 5-8 所示。在实际施工过程中第五周结束时发现 D 工作滞后 4 周，C 工作滞后 3 周，B 工作滞后 3 周。

试分析：(1) 确定不考虑工期拖延的情况下的网络计划中的关键线路和计划工期；

(2) 在双代号时标网络图上绘出实际进度的前锋线(早时标)并说明 B、C、D 工作拖延对总工期的影响。

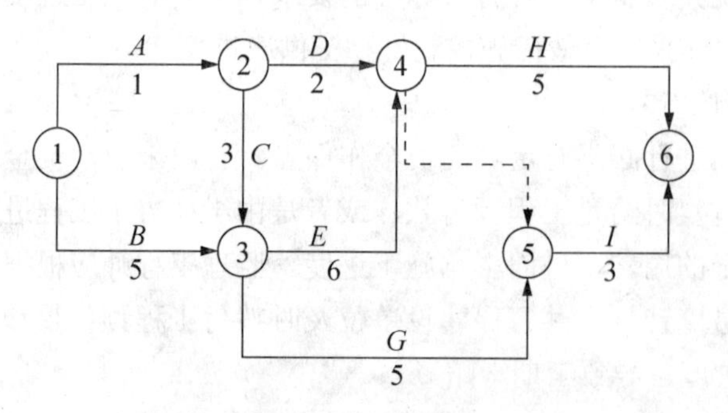

图 5-8 某工程项目施工网络计划图

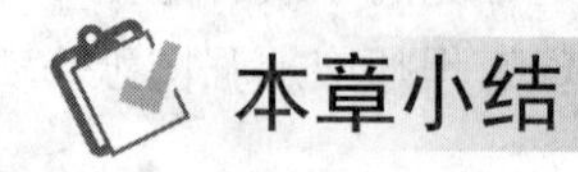

本章小结

通过对本章内容的学习，学生们可以了解建筑工程监理进度控制基本知识、程序及原则；重点掌握建筑工程监理进度控制的影响因素；熟悉流水施工的基本步骤及优点；重点掌握网络计划技术的绘制原则、关键线路确定及工期的计算；了解建筑工程设计阶段的进度控制；掌握建筑工程施工阶段的进度控制。希望通过对本章的学习，使同学们对工程项目进度控制的基本知识有基础了解，并掌握相关的知识点，举一反三，学以致用。

实训练习

一、单选题

1. 如果A、B两项工作的最早开始时间分别为第6天和第7天，它们的持续时间分别为4天和5天，则它们共同紧后工作C的最早开始时间为第(　　)天。

A. 10　　B. 11　　C. 12　　D. 13

2. 在某工程的网络计划中，如果工作X的总时差和自由时差分别为8天和4天，监理工程师检查实际进度时发现，该工作的持续时间延长了2天，则说明工作X的实际进度(　　)。

A. 既影响总工期，也影响其后续工作

B. 不影响总工期，但其后续工作的最早开始时间将延迟2天

C. 影响总工期，总工期拖延2天

D. 既不影响总工期，又不影响其后续工作

3. 在网络计划中，若某项工作拖延使总工期延长，那么为了保证工期符合原计划，(　　)。

A. 应调整该工作的紧后工作　　B. 应调整该工作的平行工作

C. 应调整该工作的紧前工作　　D. 应调整所有工作

4. 已知工作A的紧后工作是B和C，工作B的最迟开始时间为14，最早开始时间为10；工作C的最迟完成时间为16，最早完成时间为14；工作A的自由时差为5天，则工作A的总时差为(　　)天。

A. 5　　B. 7　　C. 9　　D. 11

5. 在工程网络计划中，判别关键工作的条件是该工作(　　)。

A. 最迟开始时间与最早结束时间差值最小

B. 与其紧前工作之间的时间间隔为零

C. 与其紧后工作之间的时间间隔为零

D. 最迟开始时间与最早开始时间的差值最小

二、多选题

1. 与网络计划相比较，横道图进度计划法的特点有(　　)。

A. 适用于手工编制计划

B. 工作之间的逻辑关系表达清楚

C. 能够确定计划的关键工作和关键线路

D. 调整只能用手工方式进行，其工作量较大

E. 适应大型项目的进度计划系统

2. 在双代号网络计划中，若某项工作进度发生拖延，需要重新调整原进度计划的情况有(　　)。

A. 该工作进度拖延已超过其总时差，但总工期不可以拖延

B. 该工作进度拖延已超过其总时差，但其后续工作不可以拖延

C. 该工作进度拖延已超过其自由时差，但其后续工作可以拖延

D. 该工作进度拖延已超过其自由时差，但总工期不可以拖延

E. 项目总工期可以拖延有限时间，但实际拖延时间已经超过此限制

3. 进度目标分析和论证的目的是(　　)。

A. 论证进度目标是否合理　　B. 进度目标是否可能实现

C. 通过控制以实现工程的进度目标　　D. 控制整个项目实施阶段的进度

E. 控制设计准备阶段的工作进度

4. 工程网络计划的类型有不同的划分方法，按工作持续时间的特点可划分为(　　)。

A. 肯定型问题的网络计划　　B. 非肯定问题的网络计划

C. 随机网络计划　　D. 事件网络

E. 工作网络

5. 工程网络计划按工作和事件在网络图中的表示方法划分为(　　)。

A. 肯定型问题的网络计划　　B. 非肯定问题的网络计划

C. 随机网络计划　　D. 事件网络

E. 工作网络

三、简答题

1. 影响工程施工进度控制的主要因素有哪些？

2. 简述流水施工的施工原理。

3. 简述工程建设设计阶段进度控制的意义。

4. 建筑工程施工进度的影响因素有哪些？

第5章答案.docx

实训工作单

<table>
<tr><td>班级</td><td></td><td>姓名</td><td></td><td>日期</td><td></td></tr>
<tr><td colspan="2">教学项目</td><td colspan="4">现场学习建筑工程项目进度控制</td></tr>
<tr><td>学习项目</td><td colspan="2">流水施工及网络计划进度控制</td><td>学习要求</td><td colspan="2">能合理安排各工序交叉有序进行</td></tr>
<tr><td colspan="3">相关知识</td><td colspan="3">各阶段进度控制</td></tr>
<tr><td colspan="3">其他内容</td><td colspan="3">进度控制</td></tr>
<tr><td colspan="6">学习记录</td></tr>
<tr><td>评语</td><td colspan="3"></td><td>指导老师</td><td></td></tr>
</table>

第 6 章　建筑工程项目质量、安全控制

【教学目标】

- 了解建筑工程监理质量控制的作用、任务及影响因素。
- 熟悉建筑工程质量控制的方法和措施。
- 掌握工程监理在建筑工程各阶段的质量控制。
- 熟悉工程监理安全控制的内容和方法。

建筑工程项目质量、安全控制.mp4

第 6 章　建筑工程项目质量、安全控制.pptx

【教学要求】

本章要点	掌握层次	相关知识点
建筑工程监理质量控制的作用、任务及影响因素	(1)　了解建筑工程监理质量控制的作用、任务 (2)　掌握建筑工程监理质量控制的影响因素	工程监理质量控制
建筑工程质量控制的方法和措施	重点掌握建筑工程质量控制的方法和措施	质量控制方法和措施
监理在建筑工程各阶段的质量控制	(1)　了解工程监理在项目决策中的质量控制 (2)　熟悉工程监理在设计阶段的质量控制 (3)　掌握工程监理在施工阶段的质量控制 (4)　掌握质量验收程序和组织及事故处理程序	监理在建筑工程各阶段的质量控制
工程监理安全控制概述、内容和方法	了解建筑工程监理安全控制概述、内容和方法	工程安全控制

【案例导入】

某开发商修建一幢商品楼，为了追求较多的利润，要求设计、施工等单位按其要求进行设计施工。设计上采用底层框架(局部为二层框架)上面砌筑九层砖混结构，总高度最高达33.3m，严重违反国家现行《建筑抗震设计规范》和地方标准的相关要求，框架顶层未采用现浇结构，平面布置不规则、对称，质量和刚度不均匀，在较大洞口两侧未设置构造柱。在施工过程中六至十一层采用灰砂砖墙体。住户在使用过程中，发现房屋内墙体产生较多的裂缝，经检查有正八字、倒八字裂缝；竖向裂缝；局部墙面出现水平裂缝，以及大量的

界面裂缝，引起住户强烈不满，多次向各级政府有关部门投诉，产生了极坏的影响。

【问题导入】

试结合上文分析出现质量的原因及采取控制质量的措施，并说明监理在质量控制中的重要作用。

6.1 工程质量控制概述

6.1.1 建筑工程监理质量控制的作用和任务

施工是形成工程项目实体的过程，也是决定最终产品质量的关键阶段，要提高工程项目的质量，就必须狠抓施工阶段的质量控制。我国在固定资产投资领域内概算超估算、预算超概算及决算超预算等是普遍的现象。造成这种问题的原因有很多，归纳起来主要有两点：一是投资目标确定不合理；二是在项目实施过程中未能进行有效的全过程控制。

1. 项目施工过程中质量控制的重要性

工程项目施工涉及面广，是一个极其复杂的过程，影响质量的因素有很多，如设计、材料、机械、地形、地质、水文、气象、施工工艺、操作方法、技术措施、管理制度等，这些因素均直接影响着工程项目的施工质量；而且工程项目位置固定、体积大，不同项目地点不同，不像工业生产那样有固定的流水线、规范化生产工艺及检测技术、成套的生产设备和稳定的生产条件，因此影响施工项目质量的因素多，容易产生质量问题。

如使用材料的微小差异、操作的微小变化、环境的微小波动，机械设备的正常磨损，都会产生质量变异，造成质量事故。工程项目建成后，如果发现质量问题，又不可能像一些工业产品那样拆卸、解体、更换配件，更不能实行“包换”或“退款”，因此工程项目施工过程中的质量控制，就显得极其重要。

2. 培训、优选施工人员

工程质量的形成受到所有参加工程项目施工的管理技术干部、操作人员、服务人员共同作用，他们是决定工程质量的主要因素。因此要控制施工质量，就要培训、优选施工人员，提高他们的素质。

1) 提高工人的质量意识

施工安全宣传漫画.pdf

按照全面质量管理的观点，施工人员应当树立五大观念：质量第一的观念、预控为主的观念、为用户服务的观念、用数据说话的观念以及社会效益、企业效益(质量、成本、工期相结合)综合效益观念。

2) 人的技术素质

管理干部、技术人员应有较强的质量规划、目标管理、施工组织和技术指导、质量检查的能力；生产人员应有精湛的技术技能、一丝不苟的工作作风，严格执行质量标准和操作规程的法制观念；服务人员则应做好技术服务和生活服务，以出色的工作质量，间接地保证工程质量。提高人的素质，靠质量教育、靠精神和物质激励的有机结合，靠培训和优选。

3．严格控制建材、建筑构配件和设备质量，打好工程建设物质基础

《中华人民共和国建筑法》明确指出：“用于建筑工程的材料、构配件、设备……必须符合设计要求和产品质量标准。”因此，要把住“四关”，即采购关、检测关、运输保险关和使用关。当前，在物资供应处于买方市场的环境下，各种销售名目繁多，有“回扣销售”“有奖销售”“送货上门销售”等，对采保人员是极大的诱惑。因此，要把好采购关。

(1) 优选采保人员，提高他们的政治素质和质量鉴定水平。挑选那些有一定专业知识，忠于事业、守信于项目经理的人担任采保工作。

(2) 掌握信息，优选送货厂家。掌握质量、价格、供货能力的信息，选择国家认证许可、有一定技术和资金保证的供货厂家，选购有产品合格证，有社会信誉的产品，这样既可控制材料质量，又可降低材料成本。针对建材市场产品质量混杂的情况，还要对建材、构配件和设备实行施工全过程的质量监控。施工项目所有主材严格按设计要求，应有符合规范要求的质保书，对进场材料，除按规定进行必要的检测外，质保书项目不全的产品，应进行分析、检测、鉴定。

不符合要求的不得使用，并且追踪其出处。严格执行建材检测的见证取样送检制度，以确保检测报告的真实性。

4．推行科技进步，强化质量管理，提高质量控制水平

施工质量控制与技术因素息息相关。技术因素除了人员的技术素质外，还包括设备、信息、检验和检测技术等。原建设部《技术政策》中指出：“要树立建筑产品观念，各个环节要重视建筑最终产品的质量和功能的改进，通过技术进步，实现产品和施工工艺的更新换代。”这句话阐明了新技术、新工艺和质量的关系。

科技是第一生产力，体现了施工生产活动的全过程。技术进步的作用，最终体现在产品质量上。为了工程质量，应重视新技术、新工艺的先进性、适用性。在施工的全过程，要建立符合技术要求的工艺流程、质量标准、操作规程，建立严格的考核制度，不断地改进和提高施工技术和工艺水平，确保工程质量。“管理也是生产力”，管理因素在质量控制中有举足轻重的作用。建筑工程项目应建立严密的质量保证体系和质量责任制，明确各自责任。施工过程的各个环节要严格控制，各分部、分项工程均要全面实施到位管理。在实施全过程管理中首先要根据施工队伍自身情况和工程的特点及质量通病，确定质量目标和攻关内容。再结合质量目标和攻关内容编写施工组织设计，制订具体的质量保证计划和攻关措施，明确实施内容、方法和效果。

在实施质量计划和攻关措施中加强质量检查，其结果要定量分析，得出结论。“经验”

则加以总结并转化成今后保证质量的“标准”和“制度”，形成新的质保措施：“问题”则要作为以后质量管理的预控目标。质量控制目标是质量控制预期应达到的结果，以及应达到的程度和水平，在进行质量控制时实施目标管理可以激发施工人员质量控制的积极性、主动性，使关键问题迅速得到解决。

质量控制的目标管理应抓住目标制定、目标展开和目标实现三个环节。施工质量目标的制定，应根据企业的质量目标及控制中没有解决的问题、没有经验的新施工产品以及用户的意见和特殊的要求等，其中同类工程质量通病是最主要的质量控制目标；目标展开就是目标的分解与落实；目标的实施，中心环节是落实目标责任和实施目标责任。各专业、各工序都应以质量控制为中心进行全方位管理，从各个侧面发挥对工程质量的保证作用。从而使工程质量控制目标得以实现。

6.1.2 影响建筑工程质量控制的主要因素

1. 影响建筑工程质量的人力因素

1) 施工人员技术及理论水平对质量的影响

音频 影响建筑工程质量控制的主要因素.mp3

施工人员是建筑工程中最为具体且最为主要的因素，因此施工人员的技术水平及理论水平对建筑工程的质量有着直接的影响。有着较高技术与理论水平的施工人员才能充分理解工程设计的方案与技术要求，然后在施工的过程中可以及时发现其中所存在的各种问题，并根据自身的工作经验对所遇到的问题进行及时、有效的解决。

2) 施工人员职业素养对质量的影响

施工人员的职业素养主要体现在其劳动态度、注意力、情绪以及责任心等方面。职业素养本身存在着一定的主观性，且会随着时间与地点的变化而发生变化。因此，在施工的过程中要对施工人员职业素养的培养给予足够的重视，尤其是对于工程中关键且精密的工序，为确保其质量需要，在施工过程中关注施工人员的思想动态，稳定其情绪。

3) 工程领导者素质对质量的影响

在进行施工的时候务必要对领导者的素质进行考核，领导者的素质在工程的质量控制中发挥着重要的作用。当领导层整体拥有正派的经营作风、较高的社会信誉、丰富的施工实践经验以及良好的个人素质，这就表示此领导层在决策能力方面较强，从而在进行机构组织的时候就会更为健全，管理制度的制定也能进一步完善，且技术措施得力，最终使工程的质量也能够有所提高。

2. 影响建筑工程质量的机械设备因素

机械设备对建筑工程的重要影响主要体现在施工的进度以及施工的质量，所以要促进施工机械化能够得以顺利实现，需要以机械设备作为重要的物质基础。在建筑工程项目的施工阶段，以施工现场条件的综合考虑为基础，施工机械类型与性能参数的合理选取应该全面地考虑到建筑技术、施工工艺与方法、建筑结构形式以及机械设备功能等因素，从而促进施工机械的合理使用。

3．影响建筑工程质量的环境因素

环境的因素具有多变性，其不可能持续保持原有的姿态一成不变。每个不同的工程都会有其独特的工程技术环境、劳动环境以及管理环境。即使是同一个工程项目，当其所处的时间不同，环境也会随之不同。最能引起环境变化的便是时间，例如一天之内气象条件就有可能发生变化，湿度、温度、风向等都不会一成不变，这些细微的变化都有可能会对工程的质量产生一定影响。与此同时，施工的工序同分部工程通常紧密相关，且为各自的基础，前一道工序为后一道工序提供环境，前一分项、分部工程为后一分项、分部工程提供环境。

所以，在考虑环境因素的时候要进行充分的综合考虑，且要与工程的具体特点及条件充分结合起来，然后采取有效措施对此类因素予以严格的控制。

4．影响建筑工程质量的工程材料因素

(1) 在对材料进行控制的时候务必要对材料验收的职责、步骤与依据有着充分的理解，施工材料进场的检查验收工作应进一步加强，严格控制施工建筑材料的质量，与此同时还要重视材料的现场管理工作，并对之进行合理的调配与使用。

(2) 投入到建筑工程中的主要施工材料与配件首先要有产品出厂合格证明等相关质量证明材料，然后在现场的监理下由甲方对施工材料进行抽样检查并送进实验室进行复试，进一步完善施工材料质量的试验与检验工作。只要是没有通过检验且检验结果不合格的原材料、成品以及半成品都不可以在建筑工程中使用，防止其对工程的整体质量造成不良影响。

(3) 要严格控制施工材料在建筑工程中的使用，坚决杜绝对经济效益极端且片面的追求，严格防止不合格的施工材料混进工程建设中，促进施工材料正确合理的使用。

5．影响建筑工程质量的方法因素

此处所讲的方法因素主要包括施工技术以及施工方法因素，例如施工的工艺、方案以及操作技能等。仔细地进行划分，方法因素则主要包括工程项目在整个建设周期中采取的施工组织设计、技术方案、组织措施、检测手段、工艺流程等各种控制方法。一切建筑工程都要以施工方案作为其源头，施工方案的正确与否将直接关系到建筑工程项目的三大目标(进度、质量、投资)是否能够得以顺利完成。所以在对施工的方案进行审核与制定的时候主要将其与建筑工程项目的具体情况充分结合起来，在分析的时候应该结合技术、管理、工艺以及组织等方面做出全面且系统的分析，这样一来在一定程度上便可以促进建筑工程质量的提高、工程进度的加快以及施工成本的降低。

【案例 6-1】某施工单位 6 月 20 日与建设单位签订了施工合同，修建一幢复杂地基上的教学楼。由于该工程复杂，工期难以确定，合同双方约定，采用成本加酬金方式订立合

同。建设方按实际发生的成本，付给施工单位 15%的管理费和利润。合同同时规定，在保证质量和进度的前提下，施工单位每降低 1 万元成本，建设方给予额外的 3000 元奖金。因此建设单位委托监理单位对其进行治理控制，结合上文分析，监理应对哪些因素进行控制以达到质量要求？应采取哪些相应的措施？

6.1.3 建筑工程质量控制依据

施工阶段监理工程师进行质量控制的依据，大体上有以下四类。

1. 工程合同文件

工程施工承包合同文件和委托监理合同文件中分别规定了参与建设各方在质量控制方面的权利和义务，有关各方必须履行在合同中的承诺。对于监理单位，既要履行委托监理合同的条款，又要督促建设单位、监督承包单位、设计单位履行有关的质量控制条款。因此，监理工程师要熟悉这些条款，据以进行质量监督和控制。

2. 设计文件

“按图施工”是施工阶段质量控制的一项重要原则。因此，经过批准的设计图纸和技术说明书等设计文件，无疑是质量控制的重要依据。但是从严格质量管理和质量控制的角度出发，监理单位在施工前还应参加由建设单位组织的设计单位及承包单位参加的设计交底及图纸会审工作，以达到了解设计意图和质量要求，发现图纸差错和减少质量隐患的目的。

3. 国家及政府有关部门颁布的有关质量管理方面的法律、法规性文件

(1) 《中华人民共和国建筑法》。

(2) 《建设工程质量管理条例》。

(3) 原建设部发布的《建筑业企业资质管理规定》。

以上列举的是国家及建设主管部门所颁发的有关质量管理方面的法规性文件。这些文件都是建设行业质量管理方面所应遵循的基本法规文件。此外，其他如交通、能源、水利、冶金、化工等行业的政府主管部门和省、市、自治区的有关主管部门，也应根据本行业及地方的特点，制定和颁发有关的法规性文件。

(4) 有关质量检验与控制的专门技术法规性文件。这类文件一般是针对不同行业、不同的质量控制对象而制定的技术法规性文件，包括各种有关的标准、规范、规程或规定。

技术标准有国际标准、国家标准、行业标准、地方标准和企业标准之分。它们是建立和维护正常的生产和工作秩序应遵守的准则，也是衡量工程、设备和材料质量的尺度。例如，工程质量检验及验收标准；材料、半成品或构配件的技术检验和验收标准等。技术规程或规范，一般是执行技术标准，保证施工有序地进行，而为有关人员制定的行动准则，通常也与质量的形成有密切关系，应严格遵守。各种有关质量方面的规定，一般是由有关主管部门根据需要而发布的带有方针目标性的文件，它对于保证标准和规程、规范的实施

和改善实际存在的问题，具有指令性和及时性的特点。此外，对于大型工程，特别是对外承包工程和外资、外贷工程的质量监理与控制中，可能还会涉及国际标准和国外标准或规范，当需要采用这些标准或规范进行质量控制时，还需要熟悉它们。

4．专门的技术法规性的主要依据

(1) 工程项目施工质量验收标准。

这类标准主要是由国家或有关部门统一制定的，用以作为检验和验收工程项目质量水平所依据的技术法规性文件。例如，评定建筑工程质量验收的《建筑工程施工质量验收统一标准》(GB 50300—2001)、《混凝土结构工程施工质量验收规范》(GB 50204—2002)、《建筑装饰装修工程质量验收规范》(GB 50210—2001)等。对于其他行业如水利、电力、交通等工程项目的质量验收，也有与之类似的相应的质量验收标准。

(2) 有关工程材料、半成品和构配件质量控制方面的专门技术法规性依据。

① 有关材料及其制品质量的技术标准。诸如水泥、木材及其制品、钢材、砖瓦、砌块、石材、石灰、砂、玻璃、陶瓷及其制品；涂料、保温及吸声材料、防水材料、塑料制品；建筑五金、电缆电线、绝缘材料以及其他材料或制品的质量标准。

② 有关材料或半成品等的取样、试验等方面的技术标准或规程。例如，木材的物理力学试验方法总则，钢材的机械及工艺试验取样法，水泥安定性检验方法等。

③ 有关材料验收、包装、标志方面的技术标准和规定。例如，型钢的验收、包装、标志及质量证明书的一般规定；钢管验收、包装、标志及质量证明书的一般规定等。

(3) 控制施工作业活动质量的技术规程。

例如电焊操作规程、砌砖操作规程、混凝土施工操作规程等。它们是为了保证施工作业活动质量在作业过程中应遵照执行的技术规程。

(4) 凡采用新工艺、新技术、新材料的工程，事先应进行试验，并应有权威技术部门的技术鉴定书及有关的质量数据、指标，在此基础上制定有关的质量标准和施工工艺规程，才能作为判断与控制质量的依据。

6.1.4 建筑工程质量控制方法与措施

1．工程施工质量控制的方法

1) 施工准备过程的质量控制方法

认真抓好质量意识教育，以“质量是企业的生命”为题，宣讲质量的重要性，将质量意识贯彻到每个施工人员的头脑中；优化施工方案，积极采用先进的施工工艺，科学安排施工进度，合理调配劳动力；由公司总工程师召集有关部门技术人员共同进行图纸会审和技术交底工作，对于推广应用的新技术、新工艺要组织有关人员认真学习，对于特殊工种人员(电焊工、钢筋工等)，操作前要进行技术培训，经考核合格后持证上岗；建立由公司总工程师组成的质量检查监督机构，定期对工程质量进行检查；进行全面质量管理，建立以

项目经理部为核心的 QC 领导小组；从材料出厂至材料最终使用的每个环节都要严加控制，保证材料完好无损地送到施工人员手中；正确选择和合理调配施工机械设备，搞好维修保养工作，保持机械设备的良好技术状态。

2) 施工过程中的质量控制方法

根据对影响工程质量关键特点、关键部位及重要影响因素设置质量控制点，在工期工序、测量放线、钢筋、模板、混凝土、大型设备吊装、管道试压等控制点设立管理小组。工期工序小组是以项目经理部为主，以提高工作质量为目的的“管理型”小组。其余五个小组是以“五结合”为主，以攻克技术关键或质量通病为目的的“攻关型”小组。

现场质检员要及时收集班组的质量信息，按照单层随机抽样法、分层随机抽样法、整群随机抽样法客观地提取产品的质量数据，为决策提供可靠依据。采用质量预控法中的因果分析图、质量对策分析表、“五合一”记录表开展质量统计分析，掌握质量动态，追踪“病灶”，对“症”下“药”。

各分项工程在施工过程中，应实行质量程序控制。根据设计及规范要求，编制各主要分项工程质量控制程序图，并按各质量控制程序图进行施工。

工程质量控制流程图.pdf

严格控制主体结构的标高和垂直度，应在电梯井或其他合适部位设置水准点，作为楼层标高传递依据，并经常校核该点的准确性；用光学经纬仪把主轴垂直引到施工楼层，作为楼层放线的依据，在施工过程中，要特别注意保护好轴线桩及标高水准点等基础点。

3) 工程交付使用后的质量控制方法

及时回访，工程交付使用后，由有关领导到建设单位调查访问，听取用户对工程质量的意见，了解工程的实际使用效果。根据建设工程质量管理条例的规定，房屋建筑工程的基础、主体结构，为设计规定的该工程的合理使用年限。根据施工企业施工水平，房屋在正常使用的情况下，结构工程实行终身保修。在工程完工验收结算后，为客户提供“质量保修书”一式两份。客户和施工企业各一份，双方盖章有效。形成保证客户利益的质量保证体系，确保客户在施工企业承诺的免费保修期的保修责任落到实处。

2. 工程施工质量控制的措施

1) 结构工程重点部位质量控制措施

梁柱节点细部处理措施。梁柱节点是框架结构中较重要的部位，该部位作为结构传力手工劳动集中点，其施工质量的好坏，将直接影响结构的安全，因此，在施工过程中要采取钢筋工程施工、梁柱节点的模板处理等措施给予质量保证。电梯井道施工质量控制措施，采用激光经纬仪投点，实施对筒模的平面位置、垂直度和几何尺寸的总体控制。阳台现浇弧形结构质量控制措施，为保证成型质量，达到立面装饰整体效果要求，现按模板采用定型木模板方法加以控制。

混凝土防开裂技术措施，模板及支撑系统，必须按现行的《混凝土结构工程施工及验收规范》的规定进行设计、计算，纳入施工组织设计(方案)中，经批准后实施。模板拆除必须符合设计要求及规范规定。项目技术的负责人根据混凝土试压报告，签“拆模令”并规定拆模方式后，才能拆除模板和支撑。混凝土试压报告应是现场同条件养护具有代表性的试件的抗压资料。特别注意当混凝土强度较低时，不可在结构板面上施加荷载。

水池防渗技术措施。防开裂技术的要点是：与池体相连混凝土墙纵向应力得到释放，在池体端部设置竖向后浇带；严格控制混凝土水灰比，减缓混凝土干缩应力；配制微膨胀混凝土，抵缓混凝土干缩应力；确保混凝土在同一截面应力发展均匀一致，加强混凝土在浇筑过程中钢筋的位移和变形控制。

防渗漏技术的要点是：混凝土浇筑前应凿掉施工缝处的浮浆，用水充分润湿，将模内杂物清理干净，铺上一层与混凝土同标号的水泥砂浆后再浇混凝土；穿墙导管，对拉丝杆必须设置止水环；配制防水混凝土，增强混凝土的和易性和保水性；加强模板控制，避免漏浆造成混凝土墙渗漏；严格进行混凝土振捣控制，避免漏振造成混凝土墙渗漏。

2) 建筑装饰施工质量控制措施

(1) 卫生间渗漏措施：卫生间墙体凡为轻质砌块砌筑的部位，均应在底部做 150～300mm 高页岩石砖墙以防潮湿，并解决水沿砖缝渗漏和浸湿墙壁等。

卫生间墙壁浸湿.pdf

(2) 防止室内排污管堵塞措施：为防止各种杂物在施工中进入排污管道内而造成管道堵塞，可事先在便盆或雨水斗等管道入口处，进行密封处理；为防止由于各种异常情况使排污立管堵塞，可在底层和最上一层排污管的检查口处，设置临时挡板，使各种杂物不易进入立管内，且便于清理，竣工验收之前将临时挡板和堵口清理干净，以保证排污管道的畅通。

(3) 防止屋面渗漏措施：屋面渗漏主要有女儿墙、屋面出入口、落水管穿防水层处等部位，应根据其相应特点制定相应的预防措施。立面装饰效果质量保证措施：一般工程外墙装饰包括劈离砖、外墙漆、塑钢窗三部分：内墙包括室内抹灰、地砖铺设等部分。

(4) 抹灰面层防开裂、空鼓、脱落措施：为防止抹灰层由于不均匀收缩产生裂缝，抹灰前认真做好基层处理，检查砌体与梁板、柱间有无缝隙，并做相应的技术处理。必须按施工工艺流程施工，严格控制抹灰厚度，做到墙面抹灰平整，厚薄均匀；为防止不同材料收缩不一造成墙面抹灰开裂，在不同材质界面交接处应钉 300mm 宽的钢丝网；墙体超长超高，易受温度影响造成拉裂，施工中须按设计要求设置混凝土带和构造柱。

抹灰面层开裂、脱落.pdf

6.2 监理在建筑工程各阶段的质量控制

一般来讲，施工阶段费用高出设计阶段很多，设计阶段费用也高于决策阶段，但各阶段对投资额的影响大小却恰恰相反。项目决策阶段决定修建或不建、建什么样的规模和标准等对投资的影响是最大的，设计阶段路线选择、结构类型等对投资影响也较大，到施工阶段投资大小已基本确定，但由于施

各阶段的划分.pdf

工阶段是大部分资金的使用阶段，也应加强管理，进行投资控制。

6.2.1 工程监理在项目决策阶段的质量控制

项目决策阶段是决定项目有无的阶段，其决策的正确与否直接关系到投资的成败，因此该阶段应成为我们控制投资的重点阶段。投资决策应以项目可行性研究为依据，在尊重客观现实的基础上，对项目的技术、经济、财务等方面进行综合分析，正确确定项目在这个阶段的投资目标即投资估算，打足投资，对设计概算起到控制和指导作用，为以后各阶段的投资控制消除隐患。受计划经济体制下的基本建设管理模式等多种复杂因素的影响，大多数工程项目的建设监理还仅停留在施工阶段，并没有应用于项目实施的整个过程，特别是投资决策阶段。因此，应加大监理制度的推广力度，拓宽监理工作的范围和内容，把监理制引入决策阶段。当然，就我们现行做法，主管部门对可行性研究及投资估算也要进行审核。受各种因素的制约，目前尚难以从根本上保证可行性研究的质量，导致一些投资决策失误。而建设前期监理在明确其权利和责任以后，能更深入细致地对可行性研究及投资估算进行跟踪、审核，以其社会信誉保证可行性研究的基础资料可靠，论证方法科学正确，结论客观公正，不失为提高投资决策科学性和控制投资的有效方法。为此，在建设前期，监理应把工作深入可行性研究的每一个阶段中。在数据资料的收集阶段，应保证数据资料的准确、可靠，保证数据能真实反映实际情况，为最终得出可靠的结论打下基础；在具体的研究阶段，应以严谨认真的态度、科学的方法，将宏观分析与微观分析相结合、定性分析与定量分析相结合，静态分析与动态分析相结合，专业分析与综合分析相结合对项目前景进行分析，确定出能真正反映项目投资额的投资估算；在做出结论阶段，建设前期监理应促使可行性研究的编制单位以客观公正的态度和研究的具体成果得出项目可行或不可行的结论。以这样的结论为依据做出的决策，才能真正优化我们的投资行为，使各建设项目产生良好的投资效益。项目决策阶段应特别注意防止先定下项目可行，然后去选样，臆造能使项目可行的数据，把可行性研究做成可批性研究，从根本上歪曲了可行性研究的科学性，使大量的“钓鱼工程”和质量低劣工程出现，导致投资失控和投资的极大浪费。

6.2.2 工程监理在设计阶段的质量控制

设计阶段是具体工程项目建设的起点和使项目开发目标具体化的第一步，是确定工程造价的主要阶段，这一阶段不仅对工程质量和建设进度产生很大影响，而且对投资的影响举足轻重。通过设计，使项目的规模、标准、功能、结构等方面都确定下来，从而确定项目的基本工程造价。据西方一些国家分析，设计费一般只相当于建设工程全寿命费用的1%以下，但正是这少于1%的费用对工程造价的影响度占75%以上，由此可见，设计阶段对投资的控制是至关重要的。我国从推行建设监理制度以来，在工程的质量、工期、投资控制等方面取得了较好的效果，但主要限于施工阶段，就目前情况来看，在设计阶段推行监理制度的项目并不多见，即使有些项目在设计阶段进行了监理，也不很规范、全面。因此，

在设计阶段进行监理是全过程控制投资不可缺少的。

设计阶段监理主要应做好以下几个方面工作。

1. 坚持技术和经济相结合

应该看到，技术与经济相结合是控制投资的有效手段之一。长期以来，在我国工程建设领域，存在技术与经济相分离的弊病。许多国外专家指出，中国工程技术人员的技术水平、工作能力、知识面，跟国外同行相比，不分上下，但他们缺乏经济观念，设计思想保守，国外的技术人员时刻考虑如何降低工程造价，而中国技术人员或忽视或把它看成与己无关。而造价人员往往不熟悉工程知识，也较少了解工程进展中的各种关系和问题，往往单纯地从经济角度确定投资额，审核费用开支，难以有效地控制工程投资，为此，在工程设计过程中应把技术与经济有机结合起来，设计人员和工程造价人员密切配合，对实现同一个功能的多个设计方案，要通过技术比较、经济分析和效果评价，择优选出技术先进、经济合理、安全可行、便于施工的方案，在投资最少的情况下，实现必要的功能，防止片面强调技术上的可行性，任意提高安全系数和设计标准，不考虑经济合理性而造成的投资浪费，正确处理技术先进与经济合理两者之间的对立统一关系，力求在技术先进条件下的经济合理和在经济合理基础上的技术先进，把控制工程投资观念渗透到设计之中。

2. 严格审查设计概算和施工图预算

审查设计概算和施工图预算可促进概预算编制单位严格遵守国家有关部门概算、预算的编制规定和费用标准，防止任意扩大投资规模和出现漏项，从而减少投资缺口，打足投资，避免故意压低概(预)算，搞钓鱼项目，最后导致实际投资大幅度突破概(预)算的现象。设计监理应对项目的工程量、工料机价格、费用计取及编制依据的合法性、时效性、适用范围等各方面进行审核，严格控制初步设计和施工图设计的不合理变更，确保概(预)算的准确可靠，当概算超估算时，应在分析原因之后拿出对策，使投资目标不被突破，或在突破投资目标已不可避免的情况下使突破的幅度尽可能减小。

3. 设计监理应有据可依

设计监理应根据国家批准的工程项目建设文件中有关工程建设的法律和法规，有关部门的设计规范和标准，工程建设监理合同及其他工程建设合同，既不能替代设计单位进行设计，也不能游离于设计工作之外，既不能不顾业主的利益，又不能干扰影响设计单位的正常工作，而应根据以上依据代表业主的利益进行设计跟踪，做到既能实现业主的建设目标，又能节约投资。

6.2.3 工程监理在施工阶段的质量控制

1. 工程监理工作的重要性

监理工作是建筑工程质量管理的重要环节，是确保建筑单位保证建筑工程质量的重要措施，是促进施工现场质量管理的有效方法。建筑工程质量监理有利于减少或防止施工过

程中的质量事故，提高施工单位的经济效益，有利于提高工程质量，保障人们的生命财产安全。因此，做好质量监理工作，可以保障我国建筑业的可持续发展。确保建筑工程质量，是监理工作中最重要的一环，也是监理机构的最终目标。

2. 工程监理在施工阶段的质量控制程序

工程项目施工阶段，是工程实体形成的过程，也是工程质量目标具体实现的过程。工程建设监理应对施工的全过程进行监控，对每道工序、分项工程、分部工程和单位工程进行监督、检查和验收，使工程质量的形成处于受控状态。工程项目开工时，承建单位在全面完成开工前的准备工作的基础上，提出工程项目的开工申请，并提交施工准备的有关资料，其中包括人员、材料、机械进场情况，主要原料的质量证明书、试验报告及现场复验报告等。项目监理机构应对承包单位提交的开工申请进行审查，并对其完成的施工准备情况进行全面的检查。审查通过后，项目监理机构方可签发开工令并报建设单位。工程项目开工后，项目监理机构应对施工过程进行巡视和检查。

3. 工程施工过程质量控制的特点

工程施工过程质量控制的特点是由工程项目的特点决定的。工程项目的特点之一是单项性。工程项目是按照建设单位的建设意图设计的，其施工内外部管理条件、施工地点的自然和社会环境、生产工艺过程等各不相同。二是具有固定性和寿命长。工程项目的实施必须一次成功，质量必须在建设的过程中全部满足合同规定的要求，而且项目一旦建成，一般具有较长的使用年限。三是高投入性。任何工程项目都要投入大量的人力、物力和财力。四是生产管理方式的特殊性。五是风险性。工程建设中，可能会受到自然环境的阻碍和损坏，遭遇的社会风险也较大。正是这些特点形成了质量控制的特点。

1) 质量控制因素多

影响工程施工质量的因素比较多，如决策、设计、材料、机械、环境、施工工艺、施工方案、操作方法、施工技术、管理制度、施工人员素质等，直间或间接影响工程项目的质量控制，加大了质量控制监理的难度。

2) 质量波动大

工程建设具有复杂性、单一性的特点，不同于一般工业产品的生产，其有固定的流水线，有规范化的生产工艺和完善的检测技术，有成套的生产设备和稳定的生产环境，加上影响工程质量的因素较多，任何因素都会引起建设系统的质量波动，造成工程质量事故，这对监理进行质量控制提出了更高的要求。

3) 质量控制具有隐蔽性

在工程项目施工过程中，工序多而复杂，中间产品多，特别是隐蔽工程多，如不及时检查并发现问题，容易发生判断错误，将不合格的产品认为是合格产品，就会造成质量隐患。这要求监理人员要更加细致认真。

音频　施工过程质量控制的监理原则.mp3

4. 施工过程质量控制的监理原则

工程施工过程的质量控制的特点要求我们在施工过程质量控制监理中

必须遵循一定的原则，从而保证监理工作有效进行。

1) 坚持质量第一、预防为主

工程施工过程质量控制的监理应始终坚持质量第一、预防为主的原则，监理不仅要对建设单位负责，也要对国家和社会负责，必须将质量第一的理念贯穿于建设项目的每个环节。分析在施工过程可能发生的问题，提出解决的方法和措施，将各种隐患消除在萌芽状态。

2) 坚持质量标准

质量检查要按工程合同的规定等级，严格遵守国家相关标准和规定，遵循现行的施工规范和质量评定标准，采取相应的检验方法与检查手段，进行工程检查和质量等级评定。

3) 坚持以人为核心

人是工程施工的操作者、组织者和指挥者。在整个质量控制中，应以人为核心。监理单位应首先考察施工企业的资质以及用于项目中的人员资质，要求施工企业完善质量保证体系、质量管理制度，明确工程项目管理责任制，保证工程质量的实现。

4) 加强工程施工过程的质量控制监理

要加强工程施工过程的质量控制监理，应以动态控制为主、事前预防为辅的管理方法，重点抓好事前指导、事中检查、事后验收三个环节，做好提前预控，从预控角度主动发现问题，对重点部位、关键工序进行动态控制，抓重点部位的质量控制，对工程施工做到全过程、全方位的质量监控，从而有效地实现工程项目施工的全面质量控制。

(1) 监理预控。监理预控要在宏观和微观上控制。既不违反规范规程又注意每个细微环节。

(2) 加强控制程序化及管理标准化，提高工程施工监理效果。工程施工阶段的监理必须严格按照控制程序化运行，通过严格的程序化控制保障施工过程各环节、工序处于受控状态，以便及时发现问题、解决问题，保障工程施工质量。

(3) 重视旁站监理及巡视检查，保障工程施工质量。通过旁站监理和巡视检查能及时检查和督促工程施工，及时发现问题解决问题，保障工程处于受控状态。旁站监理人员要具备现场质量控制的相应素质，加强合同意识，及时果断地处理工程质量问题。对于重要工序及重要部位要坚持旁站监理。在施工过程中，监理人员还要定期或不定期地对施工作业范围进行现场巡视检查，尽可能地发现问题，现场解决处理，达不到设计及规范要求不放过，使施工人员养成规范施工的习惯。通过现场巡视，要有效掌握影响工程质量的各种因素的状态。如施工人员是否到位，机械设备是否完好和适用，材料质量、材料适用及供应是否及时到位，材料堆放是否合理有序，施工方法是否合理及规范，等等。

(4) 平行检验。平行检验是项目监理单位利用一定的检查或检测手段，按照一定的比例，对某些工程部位、试验、材料等进行检查或检测，进行质量判断的能力。它是监理质量控制的有效手段，在技术复核及复验工作中采用，是监理工程师对施工质量进行验收，做出独立判断的重要依据。监理单位在施工单位自检的基础上，针对某些工程部位、试验、材料等，通过采用先进的技术设备、检测手段，进行检测验证，达到以事实为依据，用数据说话，为质量控制提供有力依据，实现监理的客观性、科学性及公正性，保证监理工作

的高水平、高效率。

(5) 定期召开监理工地例会。对施工过程中发现的重大和较普遍存在的问题，应采取工地例会的形式解决。例会是施工过程中参建各方沟通情况，解决分歧，达成共识，做出决定的主要渠道，也是监理工程师进行现场质量控制的重要场所，要做好例会工作。同时针对一些专门的质量问题还应组织专题会议，集中解决存在的质量问题。

(6) 监理人员要做到“四勤”。监理人员要积极主动，脑勤、腿勤、手勤、口勤，即勤思考，勤检查，勤到工地检查、查找施工质量问题，对发现的疑问勤问勤记。发现问题后不要乱说，要弄清楚后再下结论，避免产生失误，影响监理形象。只有这样才能保证工程质量，使业主得到满意的工程。

【案例 6-2】某工程基础的长、宽、高尺寸分别为 10m、4m、4m，经勘察发现，地基为饱和的粉砂及部分黏质砂土，地下水位在地面下 0.5m 处。施工时，采用了抽水机直接在基坑内的集水坑抽排水，当挖至地下 3m 左右深度时，土与水向坑内涌，产生流沙现象。后经处理后，采用轻型井点降水方式，顺利完成施工。

请结合上文分析监理如何对该工程施工过程进行控制，以防止出现工程事故。

6.2.4 工程施工质量验收

1. 施工质量验收的有关术语

1) 验收

验收是指建筑工程在施工单位自行质量检查评定的基础上，参与建设活动的有关单位共同对检验批、分项、分部、单位工程的质量进行抽样复验，根据相关标准以书面形式对工程质量达到合格与否做出确认。

2) 检验批

按统一的生产条件或按规定的方式汇总起来供检验用的，由一定数量样本组成的检验体称为检验批。检验批是施工质量验收的最小单位，是分项工程乃至整个建筑工程质量验收的基础。

3) 主控项目

建筑工程中对安全、卫生、环境保护和公众利益起决定性作用的检验项目称为主控项目。例如混凝土结构工程中“钢筋安装时，受力钢筋的品种、级别、规格和数量必须符合设计要求”“纵向受力钢筋连接方式应符合设计要求”“安装现浇结构的上层模板及其支架时，下层模板应具有承受上层荷载的承载能力，或加设支架；上、下层支架的立柱应对准、并铺设垫板”等都是主控项目。

4) 一般项目

除主控项目以外的项目都是一般项目。例如混凝土结构工程中，除了主控项目外，“钢筋的接头宜设置在受力较小处。同一纵向受力钢筋不宜设置两个或两个以上接头。接头末端至钢筋弯起点的距离不应小于钢筋直径的 10 倍”“钢筋应平直、无损伤，表面不得有裂纹、油污、颗粒状或片状老锈”“施工缝的位置应在混凝土的浇筑前按设计要求和施工技术方案确定，施工缝的处理应按施工技术方案执行”等都是一般项目。

5) 观感质量

观感质量是指通过观察和必要的量测所反映的工程外在质量。

6) 返修

返修是指对工程不符合标准规定的部位采取整修等措施。

7) 返工

对不合格的工程部位采取的重新制作、重新施工等措施称为返工。

2. 施工质量验收的基本规定

(1) 施工现场质量管理应有相应的施工技术标准，健全的质量管理体系、施工质量检验制度和综合施工质量水平评价考核制度，并做好施工现场质量管理检查记录。

(2) 建筑工程施工质量应按下列要求进行验收。

① 建筑工程施工质量应符合建筑工程施工质量验收统一标准和相关专业验收规范的规定；

② 建筑工程施工应符合工程勘察、设计文件的要求；

③ 参加工程施工质量验收的各方人员应具备规定的资格；

④ 工程质量的验收应在施工单位自行检查评定的基础上进行；

⑤ 隐蔽工程在隐蔽前应由施工单位通知有关各方进行验收，并应形成验收文件；

⑥ 涉及结构安全的试块、试件以及有关材料，应按规定进行见证取样检测；

⑦ 检验批的质量应按主控项目和一般项目验收；

⑧ 对涉及结构安全和使用功能的分部工程应进行抽样检测；

⑨ 承担见证取样检测及有关结构安全检测的单位应具有相应资质；

⑩ 工程的观感质量应由验收人员通过现场检查，并应共同确认。

3. 质量验收中单位工程的划分原则

(1) 具备独立施工条件并能形成独立使用功能的建筑物及构筑物为一个单位工程。如一个学校中的一栋教学楼，某城市的广播电视塔等。

(2) 规模较大的单位工程，可将其能形成独立使用功能的部分划分为一个子单位工程。子单位工程的划分一般可根据工程的建筑设计分区、使用功能的显著差异、结构缝的设置等实际情况，在施工前由建设、监理、施工单位自行商定，并据此收集整理施工技术资料和验收。

(3) 室外工程可根据专业类别和工程规模划分单位(子单位)工程。

4. 单位(子单位)工程的验收程序与组织

1) 竣工初验收的程序

当单位工程达到竣工验收条件后，施工单位应在自查、自评工作完成后，填写工程竣

工报验单，并将全部竣工资料报送项目监理机构，申请竣工验收。总监理工程师应组织各专业监理工程师对竣工资料及各专业工程的质量情况进行全面检查，对检查出的问题，应督促施工单位及时整改。对需要进行功能试验的项目(包括单机试车和无负荷试车)，监理工程师应督促施工单位及时进行试验，并对重要项目进行监督、检查，必要时请建设单位和设计单位参加；监理工程师应认真审查试验报告单并督促施工单位搞好成品保护和现场清理。经项目监理机构对竣工资料及实物全面检查、验收合格后，由总监理工程师签署工程竣工报验单，并向建设单位提出质量评估报告。

2) 正式验收

建设单位收到工程验收报告后，应由建设单位(项目)负责人组织施工(含分包单位)、设计、监理等单位(项目)负责人进行单位(子单位)工程验收。单位工程由分包单位施工时，分包单位对所承包的工程项目应按规定的程序检查评定，总包单位应派人参加。分包工程完成后，应将工程有关资料交总包单位。建设工程经验收合格的，方可交付使用。

5. 建筑工程施工质量不符合要求时的处理原则

(1) 经返工重做或更换器具、设备检验批，应重新进行验收；

(2) 经有资质的检测单位鉴定达到设计要求的检验批，应予以验收；

(3) 经有资质的检测单位鉴定达不到设计要求但经原设计单位核算认可能满足结构安全和使用功能的检验批，可予以验收；

(4) 经返修或加固的分项、分部工程，虽然改变了外形尺寸，但仍能满足安全使用的要求，可按技术处理方案和协商文件进行验收；

(5) 通过返修或加固仍不能满足安全使用要求的分部工程、单位(子单位)工程，严禁验收。

6.2.5 建筑工程质量验收程序和组织

(1) 检验批应由专业监理工程师组织施工单位项目专业质量检查员、专业工长等进行验收。

(2) 分项工程应由专业监理工程师组织施工单位项目专业技术负责人等进行验收。

(3) 分部工程应由总监理工程师组织施工单位项目负责人和项目技术负责人等进行验收；勘察、设计单位项目负责人和施工单位技术、质量部门负责人应参加主体结构、节能分部工程的验收；设计单位项目负责人和施工单位技术、质量部门负责人应参加主体结构、节能分部工程的验收。

(4) 单位工程中的分包工程完工后，分包单位应对所承包的工程项目进行自检，并应按本标准规定的程序进行验收。验收时，总包单位应派人参加。分包单位应将所分包工程的质量控制资料整理完整，并移交给总包单位。

(5) 单位工程完工后，施工单位应组织有关人员进行自检。总监理工程师应组织各专业监理工程师对工程质量进行竣工预验收。存在施工质量问题时，应由施工单位整改。整改完毕后，由施工单位向建设单位提交工程竣工报告，申请工程竣工验收。

(6) 建设单位收到工程竣工报告后，应由建设单位项目负责人组织监理、施工、设计、勘察等单位项目负责人进行单位工程验收。

6.2.6 工程质量问题与质量事故上报处理程序

1. 质量问题的分类

1) 一般质量问题

一般质量问题不影响建筑物的近期使用，也不影响建筑物结构的承载力、刚度及完整性，但却影响美观或耐久性。

2) 较严重质量问题

较严重质量问题，不影响建筑物结构的承载力，却影响建筑物的使用功能或使结构的使用功能下降，有时还会使人有不舒适和不安全感。

3) 严重质量问题

严重质量问题影响建筑物结构的承载力或使用安全。

2. 质量事故分类

工程质量事故具有成因复杂、后果严重、种类繁多、往往与安全事故共生的特点，建设工程质量事故的分类方法有多种，不同专业工程类别对工程质量事故的等级划分也不尽相同。

事故分类.pdf

1) 按事故造成损失的程度分级

《建筑施工企业负责人及项目负责人施工现场带班暂行办法》(建质〔2011〕111 号文)根据工程质量事故造成的人员伤亡或者直接经济损失将工程质量事故分为 4 个等级。

(1) 特别重大事故：是指造成 30 人以上死亡，或者 100 人以上重伤，或者 1 亿元以上直接经济损失的事故。

(2) 重大事故：是指造成 10 人以上 30 人以下死亡，或者 50 人以上 100 人以下重伤或者 5000 万元以上 1 亿元以下直接经济损失的事故。

(3) 较大事故：是指造成 3 人以上 10 人以下死亡，或者 10 人以上 50 人以下重伤或者 1000 万元以上 5000 万元以下直接经济损失的事故。

(4) 一般事故：是指造成 3 人以下死亡，或者 10 人以下重伤，或者 100 万元以上 1000 万元以下直接经济损失的事故。

该等级划分所称的“以上”包括本数，所称的“以下”不包括本数。

2) 按事故责任分类

(1) 指导责任事故：指由于工程实施指导或领导失误而造成的质量事故。例如，由于工程负责人片面追求施工进度，放松或不按质量标准进行控制和检验，降低施工质量标准等。

(2) 操作责任事故：指在施工过程中，由于实施操作者不按规程和标准实施操作而造成的质量事故。例如，浇筑混凝土时随意加水，或振捣疏漏造成混凝土质量事故等。

(3) 自然灾害事故：指由于突发的严重自然灾害等不可抗力造成的质量事故。例如地震、台风、暴雨、雷电、洪水等对工程造成破坏甚至倒塌。这类事故虽然不是人为责任直接造成，但灾害事故造成的损失程度也往往与人们是否在事前采取了有效的预防措施有关，相关责任人员也可能负有一定责任。

3. 质量问题(事故)上报处理程序

1) 一般质量问题

由责任监理工程师填发监理记录，监督责任方处理并检查验收。

2) 较严重质量问题

(1) 责任监理工程师签发整改通知书，并报总监工程师。若需审查整改方案，应在整改通知中注明。

(2) 责任监理工程师收到责任方报来的整改完成报告书后，应及时检查验收。

3) 严重质量问题

(1) 责任监理工程师签发整改通知书，并及时报总监工程师，经总监工程师同意发局部暂停施工通知。

(2) 责任监理工程师收到有关方的调查处理方案后，立即初审上报工程部。调查处理方案必须经监理方总监代表及设计部门审核认可。

(3) 调查处理方案经设计部门审核签字后报告工程部及监理单位总监代表。

(4) 工程部和总监代表分别签署责任追究意见后，由总监代表签发复工通知书。

4) 质量事故

(1) 责任监理工程师责成参建有关各方填写并上报工程质量事故报表。

(2) 责任监理工程师立即报工程部，工程部根据事故严重程度和范围大小等因素决定调查处理程序。一般情况下组织本公司技术部门及设计单位现场分析事故情况，提出处理方案，经设计部门签字认可后，责任方无偿组织施工。

(3) 经调查，若属于重大质量事故的，必须立即报告行政主管部门(当地工程质量监督站)，由当地建设主管部门组织专家组论证，提出处理意见，报请设计部门修改设计。

(4) 专家论证意见和修改设计完成后，由总监代表签发复工通知书。

6.3 工程安全控制

6.3.1 工程监理安全控制概述

1. 安全监理工作阶段性控制

1) 施工准备阶段安全监理控制

(1) 监理单位完成驻地建设后，应首先建立健全各项安全管理规章制度，成立安全组

织机构，编制安全监理计划、安全监理工作内容和方法，制定安全监理实施细则，明确各级监理人员安全岗位职责，签订各级监理人员安全责任书，做到分工明确、齐抓共管。

(2) 在施工准备阶段，要重点审查施工单位是否健全完善了安全生产管理制度、安全生产规章制度、安全生产责任制度、安全例会制度、事故处置制度等，是否建立健全了安全生产组织机构，明确各级人员岗位职责，安全生产责任制是否具有可操作性，各类安全应急预案是否制定，是否具有可行性；严格审查施工单位“三类人员”(企业法人、项目负责人、安全员)是否真实可靠，能否满足安全施工需要，并做好登记管理工作；根据 2014 年实行的《中华人民共和国特种设备安全法》规定，严格审查施工单位的特种机械设备是否具有当地特种设备检验部门出具的检验合格证，特种作业人员是否经国家培训合格并取得相关证书，登记入册，做到动态管理。

(3) 在施工准备阶段还应督促要求施工单位及时对施工现场内的危险源进行调查、分析、评价(通常使用 LEC 法)，列出危险源清单，并通过评价分析找出重大危险源，制定出相应的防范措施或编制专项安全方案，并制定切实可行的应急预案，使方案、预案有机结合，以达到预控、预警的目的。

2) 施工阶段安全监理控制

(1) 对施工单位上报的各类施工组织设计、施工方案中的安全技术措施进行严格审查，尤其要审查措施的可行性。对满足以下《公路水运安全生产监督管理办法》第二十三条内容的十项危险性较大的工程的专项安全方案进行严格审核(具体应根据施工现场实际情况而定哪些需要编制专项安全方案)。

(2) 审核施工单位上报的临时用电专项方案、拌和站建设布设图纸(特别是作业区与生活区的有效距离及其他安全设施的布设是否符合安全要求)。

(3) 进行日常安全监理巡视检查，检查其各项施工方案安全措施的落实情况，安全隐患治理情况(措施是否到位)，现场有无违规作业、违章操作行为，特别是对以上提到的重点部位、薄弱环节进行重点监测、检查。对危险源清单中的重大危险源进行重点跟踪治理，并做好记录。一经发现存在安全隐患，必须立即要求施工单位进行整改，并下发整改通知书，情节严重的，下发监理指令或工程暂停施工指令。

(4) 积极开展“平安工地”建设活动及“防坍塌、防坠落、反三违”等专项治理工作。认真贯彻并落实专项活动开展的相关要求，通过自查、互查、上级单位检查等形式积极查找自身存在的问题及不足，排查并消除安全隐患，保证施工安全。

(5) 针对季节特点或较大危险性项目，施工前总监办应及时下发监理提示、通知或文件要求，如：夏季正是天气炎热的时候，而且风大，应发文要求施工单位做好消防安全工作，预应力张拉施工前，应发文要求施工单位做好各项预应力张拉施工安全技术措施，明确注意事项，现场安置齐全各种防护设施。这类文件，可以针对现场施工安全管理情况发文，当某个施工项目人员出现懈怠或其他不确定因素时，应及时再次发文提示，并着重做好巡视检查工作。

(6) 做好安全日志、安全巡视记录、整改通知、工作指令等资料的整理存档工作，以

备检查。

2．安全监理工作控制重点

安全监理背负着重要的安全责任，是工程施工安全管理中的重要一环，监理单位要认真落实安全监理责任制，要坚持监理人员一岗双责制度，在监理工作中要做到横向到边，纵向到底，不留监管死角。

1) 严把施工企业(施工队伍)、管理人员资质关

着重审查施工分包队伍是否具备该项目施工资质，其人员、技术、管理水平是否能够满足该项目施工需要，如果资质不过关或技术、管理人员匮乏，则项目部不得由该施工队伍(进场)施工。

2) 严把各类施工方案的审核关

各类施工方案里的安全技术措施，特别是危险性较大工程的专项施工方案，必须严格审核其可行性及可操作性，方案一旦实施，要对施工方案的现场落实情况进行跟踪检查，特别是施工方法是否按方案执行，安全措施(设施)是否安置到位，人员防护用品是否足额发放并现场配备。

3) 加大安全巡视检查

加大对重点部位、薄弱环节的安全巡视检查频率，加大对该部位环节的管理力度，重点部位、薄弱环节项目是工程项目施工是出现事故的高发区，必须重点监测。特别是大桥深基坑、高墩柱、预应力张拉等施工项目要坚持日常巡视制度，及时了解现场安全环境、施工人员思想、行为动态，发现隐患苗头，立即采取有效措施予以制止。针对屡教屡犯，现场隐患频发的单位或个人，必须采取严厉的处罚措施，加大管理力度，从而让当事人(单位)在思想上引起足够的重视，在施工行为和安全措施上避免隐患演变为事故。

4) 注重安全技术交底及安全教育培训工作，切忌流于形式

安全交底工作是减少安全事故发生的有效手段，也是每个分项工程开工前的必不可少的工作内容。特别是针对危险性较大的施工项目，安全交底内容(安全防护措施、安全注意事项等)必须齐全，交底工作必须亲自到现场会同项目部专职安全员交代给每个作业人员，并签字存档，绝不能流于形式。做好安全交底工作，不仅可以有效地提高现场施工人员的安全意识，同时也是自我保护的一种方法。

5) 严格审核安全生产费用

严格审核安全生产费用才有助于督促施工单位更好地完成施工现场的安全隐患治理、防护措施、防护用品完善。施工单位要报安全费用计量，就必须与现场安全管理情况、现场安全施工情况、各项要求事宜完成情况挂钩，达不到要求，不予计量。同时，施工单位每次上报计量必须有相应的资料、发票、收据等，以备上级单位核查。

3．安全监理师的权利

(1) 有权制止与处罚违章作业和违章指挥行为。

(2) 有权仲裁承包商之间有关安全施工问题引起的纠纷。

(3) 在安全文明施工方面，管理混乱、事故不断的施工承包商，有权暂停拨付工程款或建议终止工程承包合同。

(4) 遇有危及人身安全的紧急问题，有权指令先行停工，后做研究处理。

(5) 有权制止造成环境污染和水土流失的施工。

4. 安全监理师失职的处罚

(1) 安全监理师不按建设工程安全生产管理条例实施控制，有下列行为之一的，令其改正；逾期未改正的责令停止工作，情节严重，构成犯罪的，依照刑法有关规定追究刑事责任；造成损失的依法承担赔偿责任。

(2) 发现安全隐患未及时要求施工单位整改或者暂时停止施工的。

(3) 施工单位拒不整改或者不停止施工，未及时向有关主管部门报告的。

(4) 未依照法律、法规和工程建设强制标准实施监理的。

6.3.2 工程监理安全控制的内容和方法

1. 工程监理现场安全控制的内容

(1) 审查施工承包商施工组织设计、重大技术方案及现场总平面图所涉及的安全文明施工措施。

音频 工程监理现场安全控制内容.mp3

(2) 监督检查施工承包商现场安全文明施工状况，发现问题及时督促整改。

(3) 审查施工承包商大、中型起重机械安全准用证、安装(拆除)资质证明、操作证，监督检查施工机械安装、拆除使用、维修过程中的安全技术状况，发现问题及时督促整改。

(4) 审查设计承包商设计体系履行安全职责的状况，发现问题及时解决。

(5) 审查施工承包商编制的安全和健康工作程序，审批工程开工报告。

(6) 审查重大项目、重要工序、危险性作业和特殊作业的安全施工措施，并督促实施。

(7) 协调解决各施工承包商交叉作业和工序交接中存在的影响安全文明施工的问题，对重大问题应跟踪控制。

2. 安全监理方法

(1) 项目监理部设专(兼)职安全监理师对施工工程实行全过程安全监理，对施工单位安全制度执行情况进行监控，并对工程实行定期和不定期的安全检查且保留记录。

(2) 建立以安全责任制为中心的安全监理制度及运行机制，认真贯彻执行国家、行业、主管部门有关的法律、法规、标准和规定。

(3) 依据监理规划和有关文件编制本工程的《安全监理细则》。

(4) 依据本工程的《安全监理细则》中的内容，逐项监理，并形成记录。

(5) 根据工程进度，将逐项监理记录汇总成《……施工安全监理检查表》。

(6) 协助项目法人组织春、秋季安全大检查及安全月活动，并督促落实整改措施。

(7) 安全监理师在现场按照法律、法规和工程建设强制标准实施审查、巡视、检查、签证，发现重大安全隐患时应采取下令施工单位暂时停工等措施，确保建设工程安全生产。

(8) 参加人身重伤以上事故和重大机械、火灾事故以及重大场内交通事故的调查处理工作。

(9) 施工承包单位在工程开工 7 个工作日内，把有关安全生产的各种制度附在《安全生产文明施工制度报审表》后，报项目监理部。

(10) 项目监理部对有关安全生产的各种制度进行审查，并在 7 个工作日内把审查结果返回施工承包单位。

(11) 安全监理师审查各施工企业的安全生产制度。

(12) 项目监理部必须审查的重点的、特殊的、危险性工作的安全施工措施。

【案例 6-3】某职工宿舍楼为三层砖混结构，纵墙承重。楼板为预制板，支撑在现浇钢筋混凝土梁上。该工程于 2019 年 6 月开工，7 月中旬开始砌墙，采用的施工方法为“三一”砌砖法和挤浆法，9 月份第一层楼砖墙砌完，10 月份接着施工第二层，12 月份进入第三层施工。当三楼砖墙未砌完，屋面砖薄壳尚未开始砌筑，横墙也未砌筑时，在底层内纵墙上发现裂缝若干条，始于横梁支座处，并略呈垂直向下，长达 2m 多。事故调查时发现该工程为套用标准图，但降低了原砌筑砂浆的强度等级，还取消了原设计的梁垫，由此造成了砌体局部承载力局部下降了 60%，此外砌筑质量低劣，这些是造成这起事故的原因。请结合本书，分析监理工程师应如何对工程进行安全控制，其主要控制的项目有哪些？

本章小结

通过对本章内容的学习，学生们可以了解建筑工程监理质量控制的作用、任务；了解工程监理在项目决策阶段的质量控制；了解建筑工程监理安全控制概述、内容和方法；掌握建筑工程监理质量控制的影响因素、建筑工程质量控制的方法和措施；掌握工程监理在施工阶段的质量控制、质量验收程序和组织及事故处理程序；熟悉工程监理在设计阶段的质量控制。希望通过对本章的学习，使同学们对本章的基本知识有基本了解，并掌握相关的知识点，举一反三，学以致用。

实训练习

一、单选题

1. 施工总承包单位对分包单位编制的施工质量计划(　　)。

A. 需要进行指导和审核，但不承担相应施工质量的责任

B. 需要进行指导和审核，并承担相应施工质量的连带责任

C. 不需要审核，但应承担施工质量的连带责任

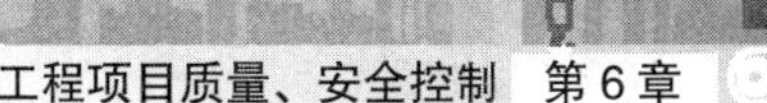

D. 需要进行指导和审核，并承担施工质量的全部责任

2. 下列行为属于事后控制的是(　　)。

A. 对质量活动结果的认定　　B. 监理单位对质量结果的监督

C. 为施工过程制定有效的控制措施　　D. 建设单位对于工程质量的验收

3. 在(　　)模式下，各承包单位应分别编制施工质量计划。

A. 总分包　　B. 平行发包　　C. EPC　　D. 总承包管理

4. 技术交底是施工组织设计和施工方案的具体化，施工作业技术交底的内容必须具有(　　)。

A. 可行性和可操作性　　B. 计划性和可行性

C. 可监督性和可实施性　　D. 计划性和可监督性

5. 在现场施工准备工作的质量控制中，不包括(　　)。

A. 计量控制　　B. 测量控制

C. 施工平面图控制　　D. 技术交底和技术培训

6. 作业技术交底是取得好的施工质量的条件之一。为此，每一分项工程开始实施前均要进行交底，技术交底书应由(　　)编制。

A. 专业监理工程师　　B. 施工主管技术人员

C. 专业工程师　　D. 分包单位技术负责人

二、多选题

1. 建筑工程质量是指反映建筑工程满足相关标准规定或合同约定的要求，包括其在(　　)等方面所有明显和隐含能力的特性总和。

A. 安全　　B. 环保　　C. 使用功能

D. 价格合理　　E. 耐久性能

2. 某工程使用的水泥从英国生产厂家运至现场后，经见证取样送检复试，主要检测水泥的(　　)等项指标是否满足规范规定。

A. 强度　　B. 安定性　　C. 凝结时间

D. 比表面积　　E. 化学成分分析

3. 按《建筑工程施工质量验收统一标准》规定，下列验收层次中包括有观感质量验收项目的有(　　)。

A. 检验批　　B. 分项工程　　C. 分部工程

D. 子单位工程　　E. 单位工程

4. 按有关施工质量验收规范规定，必须进行现场质量检测且质量合格后方可进行下道工序的有(　　)。

A. 地基基础工程　　B. 主体结构工程　　C. 模板工程

D. 建筑幕墙工程　　E. 钢结构及管道工程

5. 工程质量事故与其他行业的质量事故相比，其具有的特点有(　　)。

A. 复杂性　　B. 严重性　　C. 多发性
D. 不变性　　E. 可变性

三、简答题

1. 简述影响建筑工程质量控制的主要因素。
2. 简述建筑工程质量控制依据。
3. 简述工程监理在施工阶段的质量控制要点。
4. 简述工程监理现场安全控制内容。

第6章答案.docx

实训工作单一

<table>
<tr><td>班级</td><td></td><td>姓名</td><td></td><td>日期</td><td></td></tr>
<tr><td colspan="2">教学项目</td><td colspan="4">现场学习建筑工程项目质量控制</td></tr>
<tr><td>学习项目</td><td colspan="2">各施工阶段的质量控制措施和重点</td><td>学习要求</td><td colspan="2">掌握各阶段的质量控制要点</td></tr>
<tr><td colspan="3">相关知识</td><td colspan="3">建筑项目质量控制</td></tr>
<tr><td colspan="3">其他内容</td><td colspan="3">监理在建筑工程各阶段的质量控制</td></tr>
<tr><td colspan="6">学习记录</td></tr>
<tr><td>评语</td><td colspan="3"></td><td>指导老师</td><td></td></tr>
</table>

实训工作单二

<table>
<tr><td>班级</td><td></td><td>姓名</td><td></td><td>日期</td><td></td></tr>
<tr><td colspan="2">教学项目</td><td colspan="4">现场学习建筑工程项目安全控制</td></tr>
<tr><td>学习项目</td><td colspan="2">安全控制内容及方法</td><td>学习要求</td><td colspan="2">安全控制的必要性</td></tr>
<tr><td colspan="3">相关知识</td><td colspan="3">监理安全控制要点</td></tr>
<tr><td colspan="3">其他内容</td><td colspan="3">施工安全</td></tr>
<tr><td colspan="6">学习记录</td></tr>
<tr><td>评语</td><td colspan="3"></td><td>指导老师</td><td></td></tr>
</table>

第 7 章　工程风险管理

【教学目标】

工程风险管理.mp4

第 7 章　工程风险管理.pptx

- 了解工程风险管理的基本知识、分类及特性、概念和方法。
- 掌握建设工程风险识别的方法、内容、程序、依据及风险分解。
- 熟悉建设工程风险评价的作用、风险损失的衡量、概率的衡量。
- 掌握风险分析及决策。

【教学要求】

本章要点	掌握层次	相关知识点
工程风险管理基本知识、分类及特性、概念和方法	(1) 了解工程风险管理基本知识、概念 (2) 掌握工程风险管理的分类及特性、方法	工程风险管理
建设工程风险识别的方法、内容、程序、依据及风险分解	(1) 了解建设工程风险识别程序及风险分解 (2) 掌握建设工程风险识别的方法、内容和依据	风险识别
建设工程风险评价的作用、风险损失的衡量、概率的衡量	(1) 了解建设工程风险评价的作用 (2) 熟悉建设工程风险损失的衡量、概率的衡量	风险评价
风险分析及决策	熟悉风险分析及决策	风险分析及决策

【案例导入】

下例为我国近年来一个投资失败的案例：某联合体承建非洲公路项目。

我国某工程联合体(某央企和某省公司)在承建非洲某公路项目时，由于风险管理不当，造成工程严重拖期，亏损严重，同时也影响了中国承包商的声誉。该项目业主是该国政府工程和能源部，出资方为非洲开发银行和该国政府，项目监理是英国监理公司。在项目实施的四年多时间里，中方遇到了极大的困难，尽管投入了大量的人力，物力，但由于种种情况，合同于 2005 年 7 月到期后，实物工程量只完成了 35%。2005 年 8 月，项目业主和监理工程师不顾中方的反对，单方面启动了延期罚款，金额每天高达 5000 美元。

【问题导入】

试结合本章内容分析该投资施工项目的风险因素以及如何对这些因素进行控制。

7.1 工程风险管理概述

7.1.1 风险的基本知识

任何项目都是有风险的，因为在项目的实现过程中存在着很大的不确定性。由于项目本身具有的一次性、创新性和独特性等特性和项目实现过程中所涉及的内部外部的许多关系与变数使项目在实现过程中存在着各种各样的风险。如果不能很好地管理项目中的风险就会给项目相关利益主体造成损失，使其丧失机会，因此在项目管理中必须积极地开展项目风险管理。这涉及项目风险的充分识别、科学度量和全面控制等，从而努力降低风险发生的概率和影响程度。确切地说，项目管理中最重要的任务就是对项目风险的管理。这有三个方面的理由：一是因为项目的确定性和常规性的工作及其管理都是程序化和结构化的管理问题，它们所需的管理力度是十分有限的；二是因为项目风险有一种带来损失的可能性，如果不管理或管理不好就会造成损失；三是因为项目风险还包含有机会成分，如果能够很好地开发和管理将会有效地提升利益相关主体的满意程度。

要做好项目风险管理工作，首先需要了解项目风险和项目风险管理的基本概念。项目风险所涉及的主要概念有以下几个方面。

1. 项目风险的定义

项目风险是指由于项目所处环境和条件本身的不确定性和项目业主/客户、项目实施组织或项目其他相关利益主体主观上不能准确预见或控制的影响因素，使项目的最终结果与项目相关利益主体的期望产生背离，从而给项目相关利益主体带来损失或收益的可能性。形成项目风险的根本原因是人们对于项目未来发展与变化的认识不足，从而使其在应对决策方面出现了问题。项目风险的根本原因是有关项目的信息不完备，即当事者对事物有关影响因素和未来发展变化情况缺乏足够和准确的信息。项目的一次性、独特性和创新性等特性决定了在项目过程中存在着严重的信息不完备性，因此，项目中便会出现许多风险性高的工作。

通常人们对于事物的认识可以划分成三种不同的状态，即拥有完备信息的状态、拥有不完备性信息的状态和完全没有信息的状态。三种不同的认识状态决定了人们的决策和当事者的期望也不相同。这三种认识状态的具体说明如下所述。

1) 拥有完备性信息的状态

在这种状态下，人们知道某事件肯定会发生或者肯定不发生，而且人们还知道在该事件发生和不发生的情况下会带来的确切后果。一般人们将

项目风险的定义.pdf

拥有这种特性的事件称为“确定性事件”。例如，某工程项目的露天混凝土浇灌作业，晴天每天可完成10万元工程量，下雨天则需要停工并发生窝工。现有天气预报报道，第二天降水概率为0，即肯定不降雨，那么该项目明天开展施工作业并完成10万元工程量就是一个确定性事件(不考虑其他因素)。

2) 拥有不完备性信息的状态

在这种状态下，人们只知道某事件在一定条件下发生的概率(发生可能性)，以及该事件发生后会出现的各种可能后果，但是并不确切地知道该事件究竟是否会发生和发生后事件的发展与变化结果。拥有这种特性的事件被称为不确定性事件或风险性事件。例如，上述从事露天混凝土浇灌作业的实例，如果天气预报报道第二天的降水概率为60%，即第二天下雨的可能性是60%，不下雨的可能性是40%，若第二天开展施工作业，该项目就有40%的可能性会出现因下雨不但不能完成产值10万元，而且会损失工料费7万元的风险。在这种情况下该工程队第二天开展作业并完成10万元就是一个不确定性事件或风险性事件。

3) 完全没有信息的状态

在这种状态下，人们对某事件发生的条件和概率完全不知道，而且对于该事件发生后会造成的后果也不清楚，对于该事件的许多特性只有一些猜测。拥有这种特性的事件被称为完全不确定性事件。例如，仍然是某项目从事露天混凝土浇灌作业的实例，如果根本就没有天气预报，所以第二天是否下雨根本不清楚，那么该项目第二天是否能够开展施工作业，是能够完成10万元产值，还是会损失工料费7万元就不清楚了，在这种情况下该项目第二天完成10万元产值就是一个完全不确定性事件了。

在项目的整个实现过程中，确定性、风险性和完全不确定性事件这三种情况都是存在的，随着项目复杂性的提高和人们对于项目风险认识能力的不同，三种事件的比例会不同。一般情况下，在上述三种情况中项目的风险性事件(或叫不确定性事件)所占比例是最大的，完全不确定性事件是极少的，而(完全)确定性的事件也不多。虽然在实际工作中，人们往往将风险性不大的事件简化成确定性事件，这样就显得有很多事物都是确定性的，但是实际上这些只是在假设前提条件下确定性的事件。在上述三种不同的事件中，风险性事件和完全不确定性事件是项目风险的根源，是造成项目未来发展变化的根源。

2. 项目风险产生的原因

项目风险主要是由于不确定性事件造成的，而不确定性事件又是由于信息不完备性造成的，即人们无法充分认识一个项目未来的发展和变化而造成的。从理论上说，项目的信息不完备情况能够通过人们的努力而降低，但是无法完全消除。主要原因叙述如下。

1) 人们的认识能力有限

世界上的任何事物都有各自的属性，这些属性是由各种数据和信息加以描述的，项目也一样。人们只能通过对于项目的各种数据和信息去了解项目、认识项目并预见项目的未来发展和变化。由于人们认识事物的能力有限，所以在深度与广度两方面至今对于世界上许多事物属性的认识仍然存在着很大的局限性。从信息科学的角度上说，人们对事物认识

的这种局限性，从根本上说，是人们获取数据和信息的能力有限性和客观事物发展变化的无限性这一矛盾造成的。由于这种矛盾的存在，使人们无法获得事物的完备信息。人们对于项目的认识同样存在这种认识能力的限制问题，人们尚不能确切地预见项目的未来发展变化，从而形成了项目风险。

2) 信息本身的滞后性

从信息科学的理论出发，信息的不完备性是绝对的，而信息的完备是相对的。造成这一客观规律的根本原因是信息本身的滞后性。因为世上所有事物的属性都是由数据和信息加以描述的，但是人们只有在事物发生以后才能够获得有关该事物的真实数据，然后必须由人们对数据进行加工处理以后才能产生有用的信息，一个事物的信息总是在事物发生以后生成数据并经过加工以后才能产生。由于数据加工需要一定的时间，所以任何事件的信息总会比该事物本身有一个滞后期，从而就形成了信息本身的滞后特性。从这个意义上说，完全确定性事件是不存在的，项目更是如此。但是任何事件随着本身的发展和数据的生成，人们对它的认识会不断深入，其信息的完备性程度会不断提高，直到事件完结，描述该事件的信息才有可能成为完备的。这种信息的滞后性是信息不完备性的根本原因，也是项目风险的根本原因。

3) 项目环境条件的发展变化

造成项目风险的另一个主要原因是项目环境和条件的不断发展变化，由于这种项目环境条件发展变化的不确定性导致了项目本身的不确定性和风险性。如前所述，项目可以分为开放性、半开放性、半封闭性和封闭性四类，其中开放性项目的不确定性和项目风险最大。其根本原因是这种项目的环境条件等方面的因素不确定，所以人们既不知道在什么情况下会发生，也不知道这些情况发生以后会有什么样的后果。此时即使人们有历史项目的信息可以参考，也无法避免出现很多“意外”。这些客观事物的发展变化是造成项目不确定性和风险性的关键原因。

4) 项目信息资源和沟通管理的问题

项目信息资源管理方面的问题主要包括：数据收集问题、数据加工问题和信息资源的合理使用问题。项目沟通管理方面的问题主要包括：项目相关利益主体的知识分享问题和及时沟通问题。项目的特性使项目信息资源管理相对比较困难，有时项目只有很少信息(资源)可作为参考，所以项目信息资源存在着严重不足。如果在这方面的管理不善，就会大大增加项目的不确定性和风险。另外，项目沟通管理涉及诸多项目相关利益主体之间的利益协调和跨组织管理，所以项目沟通管理中不但会有沟通不足问题，而且会有信息不对称问题(即委托代理机制问题)，这些都是形成项目不确定性和项目风险的重要原因。

3. 项目风险管理的主要工作和内容

音频　项目风险管理工作的内容.mp3

项目风险管理工作的主要工作和内容如图 7-1 所示。

项目风险管理工作的主要内容包括以下几个方面。

1) 项目风险管理计划工作

这是确定如何在项目过程中开展项目风险管理活动的计划安排工作，

这一工作给出的项目风险管理计划书(或指南)是整个项目风险管理的指导性文件。不管是对有预警或者无预警的项目风险都需要制订管理计划，因为人们需要在项目风险管理计划中记录和说明如何在项目全过程中开展项目风险的各项活动和分配项目风险管理的职责等。

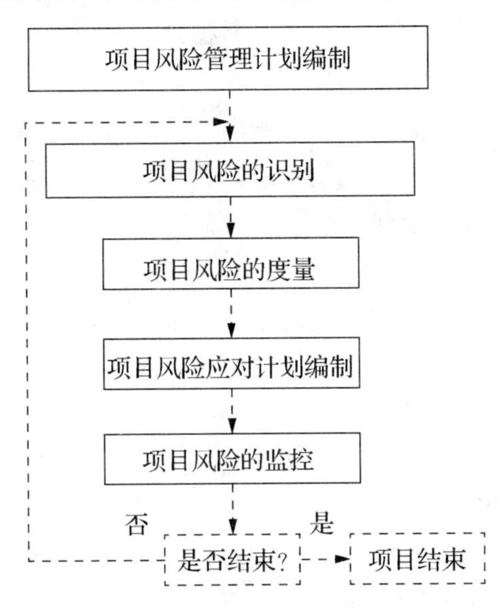

图 7-1　项目风险管理的主要工作和内容示意图

2)　项目风险的识别工作

这是指识别和确定项目究竟存在哪些风险以及这些风险影响项目的程度和可能带来的后果的工作，其主要任务是找出项目存在的风险，识别产生项目风险的主要因素，并对项目风险后果做初步的定性估计。项目风险识别工作要使用演绎和推理等方法对项目风险做出识别和推断，这一工作的好坏取决于人们掌握项目信息的多少和人们的知识与经验。

3)　项目风险的度量工作

这包含项目风险的定量度量和定性度量两个方面的工作，项目风险定性度量是度量已识别的项目风险会造成哪些影响以及对这些风险的可能性粗略估计，而项目风险定量度量是对项目风险及其后果进行定量化的分析和预测以及保障项目风险统计分布的描述。人们可以选择使用定性项目风险分析，也可以选择使用定量项目风险分析，或者两者都用。项目风险度量给出了项目风险的数量度量关系，基本公式如下：

$$R=\left(\sum_{i=1}^{n}P_i\times L_i\right)+\left(\sum_{j=1}^{n}P_j\times L_j\right) \tag{7-1}$$

式中：R 代表风险，P 代表风险发生的概率，L 代表风险的损失额，B 代表项目的收益额。

所以项目风险的定量度量等于各种项目风险发生的可能性与这些项目风险的损失额或收益额的乘积之和。

4)　项目风险应对措施制定

确定对项目风险的应对措施也是项目风险管理中一项非常重要的工作。项目风险识别和度量的任务是确定项目风险的大小及其后果，制定项目风险应对措施的任务是计划和安

排对于项目风险的控制活动方案。在制定项目风险应对措施的过程中需要采用一系列的项目风险决策方法。在制定项目风险应对措施的工作中，通常采用项目风险成本与效益分析、效用分析、多因素分析和集成控制等方法。在制定项目风险应对措施时必须充分考虑项目风险损失和代价的关系。这里所说的“代价”是指为应对项目风险而进行的信息收集、调查研究、分析计算、科学实验和采取措施等一系列活动所花的费用。因此一方面要设计好项目风险应对的措施，尽量减少风险应对措施的代价。另一方面，在制定项目风险应对措施时还必须考虑风险应对措施可能带来的收益，并根据收益的大小决定是否需要付出一定量的代价去应对项目风险，避免出现得不偿失的情况。

5) 项目风险的监控工作

这是指根据项目风险计划、识别、度量以及应对措施所开展的对整个项目全过程中各种风险的监督与控制工作。项目风险控制工作的具体内容包括：根据项目发展与变化的情况不断地重新识别和度量项目的风险，不断地更新项目风险应对措施，在项目风险征兆出现时决策和实施项目风险应对措施等。确切地说，项目风险控制工作是一个动态的工作过程，在这一过程中项目风险管理的各项作业(包括项目风险识别、界定和项目风险应对措施的制定)是相互交叉和相互重叠开展和进行的。通常，在项目各个阶段都要开展项目风险控制，这种控制是以一种周而复始地、全面地开展项目风险识别、界定、应对措施制定和实施(项目风险应对措施的实施就是项目风险控制核心内容)的工作循环。

7.1.2 项目风险的分类及其特性

项目风险可按不同标志进行分类，通过分类可进一步认识项目风险及其特性。

1. 项目风险的分类

项目风险的分类方法及其关系如图 7-2 所示，具体描述如下。

项目风险的分类.pdf

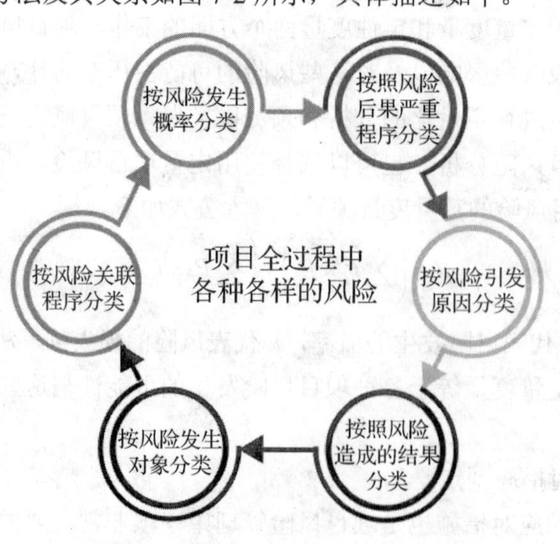

图 7-2 项目风险分类方法及其关系

1) 按项目风险发生概率分类

按项目风险发生概率分类的方法可使人们充分认识项目风险发生可能性的大小，一般可以将项目风险按发生概率大小分为三级、五级或多级，以区分不同的项目风险。

2) 按项目风险后果严重程度分类

按项目风险后果严重程度分类的方法可使人们充分认识项目风险后果的严重程度，一般可以将项目风险按照后果严重程度分为三级、五级或多级(按损失大小分成若干级)，以区分不同程度的项目风险。

3) 按项目风险引发的原因分类

按项目风险引发的原因分类的方法可以使人们充分认识造成项目风险的原因，以便人们有针对性地采取风险管理措施。还可以按照主观/客观、组织内部/外部以及技术、经济、运行或环境等原因进行分类。

4) 按项目风险造成的结果分类

按项目风险造成的结果分类的方法可以使人们充分认识项目风险可能带来的后果，使人们预先采取风险防范措施。还可按人、财、物的损失(或收益)分类或按其他方法分类，但是必须给出项目风险结果。

5) 按有无预警信息的风险分类

最常用的项目风险分类是将其分为：无预警信息而突然爆发的项目风险(即风险Ⅰ)和有预警信息的项目风险(即风险Ⅱ)。前者在项目全部风险中占很少的部分，后者是项目风险的主体。对于前者，人们难以事前识别、度量和控制，所以只能在项目风险发生时(或之后)采取类似于救人、救火的办法控制和减少这类项目风险的不利后果。对于后者，人们可以通过收集各种预警信息识别和预测并对其发生和发展施加影响，以求避免或减少这类项目风险的危害。

6) 按项目风险关联程度分类

按项目风险关联程度分类的方法可以使人们充分认识项目风险是独立发生的还是关联发生的。其中，关联程度小的项目风险多数独立发生而很少对项目其他事务造成关联影响，关联程度大的项目风险则会对项目其他方面造成关联影响和引发其他风险。这种分类有助于人们采取有针对性的管理措施。

2. 项目风险的主要特性

由于项目本身的一次性、独特性和创新性等，所以项目风险也具有自己的特性，项目风险的主要特性有下述各点。

1) 项目风险事件的随机性

项目风险事件的发生都是偶然的，没有人能够准确预言。虽然人们通过长期统计发现许多事物的发生具有某种规律，但是这只是一种统计规律，即随机事件发生的规律。项目风险事件就具有这种随机的特性，所以项目风险存在着很大的偶然性。

2) 项目风险的相对可预测性

不同项目风险具有不同的影响，人们要进行项目风险管理就必须预测和认识项目的各

种风险。由于项目环境与条件的不断变化和人们认识能力有限，没有人能确切地认识和预测项目的所有风险，只能相对预测项目的发展变化，这就是项目风险的相对可预测性特性。

3) 项目风险的渐进性

项目风险的渐进性是说绝大部分的项目风险不是突然爆发的(只有极小部分项目风险是由突发性事件引发的)，是随着环境、条件和自身固有的规律一步一步逐渐发展而形成的。当项目的内外部条件逐步发生变化时，项目风险的大小和性质会随之发生变化。

4) 项目风险的阶段性

项目风险的阶段性是指项目风险的发展是分阶段的，而且这些阶段都有明确的界限和风险征兆。通常项目风险的发展有三个阶段：其一是潜在风险阶段，其二是风险发生阶段，其三是造成后果阶段。项目风险发展的阶段性为开展项目风险管理提供了前提条件。

5) 项目风险的突变性

项目内外部条件的变化可能是渐进的，也可能是突变的。一般在项目的内部或外部条件发生突变时，项目风险的性质和后果也会随之发生突变。比如过去被认为是项目风险的事件会突然消失，而原来认为无风险的事件却突然发生了。

7.1.3 项目风险管理的概念和方法

项目风险管理是以项目经理和项目业主/顾客为代表的全体项目相关利益主体，通过采取有效措施以确保项目风险处于受控状态，从而保证项目目标最终能够实现的工作。项目的一次性和独特性使项目的不确定性很高，而且项目风险一旦发生和形成后果就没有改进和补偿的机会。所以项目风险管理的要求通常要比其他事物的风险管理要求高得多，而且项目风险管理更加注重项目风险的预防和规避等方面的工作。

1. 项目风险管理的定义

项目风险管理是指由项目风险识别、项目风险度量、项目风险应对、项目风险监控以及妥善处理项目风险事件所造成的后果等构成的一种项目专项管理工作。对于一个项目来说，究竟存在什么样的项目风险和需要开展哪些项目风险管理工作，一方面取决于项目本身的特性，另一方面取决于项目所处的环境与条件。不同的项目和项目环境与条件以及不同的团队成员构成等因素会造成不同的项目风险，不同项目的环境影响因素和项目发展变化规律也会造成不同的项目风险。因此，项目风险管理本身也有很大的不同。

2. 项目风险管理的基本理论

按照项目风险有无预警信息，项目风险可以分成两种不同性质的风险，所以也有两种不同的项目风险管理理论。一种是针对无预警信息项目风险的管理方法和理论，由于这种风险很难提前识别和跟踪，所以难以进行事前控制，而只能在风险发生时采取类似“救火”式的方法去控制或消减这类项目风险的后果。所以无预警信息项目风险的管理控制主要有

两种方法，其一是消减项目风险后果的方法，其二是项目风险转移的方法(即通过购买保险等方式转移风险的方法)。项目风险管理的另一种理论和方法是针对有预警信息项目风险的(绝大多数项目风险都属于这一类)，对于这类风险，人们可以通过收集预警信息去识别和预测它，所以人们可以通过跟踪其发生和发展变化而采取各种措施控制这类项目风险。

对于一个项目来说，究竟存在什么样的风险，一方面取决于项目本身的特性(即项目的内因)，另一方面取决于项目所处的外部环境与条件(即项目的外因)。内因主要取决于参加项目的团队成员情况，他们对于风险的认识能力以及团队成员之间的沟通等。不同的项目、不同的项目环境与条件、不同的团队成员与团队间的沟通会有不同的项目风险。外因主要取决于项目风险的性质和影响因素的发展变化。不同的影响因素和不同的发展变化规律决定了不同的项目风险管理方法。

3. 项目风险管理的基本方法

项目风险管理理论认为，只要方法正确，人们就可以在项目进程中识别、度量和应对项目风险，从而在项目风险渐进的过程中就能对项目风险实现有效的管理与控制。这种项目风险(风险Ⅱ)管理的主要方法包括以下几个方面。

1) 项目风险潜在阶段的管理方法

人们可以通过预先采取措施对项目风险的进程和后果进行适当的控制和管理。在项目风险潜在阶段都可以使用这种预先控制的方法，这种方法通常被称为风险规避的方法。一般而言，最大的项目灾难后果是由于在项目风险潜在阶段，人们对于项目风险的存在和发展一无所知。当人们在项目风险潜在阶段就能够识别各种潜在的项目风险及其后果，并采取各种规避风险的办法就可以避免项目风险的发生。显而易见，如果能够通过项目风险规避措施使项目风险未进入发生阶段就不会有项目风险后果的发生了。例如，若已知某项目存在很大的技术风险(技术不成熟)，就可以采取不使用该技术或不实施该项目的办法去规避这种风险。

2) 项目风险发生阶段的管理方法

在这一阶段中，人们可以采用风险转化与化解的办法对项目风险及其后果进行控制和管理，这类方法通常被称为项目风险化解的方法。人们不可能预见所有的项目风险，如果人们没能尽早识别出项目风险，或者虽然在项目风险潜在阶段识别出了项目风险，但是所采用的规避风险措施无效，这样项目风险就会进入发生阶段。在风险的发生阶段，如果人们能立即发现问题并找到解决问题的科学方法并积极解决风险问题，多数情况下是可以降低，甚至防止风险后果的出现，减少项目风险后果所带来的损失。

3) 项目风险后果阶段的管理方法

在这一阶段中，人们可以采取消减风险后果的措施去降低由于项目风险的发生和发展所造成的损失。人们不但很难在风险潜在阶段预见项目的全部风险，也不可能在项目风险发生阶段全面解决各种各样的项目风险问题，所以总是会有一些项目风险最后进入项目风险后果阶段。人们仍可以采取各种各样的措施去消减项目风险的后果和损失，消除由于项

目风险后果带来的影响等。如果措施得当，就会将项目风险的损失减到最少，将风险影响降到最小。不过到这一阶段人们能采用的风险管理措施就只有对项目风险后果的消减等被动方法了。由此可以看出，人们对于项目的不确定性，或者说项目的风险并不是无能为力的，人们可以通过主观能动性的发挥，运用正确的方法，去自觉地开展对于项目风险的管理与控制活动，从而规避风险，化解风险，或者消减风险带来的后果。在项目风险的不同阶段中，人们都是可以对风险有所作为的。正是由于项目风险的渐进性和阶段性，使人们能够在项目风险的不同阶段采取不同的措施去实现对于项目风险的控制和管理。

【案例 7-1】有一项国家投资兴建的公共建设项目，建设单位经过招投标选定了一家技术水平高的监理单位，签订了委托监理合同，要求监理单位承担工程项目全部建设工程的监理任务，并对工程可能出现的风险把控、管理。试结合本章内容分析该如何进行风险管理。

7.2 建设工程风险识别

项目风险识别.pdf

7.2.1 风险识别的概念和依据

1. 项目风险识别的概念

项目风险识别的目标就是识别和确定出项目究竟有哪些风险，这些风险有哪些基本的特性，以及这些风险可能会影响项目的哪些方面。

项目风险识别的参加者包括：项目团队、实施组织的风险管理团队、项目业主、技术专家和其他相关利益主体。

项目风险识别的主要内容包括以下两个方面。

(1) 识别并确定项目有哪些潜在的风险事件；

(2) 编制相应的项目风险事件识别报告。

2. 项目风险识别的依据

音频 项目风险识别的依据.mp3

(1) 项目风险管理计划；

(2) 项目的计划信息(目标、要求、方案等)；

(3) 各种历史参考资料(类似项目的资料)；

(4) 项目的各种假设前提条件和约束条件；

(5) 一定的风险聚类原则(以保证各项目风险不遗漏)。

7.2.2 风险识别的内容及程序

1. 风险识别的内容

1) 环境风险

环境风险指由于外部环境意外变化打乱了企业预定的生产经营计划而产生的经济风

险。引起环境风险产生的因素有下述各点。

(1) 国家宏观经济政策变化，使企业受到意外的风险损失。

(2) 企业的生产经营活动与外部环境的要求相违背而受到的制裁风险。

(3) 社会文化、道德风俗习惯的改变使企业的生产经营活动受阻而导致企业经营困难。

2) 市场风险

市场风险指市场结构发生意外变化，使企业无法按既定策略完成经营目标而带来的经济风险。导致市场风险的因素主要有下述各点。

(1) 企业对市场需求预测失误，不能准确地把握消费者偏好的变化。

(2) 竞争格局出现新的变化，如新竞争者进入所引发的企业风险。

(3) 市场供求关系发生变化。

3) 技术风险

这是指企业在技术创新的过程中，由于遇到技术、商业或者市场等因素的意外变化而导致的创新失败风险。其原因主要有以下几点。

(1) 技术工艺发生根本性的改进。

(2) 出现了新的替代技术或产品。

(3) 技术无法有效地商业化。

4) 生产风险

生产风险指企业生产无法按预定成本完成生产计划而产生的风险。引起这类风险的主要因素如下。

(1) 生产过程发生意外中断。

(2) 生产计划失误，造成生产过程紊乱。

5) 财务风险

财务风险是指由于企业收支状况发生意外变动给企业财务造成困难而引发的企业风险。

6) 人事风险

人事风险是指涉及企业人事管理方面的风险。

2. 风险识别程序

风险识别程序如图 7-3 所示。

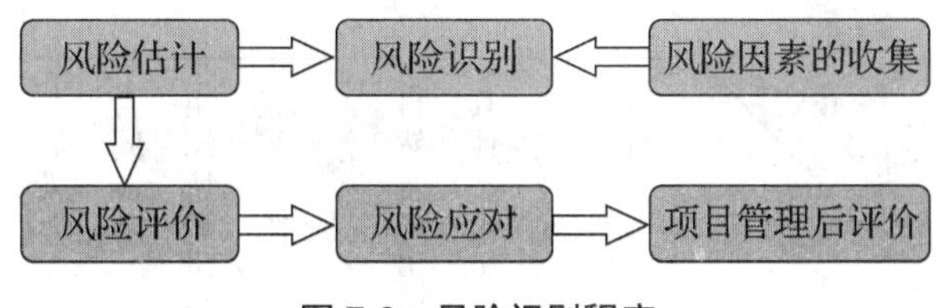

图 7-3 风险识别程序

1) 筛选

筛选是按一定的程序将具有潜在风险的产品、过程、事件、现象和人员进行分类选择的风险识别过程。

2) 监测

监测是在风险出现后，对事件、过程、现象、后果进行观测、记录和分析的过程。

3) 诊断

诊断是对风险及损失的前兆、风险后果与各种原因进行评价与判断，找出主要原因并进行仔细检查的过程。

7.2.3 建设工程风险的分解

建设工程风险的分解是根据工程风险的相互关系将其分解成若干个子系统，其分解的程度要足以使人们较容易地识别出建设工程的风险使风险，识别具有较好的准确性、完整性和系统性。根据建设工程的特点，建设工程风险的分解可以按以下途径进行。

(1) 目标维：即按建设工程目标进行分解，也就是考虑影响建设工程投资、进度、质量和安全目标实现的各种风险。

(2) 时间维：即按建设工程实施的各个阶段进行分解，也就是考虑建设工程实施不同阶段的不同风险。

(3) 结构维：即按建设工程组成内容进行分解，也就是考虑不同单项工程、单位工程的不同风险。

(4) 因素维：即按建设工程风险因素的分类分解，如政治、社会、经济、自然、技术等方面的风险。

在风险分析过程中，有时并不仅是采用一种方法就能达到目的，而需要几种方法组合。例如，常用的组合分解方式是由时间维、目标维和因素维三个维度从总体上进行建设工程风险的分解，如图 7-4 所示。

项目风险管理
三维体系.pdf

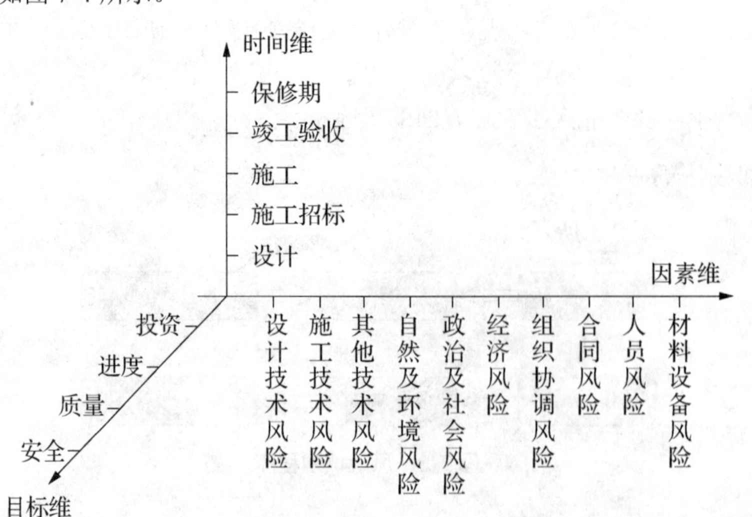

图 7-4 工程风险的分解

7.2.4 风险识别的方法

建设工程风险识别的方法有专家调查法、财务报表法、流程图法、初始清单法、经验数据法和风险调查法等。

1. 专家调查法

专家调查法又分为两种方式：召集有关专家开会、进行问卷式调查。

2. 财务报表法

财务报表法是指通过分析资产负债表、现金流量表、营业报表及有关补充资料，可以识别企业当前的所有资产、责任及人身损失风险。将这些报表与财务预测、预算结合起来，可以发现企业或建设工程未来的风险。由于工程财务报表与企业财务报表不尽相同，因而需要结合工程财务报表的特点来识别建设工程风险。

3. 流程图法

流程图法是将一项特定的生产或经营活动按步骤或阶段顺序以若干个模块形式组成一个流程图系列，在每个模块中都标出各种潜在的风险因素或风险事件，从而给决策者一个清晰的总体印象。这种方法实际上是将时间维与因素维相结合。由于流程图的篇幅限制，采用这种方法所得到的风险识别结果较粗。

7.3 建设工程风险评价

7.3.1 风险评价的作用

系统而全面地识别建设工程风险只是风险管理的第一步，对认识到的工程风险还要做进一步的分析，也就是风险评价。风险评价可以采用定性和定量两大类方法。定性风险评价方法有专家打分法、层次分析法等，其作用在于区分出不同风险的相对严重程度以及根据预先确定的可接受的风险水平(有文献称为“风险度”)做出相应的决策。由于从方法上讲，专家打分法和层次分析法有广泛的适用性，并不是风险评价专用的，所以本节不予介绍。从广义上讲，定量风险方法也有许多种，如敏感性分析、盈亏平衡分析、决策树、随机网络等，但是，这些方法大多有较为确定的适用范围，如敏感性分析用于项目财务评价，随机网络用于进度计划，且与本章前两节风险管理的有关内容联系不密切。

通过定量方法进行风险评价的作用主要表现在以下几方面。

1. 更准确地认识风险

风险识别的作用仅仅在于找出建设工程可能面临的风险因素和风险事件，其风险的认识还是相当肤浅的。通过定量方法进行风险评价，可以定量地确定建设工程各种风险因素和风险事件发生的概率分布，以及风险发生后对建设工程目标影响的严重程度或损失严重

程度。其中，损失严重程度又可以从两个不同的方面来反映：一方面是不同风险的相对严重程度，据此可以区分主要风险和次要风险；另一方面是各种风险的绝对严重程度，据此可以了解各种风险所造成的损失后果。

2．保证目标规划的合理性和计划的可行性

在建设工程目标规划的内容中，主要是突出了建设工程数据库在施工图设计完成之前对目标规划的作用及其运用。建设工程数据库中的数据都是历史数据，是包含了各种风险作用于建设工程实施全过程的实际结果。但是，建设工程数据库中通常没有具体反映工程风险的信息，充其量只有关于重大工程风险的简单说明。也就是说，建设工程数据库只能反映各种风险综合作用的后果，而不能反映各种风险各自作用的后果。由于建设工程风险的个别性，只有对特定建设工程的风险进行定量评价，才能正确地反映各种风险对建设工程目标的不同影响，才能使目标规划的结果更加合理、可靠，使在此基础上制订的计划具有现实的可行性。

3．合理地选择风险对策，形成最佳风险对策组合

如前所述，不同风险对策的适用对象各不相同。风险对策的适用性需从效果和代价两个方面考虑。风险对策的效果表现在降低风险发生概率和(或)降低损失严重程度的幅度，有些风险对策(如损失控制)在这一点上较难准确地量度。风险对策一般要付出一定的代价，如采取损失控制时的措施费、投保工程险时的保险费等，这些代价一般可准确地量度。而定量风险评价的结果是各种风险的发生概率及其损失严重程度。因此，在选择风险对策时，应将不同风险对策的适用性与不同风险的后果结合起来考虑，对不同的风险选择适宜的风险对策，从而形成最佳的风险对策组合。

7.3.2 风险量函数

在定量评价建设工程风险时，首要的工作是将各种风险的发生概率及其潜在损失定量化，这一工作也被称为风险衡量。为此，需要引入风险量的概念。所谓风险量，是指各种风险的量化结果，其数值大小取决于各种风险的发生概率及其潜在损失。如果以 $R(\ )$ 表示风险量，p 表示风险的发生概率，q 表示潜在的损失，则 $R(\ )$ 可以表示为 p 和 q 的函数，即

$$R=f(p,q) \tag{7-2}$$

式(7-2)反映的是风险量的基本原理，具有一定的通用性，其应用前提是能通过适当的方式建立关于 p 和 q 的连续性函数。但是，这一点不是很容易做到的。在风险管理理论和方法中，在多数情况下是以离散形式来定量表示风险的发生概率及其损失，因而风险量 $R(\ )$ 相应地表示为

$$R=\sum p_i \cdot q_i \tag{7-3}$$

式中，$i=1, 2, \cdots, n$，表示风险事件的数量。

与风险量有关的另一个概念是等风险量曲线，就是由风险量相同的风险事件所形成的

曲线，如图 7-5 所示。在图 7-5 中，R_1、R_2、R_3为 3 条不同的等风险量曲线。不同等风险量曲线所表示的风险量大小与其风险坐标原点的距离成正比，即距原点越近，风险量越小；反之，则风险量越大。因此，图中 R_1、R_2、R_3的风险量大小为 $R_1<R_2<R_3$。

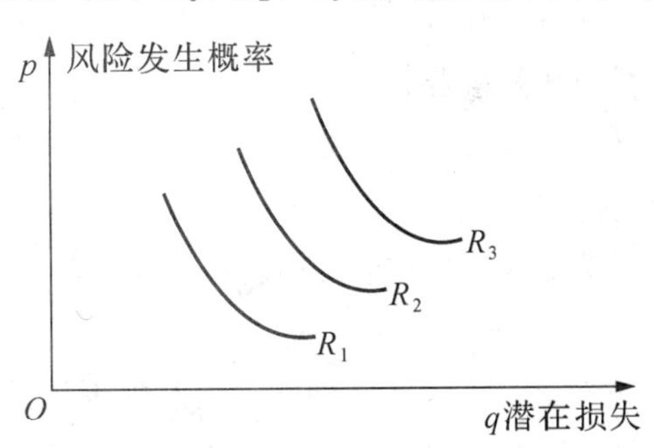

图 7-5 等风险量曲线

7.3.3 风险损失的衡量

风险损失的衡量就是定量确定风险损失值的大小。建设工程风险损失包括以下几方面。

1. 投资风险

投资风险导致的损失可以直接用货币形式来表现，即法规、价格、汇率和利率等的变化或资金使用安排不当等风险事件引起的实际投资超出计划投资的数额。

2. 进度风险

进度风险导致的损失由以下几部分组成。

(1) 货币的时间价值。进度风险的发生可能会对现金流动造成影响，在利率的作用下造成经济损失。

(2) 为赶上计划进度所需的额外费用，包括加班的人工费、机械使用费和管理费等一切因追赶进度所发生的非计划费用。

(3) 延期投入使用的收入损失。这方面损失的计算相当复杂，不仅是延误期间内的收入损失，还可能由于产品投入市场过迟而失去商机，从而大大降低市场份额，因而这方面的损失有时是巨大的。

3. 质量风险

质量风险导致的损失包括事故引起的直接经济损失、修复和补救等措施发生的费用以及第三方责任损失等，可分为以下几个方面。

(1) 建筑物、构筑物或其他结构倒塌所造成的直接经济损失。

(2) 复位纠偏、加固补强等补救措施和返工的费用。

(3) 工期延误造成的损失。

(4) 永久性缺陷对于建设工程使用造成的损失。

(5) 第三方责任的损失。

4．安全风险

安全风险导致的损失包括以下几点。

(1) 受伤人员的医疗费用和补偿费。

(2) 财产损失，包括材料、设备等财产的损毁或被盗。

(3) 因工期延误造成的损失。

(4) 为恢复建设工程正常实施所发生的费用。

(5) 第三方责任损失。

在此，第三方责任损失为建设工程实施期间，因意外事故可能导致的第三方的人身伤亡和财产损失所做的经济赔偿以及必须承担的法律责任。

由以上四方面风险的内容可知，投资增加可以直接用货币来衡量；进度的拖延则属于时间范畴，同时也会导致经济损失；而质量事故和安全事故既会产生经济影响又可能导致工期延误和第三方责任，显得更加复杂。而第三方责任除了法律责任之外，一般是以经济赔偿的形式来实现的。因此，这四方面的风险最终都可以归纳为经济损失。

在这里需要指出的是，在建设工程实施过程中，某一风险事件的发生往往会同时导致一系列损失。例如，地基的坍塌引起塔吊的倒塌，并进一步造成人员伤亡和建筑物的损坏，以及施工被迫停止等。这表明，这一地基坍塌事故影响了建设工程所有的目标——投资、进度、质量和安全，从而造成相当大的经济损失。

7.3.4 风险概率的衡量

衡量建设工程风险概率有两种方法：相对比较法和概率分布法。一般而言，相对比较法主要是依据主观概率，而概率分布法的结果则接近于客观概率。

1．相对比较法

相对比较法由美国风险管理专家 Richard Prouty 提出，表示如下。

(1) 几乎是 0：这种风险事件可认为不会发生。

(2) 很小的：这种风险事件虽有可能发生，但现在没有发生并且将来发生的可能性也不大。

(3) 中等的：即这种风险事件偶尔会发生，并且能预期将来有时会发生。

(4) 一定的：即这种风险事件一直在有规律地发生，并且能够预期未来也是有规律地发生。在这种情况下，可以认为风险事件发生的概率较大。

在采用相对比较法时，建设工程风险导致的损失也应相应地划分成重大损失、中等损失和轻度损失，从而在风险坐标上对建设工程的风险进行定位，以反映风险量的大小。

2．概率分布法

概率分布法可以较为全面地衡量建设工程风险。因为通过分析潜在损失的概率分布，

有助于确定在一定情况下哪种风险对策或对策组合最佳。

概率分布法的常见表现形式是建立概率分布表。为此，需参考外界资料和本企业历史资料。外界资料主要是保险公司、行业协会、统计部门等资料。但是，这些资料通常反映的是平均数字，且综合了众多企业或建设工程的损失经历，因而在许多方面不一定与本企业或本建设工程的情况相吻合，运用时需做客观分析。本企业的历史资料虽然更有针对性，更能反映建设工程风险的个别性，但往往数量不够多，有时还缺乏连续性，不能满足概率分析的基本要求。另外，即使本企业历史资料的数量、连续性均满足要求，其反映的也只是本企业的平均水平，在运用时还应当充分考虑资料的背景和拟建建设工程的特点。由此可见，概率分布表中的数字可能是因工程而异的。

理论概率分布也是风险衡量中所经常采用的一种估计方法。即根据建设工程风险的性质分析大量的统计数据，当损失值符合一定的理论概率分布或与其近似吻合时，可由特定的几个参数来确定损失值的概率分布。

【案例7-2】某工程项目业主与施工单位按《建设工程施工合同文本》对某项工程建设项目签订了工程施工合同，工程未进行投保。在工程施工过程中，遭受20年不遇的暴风雨不可抗力的袭击，造成了相应的损失，施工单位及时向监理工程师提出索赔要求，并附有与索赔有关的资料和证据。试结合上文分析应如何对工程中可能发生风险的概率进行衡量？

7.3.5 风险评价

在风险衡量过程中，建设工程风险可量化为关于风险发生概率和损失严重性的函数，但在选择对策之前，还需要对建设工程风险量做出相对比较，以确定建设工程风险的相对严重性。

等风险量曲线指出，在风险坐标图上，离原点位置越近，则风险量越小。据此，可以将风险发生概率(p)和潜在损失(q)分别分为L(小)、M(中)、H(大)3个区间，从而将等风险量图分为LL、ML、HL、LM、MM、HM、LH、MH、HH 9个区域。在这9个不同的区域中，有些区域的风险量是大致相等的，如图7-6所示，可以将风险量的大小分成以下5个等级。VL(很小)；L(小)；M(中等)；H(大)；VH(很大)。

M	H	VH
L	M	H
VL	L	M

（纵轴 p，横轴 q，原点 O）

图7-6　风险等级图

7.4 建设工程风险的分析及对策

7.4.1 风险分析

风险分析是风险识别和风险管理之间联系的纽带，可使管理者更准确地认识风险和影响以及其相互作用，常用的方法有简单估计法、敏感性分析法、概率树法和蒙特卡罗法。

1. 简单估计法

简单估计法包括专家评估法和风险因素取值评定法。专家评估法也叫德尔菲法，是以发函、开会或向专家咨询等方式对项目存在的风险因素进行评定，每位专家凭借经验独立对风险因素和风险影响程度做出正确的判断，找出各种潜在的风险并对其后果做出分析和估计。风险因素取值评定法是估计风险因素的最乐观、最悲观和最可能值，计算出期望值，将期望值的平均值与目标值相比较，计算出两者的偏差值和偏差程度，据以判断风险程度的方法。简单估计法只能就单个风险因素判定风险程度，准确度低，容易产生偏差。

2. 敏感性分析法

敏感性分析法包括敏感性分析和盈亏平衡分析。其中盈亏平衡分析是一种最简单的风险评价方法，重点关注产量、成本和利润三者之间的变化关系，通过测算项目的盈亏平衡点，分析投资项目在不亏损的情况下所能承受风险的能力。该方法可以粗略地对高度敏感的产量、售价、成本和利润等因素进行分析，方法简单，是一种被广泛采用的风险分析方法。

3. 概率树法

概率树法是在构造概率树的基础上，运用概率论和数理统计原理，计算出所有可能变化组合净现值的期望值和净现值大于零的概率，再画出其概率分布图。从而判断风险因素可能发生的概率。

4. 蒙特卡罗法

蒙特卡罗法是目前风险分析方法中较为经典的方法，又叫随机模拟或统计实验法，是通过对随机变量的统计实验、随机模拟来估计经济风险和工程风险的数学方法。该方法在实际应用过程中由于过程较为烦琐，应用的不是很多。在工程建设项目中，风险的估计与分析方法很多，每种方法都不是孤立应用的，可以根据具体情况组合使用。但必须根据具体情况正确选择使用方式，才能得到可信的分析结果，否则，分析结果与实际将不吻合。

【案例 7-3】某大型垃圾发电站工程项目是A国第二个垃圾发电站项目，该项目除厂房及有关设施的土建工程外，尚有全套进口的垃圾发电设备及垃圾处理设备的安装工程任务以及厂区外的职工生活区及采用标准图纸的生活用房施工任务；此外，在厂房范围内的一段地基，由于地质条件不良、复杂，需要设置深基础围护系统，包括护坡桩加固边坡以及压顶梁、钢支撑及围檩、锚杆等一系列复杂施工处理工作。业主委托某监理单位对该工程可能出现的问题进行监控和分析，试结合本案例分析风险主要存在哪些项目。

7.4.2 风险对策的制定

风险的识别、评估与分析完成后，要根据建设项目的具体情况制定相应的防范对策，以减少经济损失。风险对策是采取有效的方法避免风险、消灭风险或以应急措施将已发生的风险造成的损失控制在最低限度。一般可以从改变风险后果的性质、风险发生的概率或风险后果大小三方面制定多种策略。

根据风险程度和风险大小的不同，应当采取不同的应对措施，制定应对措施时应注意以下原则。

(1) 针对性。应结合行业的特点，针对项目的主要或关键风险因素提出切实可行的应对措施。

(2) 可行性。风险对策应立足于现实客观措施的基础之上，应在财务上切实可行。

音频 风险对策的制定.mp3

(3) 经济性。应将规避风险措施所付出的代价与风险可能造成的损失进行权衡，如应对措施所花费用远远超过可能造成的风险损失，应对措施将失去意义。

风险对策的制定主要应从减少风险和控制风险事件的发生着手，对风险发生前或已发生时采取的一系列手段和方法，以达到减少风险损失或规避风险的目的。通常有风险回避、损失控制、风险转移、风险自留等方法，应对措施有控制性措施和财务性措施。

1. 控制性措施

控制性措施是避免和减少风险事故发生的机会，限制已发生损失继续扩大，可采取风险回避和损失控制措施。风险回避是彻底规避风险的一种做法，通过回避风险因素，从而回避可能产生的潜在损失或不确定性，或风险应对措施的代价昂贵，得不偿失，就可以采取回避风险的措施。表现为拒绝承担某种特定的风险和中途放弃已承担的风险。损失控制包括损失预防和损失抑制。预防是采取措施减少损失发生的机会，而抑制是设法降低所发生风险损失的严重性。这种方法主要针对那些可以控制的风险因素，制定降低风险发生的可能性和减少风险损失程度的措施。

2. 财务性措施

财务性措施包括风险转移和风险自留。风险转移通常也叫作风险合伙分担，是投资人针对风险潜在损失较大，发生概率小，独自无法承担的项目时，将可能面临的风险向其他部门或实体转移，从而减少风险的转移对策；或为了控制项目的风险源而采取的与其他企业合资或合作方式，共同承担风险，共同受益的避免风险损失的方法。风险转移一是将风险源转移出去；二是把部分或全部非风险损失转移出去。其目的不是降低风险发生的概率，而是借助合同或协议，在风险事故一旦发生时将损失的一部分转移到第三方身上。风险防

范与控制的方法和措施很多，每种方法的应用不是单一的，也不是互斥的，可视具体情况组合使用，才能取得较好的效果。

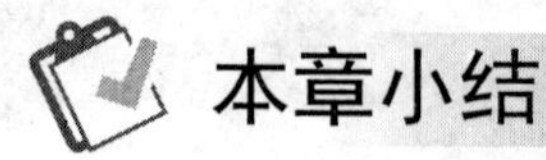

本章小结

通过对本章内容的学习，学生们可以了解工程风险管理的基本知识、分类及特性、概念和方法；掌握建设工程风险识别的方法、内容、程序、依据及风险分解；熟悉建设工程风险评价的作用、风险损失的衡量、概率的衡量；掌握风险分析及决策。希望通过对本章的学习，使同学们对本章的基本知识有基本了解，并掌握相关的知识点，举一反三，学以致用。

实训练习

一、单选题

1. 在建设工程项目的风险类型中，承包方管理人员和一般技工在能力方面的风险属于(　　)类型。

A. 经济与管理风险　　B. 组织风险
C. 工程环境风险　　D. 技术风险

2. 事故防范措施和计划方面的风险属于(　　)风险。

A. 技术　　B. 经济与管理　　C. 组织　　D. 工程环境

3. 对难以控制的风险向保险公司投保是(　　)的一种措施。

A. 风险规避　　B. 风险减轻　　C. 风险转移　　D. 风险自留

4. 为实施工程风险管理，首先要识别工程风险，工程风险识别的最主要成果是(　　)。

A. 风险概率分布　　B. 风险损失预测
C. 风险清单　　D. 风险等级划分

5. 某项目的可行性研究报告表明，虽然从净现值、内部收益率指标看是可行的，但敏感性分析的结论是对投资额、产品价格、经营成本均很敏感，这意味着该项目的风险很大，因而决定不投资建造该项目，这是风险应对策略中的(　　)策略。

A. 风险回避　　B. 风险自留　　C. 风险控制　　D. 风险转移

6. 非保险的风险转移一般是通过(　　)方式将项目风险转移给非保险的对方当事人。

A. 谈判　　B. 签订合同　　C. 行政指令　　D. 协商

二、多选题

1. 在建设工程项目的风险类型中，技术风险主要来自(　　)。

A. 工程机械　　B. 工程施工方案
C. 工程物资　　D. 岩土地质条件和水文地质条件

E. 事故防范措施计划

2. 风险管理是为了实现一个组织的既定目标而对组织所承担的各种风险进行管理的系统过程，其采取的方法应符合(　　)的要求。

A. 公众利益　　B. 有关法规　　C. 社会发展
D. 人身安全　　E. 环境保护

3. 下列属于风险识别的方法是(　　)。

A. 头脑风暴法　　B. 访谈法　　C. 财务报表法
D. S曲线法　　E. 德尔菲法

4. 在建设工程风险识别过程中，核心工作是(　　)。

A. 建立建设工程风险清单　　B. 建设工程风险分解
C. 识别建设工程风险因素、风险事件及后果　　D. 建立初始风险清单
E. 风险预测

5. 下列属于建设工程风险识别的具体方法有(　　)。

A. 经验数据法　　B. 风险调查法　　C. 专家咨询法
D. 财务报表法　　E. 初始清单法

三、简答题

1. 按风险来源划分的项目风险有哪些？
2. 简述项目风险管理的含义。
3. 项目风险管理过程分为哪几个阶段和环节？
4. 建设工程风险损失包括哪几个方面？
5. 常用的风险分析方法有哪些？

第7章答案.docx

实训工作单

班级		姓名		日期	
教学项目		通过具体案例学习工程风险管理			
学习项目	风险因素、管理方法		学习要求	深刻了解风险管理的必要性	
相关知识			风险管理、识别、评价、控制		
其他内容			风险衡量		
学习记录					
评语				指导老师	

第 8 章　建筑工程合同管理

【教学目标】

建筑工程合同管理.mp4

第 8 章　建筑工程合同管理.pptx

- 了解建筑工程合同管理概述的内容。
- 掌握合同管理的一般方法。
- 掌握 FIDIC 条件下的施工合同管理。

【教学要求】

本章要点	掌握层次	相关知识点
建筑工程合同管理概述	(1) 熟悉建筑工程合同的基本概念 (2) 掌握建筑工程合同管理的主要内容 (3) 了解建筑工程合同签订和实施的基本原则	合同管理概述
合同管理	(1) 掌握招标、投标的管理方法 (2) 掌握建筑工程施工合同的管理方法	合同管理
FIDIC 条件下的施工合同管理	(1) 了解 FIDIC 简介 (2) 熟悉 FIDIC 合同条件的适用范围 (3) 熟悉 FIDIC 合同文件的内容	FIDIC 条件下的施工合同管理

【案例导入】

在某工程项目建设中，该项目监理机构委派了一名工程师定期收集工程信息，按计划标准来衡量所取得的成果，纠正工程中所发生的偏差，认真研究并制定了多种主动控制措施，以便使目标和计划得以实现。

【问题导入】

请结合自身所学的相关知识，试根据本案的相关背景，简述建筑工程合同管理的主要内容。

8.1 建筑工程合同管理概述

8.1.1 建筑工程合同的基本概念

企业的经济往来，主要是通过合同形式体现的。一个企业的经营成败与合同及合同管理有密切关系。企业合同管理是指企业对以自身为当事人的合同依法进行订立、履行、变更、解除、转让、终止以及审查、监督、控制等一系列行为的总称。其中订立、履行、变更、解除、转让、终止是合同管理的内容；审查、监督、控制是合同管理的手段。合同管理必须是全过程的、系统性的、动态性的。

8.1.2 建筑工程合同管理的主要内容

建设工程合同管理是对工程项目施工过程中所发生的或所涉及的一切经济、技术合同的签订、履行、变更、索赔、解除、解决争议、终止与评价的全过程进行的管理工作。

建设工程施工合同是承包人进行工程建设施工，发包人支付价款的合同。依照施工合同，承包方应完成一定的建筑、安装工程任务，发包方应提供必要的施工条件并支付工程价款。

建设工程合同管理的任务是根据法律、政策的要求，运用指导、组织、检查、考核、监督等手段，促使当事人依法签订合同，全面履行合同条款，及时妥善地处理合同争议和纠纷，不失时机地进行合理索赔，预防发生违约行为，避免造成经济损失，保证合同目标顺利实现，从而提高企业的信誉和竞争能力。

建设工程合同管理的内容如下所述。

(1) 建立健全施工项目合同管理制度，包括合同归口管理制度；考核制度；合同用章管理制度；合同台账、统计及归档制度等。

(2) 经常对合同管理人员、项目经理及有关人员进行合同法律知识教育，提高合同业务人员法律意识和专业素质。

(3) 在谈判签约阶段，重点是了解对方的信誉，核实其法人资格及其他有关情况和资料；监督双方依照法律程序签订合同，避免出现无效合同、不完善合同，预防合同纠纷发生；组织配合有关部门做好施工项目合同的鉴证、公证工作，并在规定时间内送交合同管理机关等有关部门备案。

(4) 合同履约阶段，主要的日常工作是经常检查合同以及有关法规的执行情况，并进行统计分析，如统计合同份数，合同金额、纠纷次数，分析违约原因、变更和索赔情况、合同履约率等，以便及时发现问题、解决问题；做好有关合同履行中的调解、诉讼、仲裁等工作，协调好企业与各方面、各有关单位的经济协作关系。

(5) 专人整理保管合同、附件、工程洽商资料、补充协议、变更记录及与业主及其委托的监理工程师之间的来往函件等文件，随时备查；合同期满，工程竣工结算后，将全部合同文件整理归档。

8.1.3 建筑工程合同签订和实施的基本原则

音频　建筑工程合同签订和实施的基本原则.mp3

签订和履行建设工程合同应当遵循《中华人民共和国合同法》规定的以下五项基本原则。

1．主体平等

合同当事人的法律地位平等是指一方不得将自己的意志强加给另一方。任何民事主体在法律人格上也是一律平等的，享有独立的人格，不受他人的支配、干涉和控制。只有合同当事人的人格平等，才能实现合同当事人的法律地位平等。合同当事人平等是商品经济的必然前提和必然产物，也是社会主义市场经济对交易秩序和经济秩序的具体要求。

2．自愿原则

合同自由原则是指当事人依法享有自愿订立合同的权利，任何单位和个人不得非法干预。合同自愿原则，也就是合同自由原则，或称为契约自由原则。其含义包括缔结合同、选择缔约相对人、选择合同方式、决定合同内容、解释合同的自愿或自由。当然，实行合同自由原则，并不排除法律以及国家对合同的适当干预和限制。

3．公平原则

权利义务公平对等原则是指在经济活动中，合同的任何一方当事人既享有权利，也承担相应义务，权利义务相对等。公平原则规范合同当事人之间的利益关系，制约对合同自由原则的滥用，要求形式的公平(即合同主体的法律地位)和实质的公平。合同的实质公平，是指双方当事人的权利、义务必须大体对等。对于显失公平的合同，当事人一方有权要求法院或者仲裁机构予以撤销或变更。

4．诚信原则

诚实信用原则，也称为诚信原则。诚实信用原则是民法、合同法的最基本原则。诚实信用原则，是指民事主体在从事包括合同行为在内的民事活动时，应该诚实守信，以善意的方式行使自己的权利和履行自己的义务，不得有任何欺诈行为。诚实信用原则适用弹性相当大，具有确定行为规则、平衡利益冲突、解释法律与合同三大基本功能。诚实信用原则体现了社会主义精神文明和道德规范的要求。

5．公序良俗原则

守法和维护社会公益原则是指当事人订立合同、履行合同，应当遵守法律法规，遵守社会公德，不得扰乱社会经济秩序，损害社会公共利益，这是人类社会公共生活的基本准则。维护社会公益原则，也就是公序良俗原则，包括社会公德、公共秩序和善良风俗。守法和维护社会公益原则，是合同法的最高要求。

【案例 8-1】某项目工程建设单位与甲监理公司签订了施工阶段的监理合同，该合同明确规定：监理单位应对工程质量、工程造价、工程进度进行控制。建设单位在室内精装修招标前，与乙审计事务所签订了审查工程预结(决)算的审计服务合同。在与丙装修中标单位签订的精装修合同中写明监理单位为甲监理公司。

结合自身所学的相关知识，简述建筑工程合同签订和实施的基本原则。

8.2 合同管理

8.2.1 招标、投标管理

对建设工程的发包人来说，重要的是如何找到理想的、有能力承担建设工程任务的合格单位，用经济合理的价格，获得满意的服务和产品。根据建设工程的通常做法，建设工程的发包人一般通过招标或其他竞争方式选择建设工程任务的实施单位，包括设计、咨询、施工承包和供货等单位。当然，发包人也可以通过询价采购和直接委托等方式选择建设工程任务的实施单位。而承担建设工程任务的设计、施工等单位也通常以投标竞争方式显示自己的实力和水平，获得想要承担的工程任务。

1. 施工招标

客观来讲，建设工程施工招标应该具备的条件包括以下几项：招标人已经依法成立；初步设计及概算应当履行审批手续的，已经批准；招标范围、招标方式和招标组织形式等应当履行核准手续的，已经核准；有相应资金或资金来源已经落实；有招标所需的设计图纸及技术资料。这些条件和要求，一方面是从法律上保证了项目和项目法人的合法化，另一方面，也从技术和经济上为项目的顺利实施提供了支持和保障。

1) 招投标项目的确定

从理论上讲，在市场经济条件下，建设工程项目是否采用招投标的方式确定承包人，业主有着完全的决定权；采用何种方式进行招标，业主也有着完全的决定权。但是为了保证公共利益，各国的法律都规定了有政府资金投资的公共项目(包括部分投资的项目或全部投资的项目)，涉及公共利益的其他资金投资项目，投资额在一定额度之上时，都要采用招投标方式进行。对此我国也有详细的规定。

按照我国的招投标法，以下项目宜采用招标的方式确定承包人。

(1) 大型基础设施、公用事业等关系社会公共利益、公众安全的项目。

(2) 全部或者部分使用国有资金投资或者国家融资的项目。

(3) 使用国际组织或者外国政府资金的项目。

施工招标方式的选择.pdf

上述建设工程项目的具体范围和标准，在原国家计委 2000 年 5 月 1 日第 3 号令《工程建设项目招标范围和规模标准规定》中有明确的规定。除此以外，各地方政府遵照招标投标法和有关规定，也对所在地区应该实行招标的建设工程项目的范围和标准做了具体规定。

2) 招标方式的确定

公开招标招标流程.pdf

世界银行贷款项目中的工程和货物的采购，可以采用国际竞争性招标、有限国际招标、国内竞争性招标、询价采购、直接签订合同、自营工程等采购方式。其中国际竞争性招标和国内竞争性招标都属于公开招标，而有限国际招标则相当于邀请招标。《招标投标法》规定，招标分公开招标和邀请招标两种方式。

(1) 公开招标。

公开招标亦称无限竞争性招标，招标人在公共媒体上发布招标公告，提出招标项目和要求，符合条件的一切法人或者组织都可以参加投标竞争，都有同等竞争的机会。按规定应该招标的建设工程项目，一般应采用公开招标方式。

公开招标的优点是招标人有较大的选择范围，可在众多的投标人中选择报价合理、工期较短、技术可靠、资信良好的中标人。但是公开招标的资格审查和评标的工作量比较大，耗时长、费用高，且有可能因资格预审把关不严导致鱼目混珠的现象发生。如果采用公开招标方式，招标人就不得以不合理的条件限制或排斥潜在的投标人。例如不得限制本地区以外或本系统以外的法人或组织参加投标等。

(2) 邀请招标。

邀请招标亦称有限竞争性招标，招标人事先经过考察和筛选，将投标邀请书发给某些特定的法人或者组织，邀请其参加投标。

为了保护公共利益，避免邀请招标方式被滥用，各个国家和世界银行等金融组织都有相关规定：按规定应该招标的建设工程项目，一般应采用公开招标，如果要采用邀请招标，需经过批准。

对于有些特殊项目，采用邀请招标方式确实更加有利。根据我国的有关规定，有下列情形之一的，经批准可以进行邀请招标。

① 项目技术复杂或有特殊要求，只有少量几家潜在投标人可供选择的；

② 受自然地域环境限制的；

③ 涉及国家安全、国家秘密或者抢险救灾，适宜招标但不宜公开招标的；

④ 拟公开招标的费用与项目的价值相比，不值得的；

⑤ 法律、法规规定不宜公开招标的。

邀请招标招标流程.pdf

招标人采用邀请招标方式，应当向三个以上具备承担招标项目的能力、资信良好的特定的法人或者其他组织发出投标邀请书。

3) 自行招标与委托招标

招标人可自行办理招标事宜，也可以委托招标代理机构代为办理招标事宜。招标人自行办理招标事宜，应当具有编制招标文件和组织评标的能力。招标人不具备自行招标能力的，必须委托具备相应资质的招标代理机构代为办理招标事宜。工程招标代理机构资格分为甲、乙两级。其中乙级工程招标代理机构只能承担工程投资额(不含征地费、大市政配套费与拆迁补偿费)1 亿元以下的工程招标代理业务。工程招标代理机构可以跨省、自治区、

直辖市承担工程招标代理业务。

4) 招标信息的发布与修正

(1) 招标信息的发布。

工程招标是一种公开的经济活动，因此要采用公开的方式发布信息。招标公告应在国家指定的媒介(报刊和信息网络)上发表，以保证信息发布到必要的范围以及发布的及时性与准确性，招标公告应该尽可能地发布翔实的项目信息，以保证招标工作的顺利进行。招标公告应当载明招标人的名称和地址、招标项目的性质、数量、实施地点和时间、投标截止日期以及获取招标文件的办法等事项。招标人或其委托的招标代理机构应当保证招标公告内容的真实、准确和完整。拟发布的招标公告文本应当由招标人或其委托的招标代理机构的主要负责人签名并加盖公章。招标人或其委托的招标代理机构发布招标公告，应当向指定媒介提供营业执照(或法人证书)、项目批准文件的复印件等证明文件。招标人或其委托的招标代理机构应至少在一家指定的媒介发布招标公告。指定报刊在发布招标公告的同时，应将招标公告如实抄送指定网络。招标人或其委托的招标代理机构在两个以上媒介发布的同一招标项目的招标公告的内容应当相同。招标人应当按招标公告或者投标邀请书规定的时间、地点出售招标文件或资格预审文件。自招标文件或者资格预审文件出售之日起至停止出售之日止，最短不得少于 5 日。投标人必须自费购买相关招标或资格预审文件，但对招标文件或者资格预审文件的收费应当合理，不得以营利为目的。对于所附的设计文件，招标人可以向投标人酌收押金；对于开标后投标人退还设计文件的，招标人应当向投标人退还押金。招标文件或者资格预审文件售出后，不予退还。招标人在发布招标公告、发出投标邀请书后或者售出招标文件或资格预审文件后不得擅自终止招标。

(2) 招标信息的修正。

如果招标人在招标文件已经发布之后，发现有问题需要进一步澄清或修改，必须依据以下原则进行。

① 时限：招标人对已发出的招标文件进行必要的澄清或者修改，应当在招标文件要求提交投标文件截止时间至少 15 日前发出。

② 形式：所有澄清文件必须以书面形式给出。

③ 全面：所有澄清文件必须直接通知所有招标文件收受人。

由于修正与澄清文件是对于原招标文件的进一步的补充或说明，因此该澄清或者修改的内容应为招标文件的有效组成部分。

5) 资格预审

招标人可以根据招标项目本身的特点和要求，要求投标申请人提供有关资质、业绩和能力等项证明，并对投标申请人进行资格审查。资格审查分为资格预审和资格后审。资格预审是指招标人在招标开始之前或者开始初期，由招标人对申请参加投标的潜在投标人进行资质条件、业绩、信誉、技术、资金等多方面的资格审查；经认定合格的潜在投标人，才可以参加投标。

通过资格预审可以使招标人了解潜在投标人的资信情况，包括财务状况、技术能力以

及以往从事类似工程的施工经验，从而选择优秀的潜在投标人参加投标，降低将合同授予不合格的投标人的风险；通过资格预审，可以淘汰不合格的潜在投标人，从而有效地控制投标人的数量，减少多余的投标，进而减少评审阶段的工作时间，减少评审费用，也可为不合格的潜在投标人节约投标的无效成本；通过资格预审，招标人可以了解潜在投标人对项目投标的兴趣。如果潜在投标人的兴趣大大低于招标人的预料，招标人可以修改招标条款，以吸引更多的投标人参加竞争。资格预审是一个重要的过程，要有比较严谨的执行程序，一般可以参考以下程序。

(1) 由业主自行或委托咨询公司编制资格预审文件，主要内容有：工程项目简介，对潜在投标人的要求，各种附表等。可以成立以业主为核心，由咨询公司专业人员和有关专家组成的资格预审文件起草工作小组。编写资格预审文件内容要齐全，使用所规定的语言；根据需要，明确规定应提交的资格预审文件的份数，注明“正本”和“副本”。

(2) 在国内外有关媒介上发布资格预审广告，邀请有意参加工程投标的单位申请资格审查。在投标意向者明确参与资格预审的意向后，将给予具体的资格预审通知，该通知一般包括以下内容：业主和工程师的名称；工程所在位置、概况和合同包含的工作范围；资金来源；资格预审文件的发售日期、时间、地点和价格；预期的计划(授予合同的日期、竣工日期及其他关键日期)；招标文件发出和提交投标文件的计划日期；申请资格预审须知；提交资格预审文件的地点及截止日期、时间；最低资格要求及准备投标的投标意向者可能关心的具体情况。

(3) 在指定的时间、地点开始出售资格预审文件，并同时公布对资格预审文件的答疑的具体时间。

(4) 由于各种原因，在资格预审文件发售后，购买文件的投标意向者可能对资格预审文件提出各种疑问，投标意向者应将这些疑问以书面形式提交业主，业主应以书面形式回答。为保证竞争的公平性，应使所有投标意向者对该工程的信息量相同，对于任何一个投标意向者问题的答复，均要求同时通知所有购买资格预审文件的投标意向者。

(5) 投标意向者在规定的截止日期之前完成填报的内容，报送资格预审文件，所报送的文件在规定的截止日期后不能再进行修改。当然，业主可就报送的资格预审文件中的疑点要求投标意向者进行澄清，投标意向者应按实际情况回答，但不允许投标意向者修改资格预审文件中的实质内容。

(6) 由业主组织资格预审评审委员会，对资格预审文件进行评审，并将评审结果及时以书面形式向所有参加资格预审的投标意向者反馈。对于通过预审的投标人，还要通知其出售招标文件的时间和地点。

6) 标前会议

标前会议也称为投标预备会或招标文件交底会，是招标人按投标须知规定的时间和地点召开的会议。标前会议上，招标人除了介绍工程概况以外，还可以对招标文件中的某些内容加以修改或补充说明，以及对投标人书面提出的问题和会议上即席提出的问题给予解答，会议结束后，招标人应将会议纪要用书面通知的形式发给每一个投标人。无论是会议

纪要还是对个别投标人的问题的解答，都应以书面形式发给每一个获得投标文件的投标人，以保证招标的公平和公正，但对问题的答复不需要说明问题来源。会议纪要和答复函件形成招标文件的补充文件，都是招标文件的有效组成部分，与招标文件具有同等法律效力。当补充文件与招标文件内容不一致时，应以补充文件为准。为了使投标单位在编写投标文件时有充分的时间考虑招标人对招标文件的补充或修改内容，招标人可以根据实际情况在标前会议上确定延长投标截止时间。

7) 评标

评标可分为评标的准备、初步评审、详细评审、编写评标报告等过程。初步评审主要是进行符合性审查，即重点审查投标书是否实质上满足了招标文件的要求。审查内容包括投标资格审查、投标文件完整性审查、投标担保的有效性、与招标文件是否有显著的差异和保留等。如果投标文件实质上不满足招标文件的要求，将做无效标处理，不必进行下一阶段的评审。另外还要对报价计算的正确性进行审查，如果计算有误，通常的处理方法是：大小写不一致的，以大写为准，单价与数量的乘积之和与所报的总价不一致的，应以单价为准；标书正本和副本不一致的，则以正本为准。这些修改一般应由投标人代表签字确认。详细评审是评标的核心，是对标书进行实质性审查，包括技术评审和商务评审。技术评审主要是对投标书的技术方案、技术措施、技术手段、技术装备、人员配备、组织结构、进度计划等项的先进性、合理性、可靠性、安全性、经济性等进行分析评价。商务评审主要是对投标书的报价高低、报价构成、计价方式、计算方法、支付条件、取费标准、价格调整、税费、保险及优惠条件等进行评审。评标方法可以采用评议法、综合评分法或评标价法等，可根据不同的招标内容选择并确定相应的方法。评标结束后，应该推荐中标候选人。评标委员会推荐的中标候选人应当限定在1～3人，并标明排列顺序。

2. 施工投标

1) 研究招标文件

投标单位取得投标资格，获得投标文件之后的首要工作就是认真仔细地研究招标文件，充分了解其内容和要求，以便有针对性地安排投标工作。研究招标文件的重点应放在投标者须知、合同条款、设计图纸、工程范围及工程量表上，还要研究技术规范要求，看是否有特殊的要求。投标人应该重点注意招标文件中以下几个方面的问题。

(1) 投标人须知。

“投标人须知”是招标人向投标人传递基本信息的文件，包括工程概况、招标内容、招标文件的组成、投标文件的组成、报价的原则、招投标时间安排等关键信息。首先，投标人需要注意招标工程的详细内容和范围，避免遗漏或多报。其次，还要特别注意投标文件的组成，避免因提供的资料不全而被作为废标处理。例如，曾经有一家资信良好的著名企业在投标时因为遗漏资产负债表而失去了本来非常有希望的中标机会。在工程实践中，这方面的先例不在少数。还要注意招标答疑时间、投标截止时间等重要时间安排，避免因遗忘或迟到等原因而失去竞争机会。

(2) 投标书附录与合同条件。

这是招标文件的重要组成部分，其中可能标明了招标人的特殊要求，即投标人在中标后应享有的权利、所要承担的义务和责任等，投标人在报价时需要考虑这些因素。

(3) 技术说明。

要研究招标文件中的施工技术说明，熟悉所采用的技术规范，了解技术说明中有无特殊施工技术要求和有无特殊材料设备要求，以及有关选择代用材料、设备的规定，以便根据相应的定额和市场确定价格，计算有特殊要求项目的报价。

(4) 永久性工程之外的报价补充文件。

永久性工程是指合同的标的物——建设工程项目及其附属设施，但是为了保证工程建设的顺利进行，不同的业主还会对承包商提出额外的要求。这些可能包括：对旧有建筑物和设施的拆除，工程师的现场办公室及其各项开支、模型、广告、工程照片和会议费用等。如果有的话，则需要将其列入工程总价中去，弄清一切费用纳入工程总报价的方式，以免产生遗漏从而导致损失。

2) 进行各项调查研究

在研究招标文件的同时，投标人需要开展详细的调查研究，即对招标工程的自然、经济和社会条件进行调查，这些都是工程施工的制约因素，必然会影响到工程成本，是投标报价所必须考虑的，所以在报价前必须了解清楚。

(1) 市场宏观经济环境调查。

应调查工程所在地的经济形势和经济状况，包括与投标工程实施有关的法律法规、劳动力与材料的供应状况、设备市场的租赁状况、专业施工公司的经营状况与价格水平等。

(2) 工程现场考察和工程所在地区的环境考察。

要认真地考察施工现场，认真调查具体工程所在地区的环境，包括一般自然条件、施工条件及环境，如地质地貌、气候、交通、水电等的供应和其他资源情况等。

(3) 工程业主方和竞争对手公司的调查。

业主、咨询工程师的情况，尤其是业主的项目资金落实情况、参加竞争的其他公司与工程所在地的工程公司的情况，与其他承包商或分包商的关系。参加现场踏勘与标前会议，可以获得更充分的信息。

3) 复核工程量

有的招标文件中提供了工程量清单，尽管如此，投标者还是需要进行复核，因为这直接影响到投标报价以及中标的机会。例如，当投标人大体上确定了工程总报价以后，可适当采用报价技巧如不平衡报价法，对某些工程量可能增加的项目提高报价，而对某些工程量可能减少的项目可以降低报价。对于单价合同，尽管是以实测工程量结算工程款，但投标人仍应根据图纸仔细核算工程量，当发现相差较大时，投标人应向招标人要求澄清。

对于总价固定合同，更要特别引起重视，工程量估算的错误可能带来无法弥补的经济损失，因为总价合同是以总报价为基础进行结算的，如果工程量出现差异，可能对施工方极为不利。对于总价合同，如果业主在投标前对争议工程量不予更正，而且是对投标者不

利的情况，投标者在投标时要附上声明：工程量表中某项工程量有错误，施工结算应按实际完成量计算。承包商在核算工程量时，还要结合招标文件中的技术规范弄清工程量中每一细目的具体内容，避免出现在计算单位、工程量或价格方面的错误与遗漏。

4) 选择施工方案

施工方案是报价的基础和前提，也是招标人评标时要考虑的重要因素之一。有什么样的方案，就有什么样的人工、机械与材料消耗，就会有相应的报价。因此，必须弄清分项工程的内容、工程量、所包含的相关工作、工程进度计划的各项要求、机械设备状态、劳动与组织状况等关键环节，据此制定施工方案。施工方案应由投标人的技术负责人主持制定，主要应考虑施工方法、主要施工机具的配置、各工种劳动力的安排及现场施工人员的平衡、施工进度及分批竣工的安排、安全措施等。施工方案的制定应在技术、工期和质量保证等方面对招标人有吸引力，同时又有利于降低施工成本。

(1) 要根据分类汇总的工程数量和工程进度计划中该类工程的施工周期、合同技术规范要求以及施工条件和其他情况选择和确定每项工程的施工方法，应根据实际情况和自身的施工能力来确定各类工程的施工方法。对各种不同施工方法，应当从保证完成计划目标、保证工程质量、节约设备费用、降低劳务成本等多方面综合比较，选定最适用的、经济的施工方案。

(2) 要根据上述各类工程的施工方法选择相应的机具设备并计算所需数量和使用周期，研究确定采购新设备、租赁当地设备或调动企业现有设备。

(3) 要研究确定工程分包计划。根据概略指标估算劳务数量，考虑其来源及进场时间安排。注意当地是否有限制外籍劳务的规定。另外，从所需劳务的数量，估算所需管理人员和生活性临时设施的数量和标准等。

(4) 要用概略指标估算主要的和大宗的建筑材料的需用量，考虑其来源和分批进场的时间安排，从而可以估算现场用于存储、加工的临时设施(例如仓库、露天堆放场、加工场地或工棚等)。

(5) 根据现场设备、高峰人数和一切生产和生活方面的需要，估算现场用水、用电量，确定临时供电和排水设施；考虑外部和内部材料供应的运输方式，估计运输和交通车辆的需要和来源；考虑其他临时工程的需要和建设方案；制定某些特殊条件下保证正常施工的措施，例如排除或降低地下水以保证地面以下工程施工的措施；冬期、雨期施工措施以及其他必需的临时设施安排，例如现场安全保卫设施，包括临时围墙、警卫设施、夜间照明等，现场临时通信联络设施等。

5) 投标计算

投标计算是投标人对招标工程施工所要发生的各种费用的计算。在进行投标计算时，必须首先根据招标文件复核或计算工程量。作为投标计算的必要条件，应预先确定施工方案和施工进度。此外，投标计算还必须与采用的合同计价形式相协调。

6) 确定投标策略

正确的投标策略对提高中标率并获得较高的利润有重要作用。常用的投标策略又可以再分为以信誉取胜、以低价取胜、以缩短工期取胜、以改进设计取胜或者以现金或特殊的施工方案取胜等。不同的投标策略要在不同投标阶段的工作(如制定施工方案、技标计算等)中体现和贯彻。

7) 正式投标

投标人按照招标人的要求完成标书的准备与填报之后，就可以向招标人正式提交投标文件。在投标时需要注意以下几方面。

(1) 注意投标的截止日期。

招标人所规定的投标截止日就是提交标书最后的期限。投标人在招标截止日之前所提交的投标是有效的，超过该日期之后就会被视为无效投标。在招标文件要求提交投标文件的截止时间后送达的投标文件，招标人可以拒收。

(2) 投标文件的完备性。

投标人应当按照招标文件的要求编制投标文件。投标文件应当对招标文件提出的实质性要求和条件做出响应。投标不完备或投标没有达到招标人的要求，在招标范围以外提出新的要求，均被视为对于招标文件的否定，不会被招标人所接受。投标人必须为自己所投出的标负责，如果中标，必须按照投标文件中所阐述的方案来完成工程，这其中包括质量标准、工期与进度计划、报价限额等基本指标以及招标人所提出的其他要求。

(3) 注意标书的标准。

标书的提交要有固定的要求，基本内容是：签章、密封。如果不密封或密封不满足要求，投标是无效的。投标书还需要按照要求签章，投标书需要盖有投标企业公章以及企业法人的名章(或签字)。如果项目所在地与企业距离较远，由当地项目经理部组织投标，需要提交企业法人对于投标项目经理的授权委托书。

(4) 注意投标的担保。

通常投标需要提交投标担保，应注意要求的担保方式、金额以及担保期限等。

8.2.2 建筑工程施工合同的管理

1. 建设工程施工合同示范文本概述

建设工程施工合同是发包方和承包方为完成商定的建筑安装工程，明确相互权利、义务关系的协议。建设工程施工合同是由建筑安装工程承包合同演变发展而成的。合同订立的主要依据有《中华人民共和国合同法》《中华人民共和国建筑法》《中华人民共和国招投标法》《建设工程施工合同(示范文本)》(GF-2013-0201)等。《建设工程施工合同(示范文本)》(GF-2013-0201)文本由第一部分合同协议书、第二部分通用合同条款、第三部分专用合同条款三部分组成。

1) 合同协议书

文本第一部分为合同协议书，共计 13 条，主要包括：工程概况、合同工期、质量标准、签约合同价和合同价格形式、项目监理、合同文件构成、承诺以及合同生效条件等重要内容，集中约定了合同当事人基本的合同权利和义务。

2) 通用合同条款

文本第二部分为通用合同条款，共计 20 条，具体条款分别为：一般约定、发包人、承包人、监理人、工程质量、安全文明施工与环境保护、工期和进度、材料与设备、试验与检验、变更、价格调整、合同价格、计量与支付、验收和工程试车、竣工结算、缺陷责任与保修、违约、不可抗力、保险、索赔和争议解决。条款安排既考虑了现行法律法规对工程建设的有关要求，也考虑了建设工程施工管理的特殊要求。

3) 专用合同条款

文本第三部分为专用合同条款，是对通用合同条款原则性约定的细化、完善、补充、修改或另行约定的条款。合同当事人可以根据不同建设工程的特点及具体情况，通过双方谈判、协商对相应的专用合同条款进行修改补充。

2. 建设工程施工合同双方的责任

1) 发包人的责任与义务

发包人的责任与义务有许多，最主要的有以下几种。

(1) 图纸的提供和交底。

发包人应按照专用合同条款约定的期限、数量和内容向承包人免费提供图纸，并组织承包人、监理人和设计人进行图纸会审和设计交底。发包人至迟不得晚于开工通知载明的开工日期前 14 天向承包人提供图纸。

(2) 对化石、文物的保护。

发包人、监理人和承包人应按有关政府行政管理部门要求对施工现场发掘的所有文物、古迹以及具有地质研究或考古价值的其他遗迹、化石、钱币或物品采取妥善的保护措施，由此增加的费用和(或)延误的工期由发包人承担。

(3) 出入现场的权利。

除专用合同条款另有约定外，发包人应根据施工需要，负责取得出入施工现场所需的批准手续和全部权利，以及取得因施工所需修建道路、桥梁以及其他基础设施的权利，并承担相关手续费用和建设费用。承包人应协助发包人办理修建场内外道路、桥梁以及其他基础设施的手续。

(4) 场外交通。

发包人应提供场外交通设施的技术参数和具体条件，承包人应遵守有关交通法规，严格按照道路和桥梁的限制荷载行驶，执行有关道路限速、限行、禁止超载的规定，并配合交通管理部门的监督和检查。场外交通设施无法满足工程施工需要的，由发包人负责完善并承担相关费用。

(5) 场内交通。

发包人应提供场内交通设施的技术参数和具体条件，并应按照专用合同条款的约定向承包人免费提供满足工程施工所需的场内道路和交通设施。因承包人原因造成上述道路或交通设施损坏的，承包人负责修复并承担由此增加的费用。

(6) 许可或批准。

发包人应遵守法律，并办理法律规定由其办理的许可、批准或备案，包括但不限于建设用地规划许可证、建设工程规划许可证、建设工程施工许可证、施工所需临时用水、临时用电、中断道路交通、临时占用土地等许可和批准。发包人应协助承包人办理法律规定的有关施工证件和批件。因发包人原因未能及时办理完毕前述许可、批准或备案，由发包人承担由此增加的费用和(或)延误的工期，并支付承包人合理的利润。

(7) 提供施工现场。

除专用合同条款另有约定外，发包人应最迟于开工日期7天前向承包人移交施工现场。

(8) 提供施工条件。

除专用合同条款另有约定外，发包人应负责提供施工所需要的条件。

① 将施工用水、电力、通信线路等施工所必需的条件接至施工现场内；

② 保证向承包人提供正常施工所需要的进入施工现场的交通条件；

③ 协调处理施工现场周围地下管线和邻近建筑物、构筑物、古树名木的保护工作，并承担相关费用；

④ 按照专用合同条款约定应提供的其他设施和条件。

(9) 提供基础资料。

发包人应当在移交施工现场前向承包人提供施工现场及工程施工所必需的毗邻区域内供水、排水、供电、供气、供热、通信、广播电视等地下管线资料；气象和水文观测资料；地质勘查资料；相邻建筑物、构筑物和地下工程等有关基础资料，并对所提供资料的真实性、准确性和完整性负责。按照法律规定确需在开工后方能提供的基础资料，发包人应尽其努力及时地在相应工程施工前的合理期限内提供，合理期限应以不影响承包人的正常施工为限。

(10) 资金来源证明及支付担保。

除专用合同条款另有约定外，发包人应在收到承包人要求提供资金来源证明的书面通知后28天内，向承包人提供能够按照合同约定支付合同价款的相应资金来源证明。除专用合同条款另有约定外，发包人要求承包人提供履约担保的，发包人应当向承包人提供支付担保。支付担保可以采用银行保函或担保公司担保等形式，具体由合同当事人在专用合同条款中约定。

(11) 支付合同价款。

发包人应按合同约定向承包人及时支付合同价款。

(12) 组织竣工验收。

发包人应按合同约定及时组织竣工验收。

(13) 现场统一管理协议。

发包人应与承包人、由发包人直接发包的专业工程的承包人签订施工现场统一管理协议，明确各方的权利和义务。施工现场统一管理协议可以作为专用合同条款的附件。

2) 承包人的一般义务

承包人在履行合同过程中应遵守法律和工程建设标准规范，并履行以下义务。

(1) 办理法律规定应由承包人办理的许可和批准，并将办理结果书面报送发包人留存。

(2) 按法律规定和合同约定完成工程，并在保修期内承担保修义务。

(3) 按法律规定和合同约定采取施工安全和环境保护措施，办理工伤保险，确保工程及人员、材料、设备和设施的安全。

(4) 按合同约定的工作内容和施工进度要求。编制施工组织设计和施工措施计划，并对所有施工作业和施工方法的完备性和安全可靠性负责。

(5) 在进行合同约定的各项工作时，不得侵害发包人与他人使用公用道路、水源、市政管网等公共设施的权利，避免对邻近的公共设施产生干扰。承包人占用或使用他人的施工场地，影响他人作业或生活的，应承担相应责任。

(6) 负责施工场地及其周边环境与生态的保护工作。

(7) 采取施工安全措施，确保工程及其人员、材料、设备和设施的安全，防止因工程施工造成的人身伤害和财产损失。

(8) 将发包人按合同约定支付的各项价款专用于合同工程，且应及时支付其聘用人员工资并及时向分包人支付合同价款。

(9) 按照法律规定和合同约定编制竣工资料，完成竣工资料立卷及归档，并按专用合同条款约定的竣工资料的套数、内容、时间等要求移交发包人。

(10) 应履行的其他义务。

3) 不可抗力发生时承发包双方责任承担

根据《建设工程施工合同(示范文本)》(GF-2013-0201)，不可抗力导致的人员伤亡、财产损失、费用增加和(或)工期延误等后果，由合同当事人按以下原则承担。

(1) 永久工程、已运至施工现场的材料和工程设备的损坏，以及因工程损坏造成的第三方人员伤亡和财产损失由发包人承担。

(2) 承包人施工设备的损坏由承包人承担。

(3) 发包人和承包人承担各自人员伤亡和财产的损失。

(4) 因不可抗力影响承包人履行合同约定的义务，已经引起或将引起工期延误的，应当顺延工期，由此导致承包人停工的费用损失由发包人和承包人合理分担，停工期间必须支付的工人工资由发包人承担。

(5) 因不可抗力引起或将引起工期延误，发包人要求赶工的，由此增加的赶工费用由发包人承担。

(6) 承包人在停工期间按照发包人要求照管、清理和修复工程的费用由发包人承担。

不可抗力发生后，合同当事人均应采取措施尽量避免和减少损失的扩大，任何一方当事人没有采取有效措施导致损失扩大的，应对扩大的损失承担责任。因合同一方迟延履行合同义务，在迟延履行期间遭遇不可抗力的，不免除其违约责任。

【案例 8-2】某一监理单位承接了市政工程项目施工阶段监理工作。该项目法人要求监理单位必须在监理合同书生效后的 1 个月内提交监理规划。监理单位因此立即着手编制工作。

结合自身所学的相关知识，简述监理单位在建筑工程施工合同管理中所发挥的作用。

3. 建设工程施工的索赔管理

1) 索赔的概念

索赔是指在合同的实施过程中，合同一方因对方不履行或未能正确履行合同所规定的义务而受到损失，向对方提出赔偿要求。但在承包工程中，对承包商来说，索赔的范围更为广泛。一般只要不是承包商自身责任，而由于外界干扰造成工期延长和成本增加，都有可能提出索赔。包括以下两种情况：①建设单位违约，未履行合同责任。如未按合同规定及时交付设计图纸造成工程拖延，未及时支付工程款，承包商可就此提出赔偿要求。②建设单位未违反合同，而由于其他原因，如建设单位行使合同赋予的权力指令变更工程，工程环境出现事先未能预料的情况或变化，国家法令的修改，物价上涨以及汇率变化等。由此造成的损失，承包商可提出补偿要求。

2) 索赔要求

在承包工程中，索赔要求通常有以下两个。

(1) 合同工期的延长。

承包合同中都有工期(开始期和持续时间)和工程拖延的罚款条款。如果工程拖期是由承包商管理不善造成的，则承包商必须承担责任，接受合同规定的处罚。而对外界干扰引起的工期拖延，承包商可以通过索赔，取得建设单位对合同工期延长的认可，则在这个范围内可免去对承包商的合同处罚。

(2) 费用补偿。

由于非承包商自身责任造成工程成本增加，使承包商增加额外费用，蒙受经济损失，承包商可以根据合同规定提出费用赔偿要求。如果该要求得到建设单位的认可，建设单位应向承包商追加支付这笔费用以补偿损失。这样，承包商通过索赔提高了合同价格，不仅可以弥补损失，而且能增加工程利润。

音频 索赔的原因.mp3

3) 索赔的起因

与其他行业相比，建筑业是一个索赔多发的行业。这是由建筑产品、建筑生产过程、建筑产品市场经营方式决定的。在现代承包工程中，特别是在国际承包工程中，索赔经常发生，而且索赔额很大。这主要是由以下几方面原因造成的。

(1) 现代工程的特点。

现代承包工程的特点是工程量大、投资多、结构复杂、技术和质量要求高、工期长。工程木身和工程的环境有许多不确定性，它们在工程实施中会有很大变化。最常见的有地

质条件的变化、建筑市场和建材市场的变化、货币的贬值、城建和环保部门对工程新的建议和要求或干涉、自然条件的变化等。它们形成对工程实施的内外部干扰，直接影响工程质量和进度，从而引起索赔。

(2) 承包合同是基于对未来情况的预测而签订的。

对如此复杂的工程和环境，合同不可能对所有的问题做出预见和规定，不可能对所有的工程做出准确的说明。工程承包合同条件越来越复杂，合同中难免有考虑不周的条款、缺陷和不足之处，如措辞不当、说明不清楚、有歧义性，技术设计也可能有许多错误。这会导致在合同实施中双方对责任、义务和权利的争执。而这一切往往都与工期、成本、价格相联系。

(3) 业主要求的变化。

建设单位要求的变化导致大量的工程变更，如建筑的功能、形式、质量标准、实施方式和过程、工程量、工程质量的变化；建设单位管理的疏忽、未履行或未正确履行其合同责任。而合同工期和价格以建设单位招标文件确定的要求为依据，同时，以建设单位不干扰承包商实施过程、业主圆满履行其合同责任为前提。

(4) 工程众多参与方的复杂关系。

工程参与单位多，各方面技术和经济关系错综复杂，既互相联系又互相影响。各方面技术和经济责任的界限常常很难明确划分。在实际工作中，管理上的失误是不可避免的。一方失误不仅会造成自己的损失，而且会殃及其他合作者，影响整个工程的实施。当然，在总体上，应按合同原则平等对待各方利益，坚持“谁过失，谁赔偿”。索赔是受损失者的正当权利。

(5) 合同双方对合同理解的差异。

合同双方对合同理解的差异会造成工程实施中行为的失调，造成工程管理失误。由于合同文件十分复杂，数量多，分析困难，再加上双方的立场、角度不同，会造成对合同权利和义务的范围、界限的划定理解不一致，进而造成合同争执。在国际承包工程中，由于合同当事人双方来自不同的国度，使用不同的语言，适应不同的法律参照系，有不同的工程习惯，造成双方对合同责任理解的差异。这种差异是引起索赔的主要原因之一。

4) 索赔程序

索赔工作可分为两个阶段，即内部处理阶段和解决阶段。每个阶段又可分为许多工作。建设工程索赔工作通常可细分为以下几大步骤。

(1) 索赔意向通知。

在干扰事件发生后，承包商必须抓住索赔机会，迅速做出反应，在一定时间内(FIDIC条件规定为28天)，向监理工程师和建设单位递交索赔意向通知。该通知是承包商就具体的干扰事件向监理工程师和建设单位表示索赔愿望和要求，是保护自己索赔权利的措施。如果超过这个期限，监理工程师和建设单位有权拒绝承包商的索赔要求。许多承包商因未能遵守这个期限规定，致使合理的索赔要求失去效力。

(2) 索赔的内部处理。

一旦干扰事件发生，承包商就应进行索赔处理工作。直到正式向监理工程师和建设单位提交索赔报告。这一阶段包括以下具体的、复杂的分析工作。

① 事态调查。即寻找索赔机会。通过对合同实施的跟踪、分析、诊断，一旦发现索赔机会，则应对它进行详细的调查和跟踪. 以了解事件经过、前因后果，掌握事件详细情况。在实际工作中，事态调查可以用合同事件调查表进行。

② 干扰事件原因分析。即分析这些干扰事件是由谁引起的，它的责任该由谁来负担。一般只有非承包商责任的干扰事件才有可能提出索赔。如果干扰事件责任是多方面的，则必须划分责任范围，按责任大小分担损失。

③ 索赔根据。即索赔理由。主要是指合同条文，必须按合同判明干扰事件是否违约，是否在合同规定的赔(补)偿范围之内。只有符合合同规定的索赔条件才有合法性，才能成立。对此必须全面地分析合同，对一些特殊的事件必须做合同扩展分析。

④ 损失调查。即干扰事件的影响分析。它主要表现为工期的延长和费用的增加。如果干扰事件不造成损失，则无索赔可言。损失调查的重点是收集、分析、对比实际和计划的施工进度，工程成本和费用方面的资料，并在此基础上计算索赔值。

⑤ 搜集证据。一旦干扰事件发生，承包商应按监理工程师的要求做好并保持(在干扰事件持续期间完整的记录，接受监理工程师的审查。证据是索赔有效的前提条件。如果在索赔报告中提不出证据，索赔要求是不能成立的。按 FIDIC 条件，承包商最多只能获得有证据证实的那部分索赔要求。所以，承包商必须对这个问题给予足够的重视。

⑥ 起草索赔报告。索赔报告是上述各项工作的结果和总括，是由合同管理人员在其他项目管理职能人员配合和协助下起草的。它表达了承包商的索赔要求和支持这个要求的详细依据。它将由监理工程师、建设单位、调解人或仲裁人审查、分析、评价。所以它决定了承包商的索赔地位，是索赔要求能否获得合理解决的关键。

(3) 提交索赔报告。

承包商必须在合同规定的时间内向工程师和建设单位提交索赔报告。FIDIC 条件规定，承包商必须在索赔意向通知发出后的 28 天内，或经监理工程师同意的合理时间内递交索赔报告。如果干扰事件持续时间长，则承包商应按监理工程师要求的合理时间间隔，提交中间索赔报告(阶段索赔报告)，并于干扰事件影响结束后的 28 天内提交最终索赔报告。

(4) 索赔解决。

从递交索赔报告到最终获得赔偿是索赔的解决过程。这个阶段工作的重点是通过谈判，或调解，或仲裁，使索赔得到合理的解决。具体包括以下几个方面。

① 监理工程师审查分析索赔报告，评价索赔要求的合理性和合法性。如果觉得理由不足，或证据不足，可以要求承包商做出解释，或进一步补充证据，或要求承包商修改索赔要求，监理工程师做出索赔处理意见，并提交建设单位。

② 根据监理工程师的处理意见，建设单位审查、批准承包商的索赔报告。建设单位也可能反驳，否定或部分否定承包商的索赔要求。承包商常常需要做进一步的解释和补充

证据；监理工程师也需就处理意见做出说明。三方就索赔的解决进行磋商，达成一致，这里可能有复杂的谈判过程。对达成一致的，或经监理工程师和建设单位认可的索赔要求(或部分要求)，承包商有权在工程进度付款中获得支付。

③ 如果承包商和建设单位对索赔的解决达不成一致意见，有一方或双方都不满意监理工程师的处理意见，即可视为产生了争执，那么双方必须按照合同规定的程序解决争执。

8.3 FIDIC 条件下的施工合同管理

8.3.1 FIDIC 简介

FIDIC 是“国际咨询工程师联合会”(Fédération Internationale Des Ingénieurs-Conseils)五个法文字头组成的缩写词。1913 年，欧洲四个国家的咨询工程师协会组成了 FIDIC。从 1945 年第二次世界大战结束后至今，FIDIC 已拥有来自全球各地的 60 多个成员国，因此它是国际上最具有权威性的咨询工程师组织。

FIDIC 专业委员会编制了许多规范性的文件，这些文件不仅已被 FIDIC 成员国采用，而且世界银行、亚洲开发银行的招标文件也常常采用。FIDIC 出版的标准化合同格式有，FIDIC《土木工程施工合同条件》(国际上通称 FIDIC“红皮书”)、FIDIC《电气和机械工程合同条件》(黄皮书)、FIDIC《业主/咨询工程师标准服务协议书》(白皮书)及 FIDIC《设计/建造/交钥匙工程合同条件》(橘皮书)等。本节所提及的 FIDIC 合同条件是指 FIDIC 土木工程施工合同条件。

FIDIC 合同条件能得到如此普遍的采用和世界各地的认可，主要具有以下几个方面的特点。

1) 明确性

FIDIC 合同条件是一份内容和职责都十分明确的合同条件，文件中对工程的规模、范围、标准及费用结算方法都做了明确的规定。同时，FIDIC 合同条件还对工程管理的细节也都做了明确的规定。正是由于明确性的特点，为执行合同和管理合同提供了依据，所以合同各方都必须严格执行合同，而且也较容易地去按合同的规定实施。

2) 完整和严密性

FIDIC 合同条件属于法律性文件，不仅具有充分的明确性，而且十分严密地把技术、经济、法律三者科学地结合起来，构成一个完整的合同体系。正是由于其具有严密性的特点，在合同实施过程中，对业主、监理工程师及承包商三方的行为，包括争端的解决，都可以根据合同条件做出准确的结论。

3) 公正性

FIDIC 合同是适用于竞争性招标选择承包商实施的承包合同，各种风险是以作为一个有经验的承包商在投标阶段能否合理预见并划分责任界限。合同条件属于双务、有偿合同，力求使双方当事人的权利和义务达到总体平衡，风险分担尽可能合理。

4) 合同履行过程中建立以工程师为核心的管理模式

FIDIC编制合同条件的一个基本出发点，就是在合同履行的管理过程中，是以工程师(指咨询工程师或我国的监理工程师)为核心地位。因此尽管业主与承包商签订了施工承包合同，但在众多的条款内将管理的权力赋予了不是合同当事人的监理工程师，并要求他独立、公正地进行管理。监理工程师不但应监督承包商的施工活动，同时也应监督业主对合同的执行情况，工程师对承包商和业主都具有同样的约束力。这种项目管理模式，有利于减少合同纠纷，提高管理效率。

8.3.2 FIDIC合同条件的适用范围

1. FIDIC合同条件的适用范围

对工程的类别而言，FIDIC合同条件适用于一般的土木工程，包括市政道路工程、工业与民用建筑工程及土壤改善工程。

工程承包施工合同的种类很多，如固定总价合同、成本加酬金合同、单价合同等。FIDIC合同条件主要适用于单价合同。所谓单价合同就是按工程清单中的单价和实际完成的工程数量结算工程价款，合同条件内有关工程进度款的支付、变更估价、竣工结算的调整原则等条款都是针对单价合同而言的。当前国际工程承包中较普遍采用单价合同这种方式。

2. FIDIC合同条件的文本结构

FIDIC合同条件由“通用条件”和“专用条件”两大部分组成。

1) 通用条件

所谓“通用”的含义是工程建设项目只要是属于土木工程类施工，不管是工业与民用建筑，还是水电工程，或是公路、铁路交通等各建筑行业均可适用。通用条件共有72条194款，内容分为：定义与解释；工程师及工程师代表；转让与分包；合同文件；劳务；材料；工程设备和工艺；暂时停工；开工和延误；缺陷责任；变更、增添和省略；索赔程序；承包商的设备、临时工程和材料；计量；暂定金额；指定分包商；证书与支付；补救措施；特殊风险；解除履约合同；争议的解决；通知；业主的违约；费用和法规的变更；货币和汇率共25小节。

通用条件按照条款的内容，大致可划分为权义性条款、管理性条款、经济性条款、技术性条款和法规性条款等。条款内容涉及工程项目施工阶段业主和承包商各方的权利和义务；工程师的权利和职责；各种可能预见的事件发生后的责任界限；合同正常履行过程中各方面应遵循的工作程序；因意外事件而使合同被迫解除时各方应遵循的工作原则。

2) 专用条件

专用条件是相对于“通用”而言的，通用条件的条款编写是根据不同地区，不同行业的土建类工程施工的共性条件而编写的，但有些条款还必须考虑工程的具体特点和所在地区的具体情况予以必要的变动。针对通用条件中条款的规定加以具体化，进行相应的补充

完善、修订，或取代其中的某些内容，增补通用条件中没有规定的条款。专用条件中条款序号应与通用条件中要说明的条款的序号相对应，使由这两部分相同序号组成的条款内容更为完备。如果通用条件条款的内容完备、适用，则专用条件内可不再列此条款。

3) 标准化投标书和协议书文件格式

FIDIC 编制了标准的投标书及其附件格式。投标书的格式文件只有一页内容，投标人只需在投标书中空格内填写投标报价并签字后，即可与其他材料一起构成有法律效力的投标文件。投标书附件是针对通用条件和专用条件内涉及工期和费用的内容做出明确的条件和具体的数值，与专用条件中的条款序号和具体要求相一致，以使承包商在投标时予以考虑，并在合同履行过程中作为双方遵照执行的依据。附件中的所有详细数字都要在投标文件发出前由招标单位填好，投标人只需在其后签字承诺即可，协议书是业主与中标的承包商签订施工合同的标准文件，只要双方在空格内填入相应内容并签字盖章，合同即可生效。

【案例 8-3】国家投资兴建的某公共建设项目，建设单位经过招投标选定了一家技术水平高的监理单位，签订了委托监理合同，要求该监理单位承担工程项目全部建设工程的监理任务。

结合自身所学的相关知识，简述 FIDIC 合同条件的适用范围。

8.3.3 FIDIC 合同文件的内容

1. FIDIC 合同文件的组成

FIDIC 土木工程施工合同条件，由“通用条件”和“专用条件”两大部分组成。构成合同的组成文件包括以下所述各点。

(1) 合同协议书；
(2) 中标通知书；
(3) 投标书；
(4) 专用条件；
(5) 通用条件；
(6) 构成合同一部分的任何其他文件。

音频 FIDIC 合同文件的组成.mp3

“构成合同一部分的任何其他文件”包括规范、图纸、标价的工程量表等。

如果合同文件出现矛盾和歧义时，应由监理工程师负责解释。对文件中矛盾或歧义解释的原则是，前面序号的文件内容优先于序号排后文件的内容。

2. 合同中主要词语的含义

1) 合同中工期的含义

通用条件中规定，承包商对合同工程负有实际责任的期限，分为工程施工期和缺陷责任期两个阶段。为了正确划清合同责任，应当明确“合同工期”“施工期”和“缺陷责任期”的不同含义。

(1) 合同工期。

合同工期是指所签订合同内注明的全部工程或分步移交工程应完成的施工时间，加上因非承包商应负责任的原因而导致工程变更或索赔事件发生后，经监理工程师批准展延工期之和。

(2) 施工期。

施工期是指从监理工程师发布“开工令”之日起至发布“工程移交证书”中指明的实际竣工日为止，这一时间段内的实际施工时间。

(3) 缺陷责任期。

缺陷责任期即通常所说的工程保修期，其目的是要工程建设项目在运行条件下考验工程质量是否达到了合同中技术规范所要求的标准。

2) 合同价格

合同价格是指中标通知书中写明的，按照合同规定的实施、完成和其他任何缺陷的修补应付给承包商的金额。但是，合同价格并非承包商应该得到的结算款额。

3) 合同的转让和分包

合同条件规定，没有取得业主的事先书面同意，承包商不得将合同或任何部分的好处转让给承包商开户的银行和保修公司以外的任何第三方，否则可视为承包商严重违约，业主有权和其解除合同关系。通用条件中对某一特殊情况下的合同转让也做了明确的说明，即当承包商负责实施的工程部分缺陷责任期满，并已通过了最终检验准备撤离施工现场，而分包商负责的工程部分还没有通过最终验收时，在取得了业主同意并愿意承担有关费用的前提下，可以将未完成任务的分包商与承包商所签订的分包合同中的权利和义务转让给业主，由分包商直接对业主负责。

合同条件将分包的批准权赋予了监理工程师，由他来审查分包工程的内容是否符合合同规定，分包商的资质是否与所承担工程的级别相适应，以及现场实施协调管理的条件，还要考虑何时批准开始分包工程施工等。

4) 指定分包商

(1) 指定分包商的概念。

通用条件规定，业主有权将部分工程项目的施工任务或涉及提供材料、设备、服务等工作内容发包给指定分包商实施。所谓“指定分包商”是由业主(工程师)指定、选定，完成某项工作并与承包商签订分包合同的承包商。

(2) 指定分包商的特点。

虽然指定分包商与一般分包商处于同等的合同地位，但两者仍有下述差异。

① 选定分包单位的权力不同。承担指定分包工作任务的单位由业主或监理工程师选定，而一般分包商则由承包单位选定。

② 分包合同的工作内容不同。

③ 工程款的支付开支项目不同。给指定分包商的付款应从暂定金额项目内支付。

④ 业主对分包商利益的保护不同。承包商在每个月末报送工程进度款支付报表时，

监理工程师有权要求他出示以前已按指定分包合同给指定分包商付款的证明。如果承包商没有合理的理由而扣减了指定分包商上月应得工程款，业主有权按监理工程师出具的证明从本月承包商应得款项内扣除这笔金额，直接支付给指定分包商。

(3) 指定分包商的选择。

业主在选择指定分包商时应当征询承包商的意见，不能强行要求承包商接受。如果承包商有理由拒绝与业主选择的施工单位签订指定分包合同时，可由监理工程师采取以下的任何一种措施。

① 选择另一个单位作为指定分包商；

② 协助修改分包合同条款，保障承包商的利益不受到侵害；

③ 发布“变更”指令，由承包商自己去安排该项工作的实施。

5) 监理工程师、监理工程师代表及助理

(1) 监理工程师。

监理工程师是指业主聘请、监理单位委派的，直接对业主负责的委员会或小组，行使合同内授予的和必然引申的权力。业主授予监理工程师的权限，可根据工程的实际进展情况，随时扩大或缩小，但每次均应同时通知承包商。

监理工程师应独立、公正地处理合同履行过程中的有关事宜，既要维护业主的利益，也应维护合同规定的承包商权益。监理工程师不是合同当事人，是受业主委托，负责合同履行的协调管理和监督施工的独立的第三方。监理工程师在做出超过授权范围的决定前，必须首先征得业主的批准。除非业主另外授权，监理工程师无权改变合同或合同内规定承包商应承担的任何义务。监理工程师的决定不具备最终的约束力，业主和承包商任何一方对监理工程师的决定不满意时，都有权提请仲裁解决。

(2) 监理工程师代表。

由少数级别较高、经验丰富人员组成的监理工程师这一层成员通常不常驻工地，只是不定期到现场检查并处理重大问题。为了保证现场的监理工作不间断地进行，监理工程师可以委派工程师代表常驻工地，并授予一定的权力负责现场施工的日常监督、管理、协调工作。对监理工程师代表的任命和授权应书面通知业主和承包商。在授权范围内，监理工程师代表向承包商发布的任何指示，与监理工程师的指示具有同等效力。

对于以下涉及财务、工期和法律等的重大问题，必须由监理工程师亲自处理。

① 对设计图纸及变更图纸的批准；

② 发布重要指令，如开工令、暂停施工令、复工令等，以及涉及对工期延长、合同价格有较大变动的重大变更指令；

③ 签发重要证书，如工程移交证书、解除缺陷责任证书、竣工结算支付证书、最终决算支付证书等；

④ 处理重大索赔事件；

⑤ 处理承包商严重违约问题；

⑥ 处理业主违约或由其应承担风险的事件发生后，给承包方补偿或赔偿的有关事宜；

⑦ 调解业主与承包商发生的合同争议等。

监理工程师代表仅对监理工程师负责，而不直接对业主负责。

(3) 助理

监理工程师和监理工程师代表可以任命任意数量的助理协助监理工程师代表工作。助理人员的职责和权力仅限于依据合同规定，确保材料、工程设备和施工质量达到要求的标准，无权发布质量管理以外的指示。监理工程师或监理工程师代表应将助理人员的姓名、职责和权限范围书面通知承包商。助理在授权范围内发布的指示，均应视为监理工程师代表发出的指示。

6) 保险的规定

承包商应以业主和承包商的共同名义向保险公司办理工程险和第三者责任险的投保手续，因为双方在保险范围内都有投保权益。现场工作开始之前，承包商需向业主提供已办理保险的证据(临时保单或保险凭证，并在开工后的 84 天内提交正式保单)。如果承包商未办理或未全部办理规定的任何一部分保险，业主有权向保险公司投保，但保险费要由承包商承担。

施工现场属于承包商的设备和材料，承包商应以自己的名义按全部重置费投保。可以作为工程险的附加保险，也可以单独办理投保手续。业主、承包商和分包商各自为其在施工现场工作的雇员办理人。

本章小结

本章主要讲了建筑工程合同管理概述，合同管理，FIDIC 条件下的施工合同管理。通过本章的学习，学生可以掌握建筑工程合同的相关内容，以及国际常用的 FIDIC 合同，为今后深入地学习打下一个坚实的基础。

实训练习

一、单选题

1. 工程具备竣工验收条件，承包人应当向发包人申请工程竣工验收，递交竣工验收报告并提供完整的竣工资料。实行监理的工程，工程竣工报告还必须经(　　)签署意见。

A. 总监理工程师　　B. 监理工程师

C. 发包人代表　　D. 质量监督机构负责人

2. 工程师的检查检验原则上不应影响施工正常进行。如果实际影响了施工的正常进行，检查检验合格时，影响正常施工的追加合同价款和工期处理为(　　)。

A. 追加合同价款和工期损失全部由业主承担

B. 追加合同价款和工期损失全部由承包商承担

C. 追加合同价款由承包商承担，工期给予顺延

D. 工期不予顺延，但追加合同价款由业主给予补偿

3. 由于承包商的原因使监理单位增加了监理服务时间，此项工作应属于(　　)。

A. 正常工作　　B. 附加工作　　C. 额外工作　　D. 意外工作

4. 下列关于合同生效的时间说法不正确的是(　　)。

A. 一般来说，依法成立的合同，自成立时生效

B. 书面合同自当事人双方签字或者盖章时生效

C. 附解除条件的合同，自条件成就时生效

D. 附生效条件的合同，自条件成就时生效

5. FIDIC 施工合同条件规定，应从(　　)之日止的持续时间为缺陷通知期，承包商负有修复质量缺陷的义务。

A. 开工日起至颁发接收证书

B. 开工令要求的开工日起至颁发接收证书中指明的竣工

C. 颁发接收证书日起至颁发履约证书

D. 接收证书中指明的竣工日起至颁发履约证书

二、多选题

1. 下列哪些合同，当事人一方有权请求人民法院或者仲裁机构变更或者撤销(　　)。

A. 因重大误解而订立的合同

B. 显失公平的合同

C. 以欺诈、胁迫等手段使对方在违背真实意愿的情况下订立的合同

D. 乘人之危使对方在违背真实意愿的情况下订立的合同

E. 以合法形式掩盖非法目的的合同

2. 建设工程监理合同示范文本中规定属于额外监理工作的情况包括(　　)。

A. 因承包商严重违约，委托人与其终止合同后监理单位完成的善后工作

B. 由于非监理单位原因导致的监理服务时间延长

C. 原应由委托人承担的义务，双方协议改由监理单位承担

D. 应委托人要求，监理单位提出更改服务内容建议后增加的工作内容

E. 不可抗力事件发生导致合同的履行被迫暂停，事件影响消失后恢复监理服务前的准备工作

3. 为了保证设计工作的正常进行，发包人应提供的资料和文件包括(　　)。

A. 设计方案　　B. 规划许可文件　　C. 工程勘察资料

D. 限额设计要求　　E. 高于设计规范要求的标准

4. 在施工合同中，(　　)属于发包人应当完成的工作。

A. 使施工现场具备施工条件　　B. 提供施工场地的工程地质资料

C. 提供工程进度计划　　D. 向工程师提供在施工现场办公的设施

E. 开通施工场地与城乡公共道路的通道

5. 下列关于竣工验收的说法，正确的有(　　)。

A. 工程验收是合同履行中的一个重要工作阶段，工程未经竣工验收或竣工验收未通过的，发包人不得使用

B. 发包人强行使用时，由此发生的质量问题及其他问题，由发包人承担责任

C. 竣工验收是指整体工程的竣工验收

D. 对符合竣工验收要求的工程，发包人收到工程竣工报告后 14 天内，组织勘察、设计、施工、监理、质量监督机构和其他有关方面的专家组成验收组，制定验收方案

E. 发包人在验收后 14 天内给予认可或提出修改意见。发包人收到承包人送交的竣工验收报告后 28 天内不组织验收，或验收后 14 天内不提出修改意见，视为竣工验收报告已被认可

三、简答题

1. 简述建筑工程合同管理的主要内容。
2. 简述投标管理。
3. 简述 FIDIC 合同文件的内容。

第 8 章答案.docx

实训工作单

班级		姓名		日期	
教学项目		通过具体案例学习建设工程合同管理			
学习项目	招标、投标管理		学习要求	招投标的程序及要求	
相关知识			合同		
其他内容			FIDIC 合同		
学习记录					
评语			指导老师		

第 9 章　工程监理信息管理和文档管理

工程监理信息管理.mp4

第 9 章　工程监理信息管理.pptx

【教学目标】

- 熟悉工程监理信息管理的概念。
- 掌握工程监理文档管理的方法。

【教学要求】

本章要点	掌握层次	相关知识点
工程监理信息管理	(1) 熟悉工程监理信息管理的概念 (2) 掌握工程监理信息的表现形式及内容 (3) 熟悉工程监理信息的分类	工程监理信息管理
工程监理文档管理	(1) 掌握工程监理信息管理工作的流程与环节 (2) 掌握工程监理文档资料管理的方法	监理文档归档

【案例导入】

英国伦敦：西门子“水晶大厦”。

这是一个会议中心，也是一座展览馆，更是向公众展示未来城市及基础设施先进理念的一个窗口。在伦敦纽汉区皇家维多利亚码头，一座世界上独一无二的建筑已经崛起，西门子将其在城市与基础设施领域的智慧融入其中，正如它的形状水晶一样，未来城市的多面将在此放射出夺目的光彩。

除了惊人的结构设计，水晶大厦是人类有史以来最环保的建筑之一。水晶大厦本身也为未来城市提供了样本——它虽占地逾 6300m^2，却是高能效的典范。与同类办公楼相比，它可节电 50%，减少二氧化碳排放 65%，供热与制冷的需求全部来自可再生能源。该建筑使用自然光线，白天自然光的利用完全。它还利用智能照明技术，电力主要由光伏太阳能电池板提供，建筑被一个集成 LED 和荧光灯装饰，开关根据自然光自动处理。

【问题导入】

请结合自身所学的相关知识，试根据本案的相关背景，简述监理单位在此建筑工程设计阶段的信息管理。

9.1 工程监理信息管理

9.1.1 工程监理信息管理的概念

信息管理是监理“三控制、两管理、一协调”中的重要内容之一，随着“三制”改革的不断深入，信息管理的作用显得越来越重要。管好用好监理信息，能够促进监理工作的开展，对搞好监理工作具有极大的推动作用。

建设工程文件档案资料与其他一般性的资料相比，有以下几个方面的特征。

(1) 全面性和真实性。建设工程文件档案资料只有全面反映项目的各类信息，才更有实用价值，而且必须形成一个完整的系统。有时只言片语的引用往往会起到误导作用。另外，建设工程文件档案资料必须真实反映工程情况，包括发生的事故和存在的隐患。真实性是对所有文件档案资料的共同要求，但在建设领域对这方面的要求更为迫切。

(2) 继承性和时效性。随着建筑技术、施工工艺、新材料以及建筑企业管理水平的不断提高和发展，文件档案资料可以被继承和积累。新的工程在施工过程中可以吸取以前的教训，避免重犯以往的错误。同时，建设工程文件档案资料有很强的时效性，文件档案资料的价值会随着时间的推移而衰减，有时文件档案资料一经生成，就必须传达到有关部门，否则会造成严重后果。

(3) 分散性和复杂性。建设工程周期长，生产工艺复杂，建筑材料种类多，建筑技术发展迅速，影响建设工程的因素多种多样，工程建设阶段性强并且相互穿插，由此导致了建设工程文件档案资料的分散性和复杂性。

(4) 多专业性和综合性。建设工程文件档案资料依附于不同的专业对象而存在，又依赖不同的载体而流动。涉及建筑、市政、公用、消防、保安等多种专业，也涉及电子、力学、声学、美学等多种学科，并同时综合了质量、进度、造价、合同、组织协调等多方面内容。

(5) 随机性。建设工程文件档案资料产生于工程建设的整个过程中，工程开工、施工、竣工等各个阶段、各个环节都会产生各种文件档案资料。部分建设工程文件档案资料的产生有规律性(如各类报批文件)，但还有相当一部分文件档案资料的产生是由具体工程事件引发的，因此建设工程文件档案资料是有随机性的。

9.1.2 工程监理信息的表现形式及内容

1. 监理信息的表现形式

监理信息的表现形式就是信息内容的载体，也就是各种各样的数据。在工程建设监理过程中，各种意外情况层出不穷，这些意外情况包含了各种各样的数据。这些数据可以是文字，可以是数字，也可以是各种报表，还可以是图形、图像和声音等。

1) 文字数据

文字数据是监理信息的一种常见的表现形式。文件是最常见的用文字数据表现的信息。管理部门会下发很多文件，工程建设各方，通常规定以书面形式进行交流。即使是口头上的指令，也要在一定时间内形成书面的文字，这也会形成大量的文件，这些文件包括国家、地区、部门行业、国际组织颁布的有关工程建设的法律法规文件，还包括国际、国家和行业等制定的标准规范。具体到每一个工程项目，还包括合同及招标投标文件、工程承包(分包)单位的情况资料、会议纪要、监理月报、洽商及变更资料、监理通知、隐蔽及预检记录资料等。这些文件中包含了大量的信息。

2) 数字数据

数字数据也是监理信息常见的一种表现形式。在工程建设中，监理工作的科学性要求“用数字说话”，为了准确地说明各种工程情况，必然有大量数字数据产生，各种计算成果、各种试验检测数据，反映着工程项目的质量、投资和进度等情况。

3) 各种报表

报表是监理信息的另一种表现形式，工程建设各方常用这种直观的形式传播信息。承包商需要提供反映工程建设状况的多种报表。如开工申请单、施工技术方案申报表、进场原材料报验单、进场设备报验单、施工放样报验单、分包申请单、付款申请表、索赔申请书、索赔损失计算清单、延长工期申报表、复工申请、事故报告单、工程验收申请单、竣工报验单等。监理组织内部常采用规范化的表格来作为有效控制的手段。如工程开工令、工程变更通知、工程暂停指令、复工指令、工程验收证书、工程验收记录、竣工证书等。监理工程师向发包人反映工程情况也往往用报表形式传递工程信息。如工程质量月报表、项目月支付总表、工程进度月报表、进度计划与实际完成报表、施工计划与实际完成情况表、监理月报表等。

4) 图形、图像和声音等

这些信息包括工程项目立面、平面及功能布置图形、项目位置及项目所在区域环境实际图形或图像等，对每一个项目，还包括分专业隐检部位图形、分专业设备安装部位图形、分专业预留预埋部位图形、分专业管线平(立)面走向及跨越伸缩缝部位图形、分专业管线系统图形、质量问题和工程进度形象图像，在施工中还有设计变更图等。图形、图像信息还包括工程录像、照片等，这些信息能直观、形象地反映工程情况，特别是能有效地反映隐蔽工程的情况。声音信息主要包括会议录音、电话录音以及其他的讲话录音等。

2. 信息管理的内容

1) 信息管理的目的

信息管理是指在工程建设过程中，监理信息的收集、加工整理、存储、传递与应用等一系列工作的总称。信息管理的目的就是通过有组织的信息流通，使决策者能及时、准确地获得相应的信息，更好地指导工程建设。

2) 信息管理的内容

信息管理的内容包括文件、档案、监理报表及计算机辅助文档等。文件信息主要是在

工程建设过程中，上级有关部门下发的文件、工程前期有关文件、设计变更及工程内部文件。档案信息主要是在各种文件办理完毕后，根据其特征、相互联系和保存价值等分类整理，根据文件的作者、内容、时间和形成的自然规律等特征组卷。监理报表信息主要有开工用报表、监理工程师巡视记录表、质量管理用报表、计量与支付用报表及工程进度用表。这些表格是监理工程师常用报表，反映了监理工作的开展及工程进展情况，应注意报表信息的收集和整理。

【案例 9-1】迪拜 BuriAl-Arab 酒店是迪拜的新地标建筑，拥有 321m 的高度，是全球第一。奢华的佐证非笔墨可言，每个房间有 17 个电话筒，机场巴士是 8 辆劳斯莱斯，所有细节都是优雅不俗的金装饰，在沙漠国家，水比金更宝贵，饭店外形是一张鼓满了风的帆，饭店到处是和水有关的主题。由于建筑结构复杂，当时业主委托了一家监理单位，以协助业主签订施工合同和进行施工阶段监理。

结合自身所学的相关知识，试简述工程监理信息的表现形式及内容。

9.1.3 工程监理信息的分类

音频 工程监理信息的分类.mp3

1．按照建设工程的监理工作内容划分

1) 投资控制信息

投资控制信息包括合同价格的构成；清单报价书；变更的内容及计算方法；已完工程量及工程进度款付款报表；工程量变化表；人工及材料调查表；贷款利息变动；招标投标文件；竣工决算；工程索赔等。

2) 进度控制信息

进度控制信息包括施工总进度计划；月进度计划；目标分解计划；计划进度与实际进度的偏差；网络计划的调整及优化；进度控制的方法和手段及风险分析等。

3) 质量控制信息

质量控制信息包括施工组织设计的审批；组织机构人员配备情况；施工人员的素质；施工机械的配备情况；施工材料的进场报验及复检；国家颁布的有关的质量标准及法规；合同约定的质量标准；质量控制的方法；抽样检查记录；检验批次及分项和分部检查记录；质量事故记录和处理报告等。

4) 安全管理信息

安全管理信息包括施工操作人员的岗前培训情况；安全控制措施；安全操作方案及实施情况等。

5) 合同管理信息

合同管理信息包括施工过程中所签订的所有合同；招投标文件等。

2．按照建设工程信息的来源划分

1) 内部信息

内部信息主要来自建设工程参建各方。

2)　外部信息

来自建设工程项目外部环境的信息被称为外部信息。如市场的变化、材料价格调整、国家政策和法规的约束，物价指数及贷款利息的变化，新工艺、新材料、新技术的应用情况。

3. 按照工程建设不同阶段划分

1)　工程建设前期的信息

工程建设前期的信息包括可行性研究报告的信息，设计文件的信息，勘察和测绘的信息等。

2)　工程实施阶段的信息

工程实施阶段参与的单位较多，施工情况复杂，来自各方面的信息都有，而且信息量大。建设单位作为工程项目建设的负责人，经常要提一些自己的意见和看法，并对合同约定单位提一些要求；承包商作为施工的主体，也必须与其他参建各方联系，接收、发放各种文件，还有来自设计单位的设计变更或通知等。

3)　工程竣工阶段的信息

工程竣工验收阶段需要整理大量的竣工验收资料，填写许多与验收有关的表格，这里包含了许多信息，工程是否按合同约定完成所有内容，使用功能是否完备，施工质量是否达到了验收规范的要求，这些结论都需从平时收集的信息中分析整理以后得出。

4. 按其他标准划分

(1)　按照信息范围不同，可把建设监理信息分为精细的信息和摘要的信息两类。

(2)　按照信息时间不同，可把建设监理信息分为历史性信息、即时信息和预测性信息。

(3)　按照监理阶段不同，可把建设监理信息分为计划信息、作业信息、核算信息、报告信息。

(4)　按照对信息的期待性不同，可把建设监理信息分为预知信息和突发信息两类。

(5)　按照信息的稳定程度不同，可把建设监理信息分为固定信息和流动信息等。

9.2　工程监理文档管理

9.2.1　工程监理信息管理工作的流程与环节

1. 建设工程信息流程概述

建设工程信息流由建设各方各自的信息流组成，建设参与方包括建设单位、政府相关管理部门、勘察设计单位、施工单位、监理单位、材料设备供应单位等。监理单位的信息系统作为建设工程的一个子系统，监理的信息流仅仅是其中的一部分信息流。

在监理单位内部，也有一个信息流程，监理单位的信息系统更偏重于公司内部的管理和对所监理的工程项目监理部的宏观管理，对具体的某个工程项目监理部，也要组织必要

的信息流程，加强项目数据和信息的微观管理。

了解建设工程各参与方之间正确的信息流程，目的是组建建设工程合理的信息流，保证工程数据的真实性和信息的及时产生。

工程监理信息管理工作流程.pdf

2. 建设工程信息管理的基本环节

建设工程信息管理贯穿于建设工程全过程，衔接建设工程各个阶段、各个参与单位和各个方面。其基本的环节有信息的收集、传递、整理、检索、分发、存储。

【案例 9-2】白金汉宫是英国的王宫，位于伦敦最高权力的所在地——威斯敏特区。东接圣·詹姆斯公园，西临海德公园，是英国王室生活和工作的地方。王宫初建于 1703 年，白金汉公爵、诺曼底公爵和约翰·谢菲尔德在这里建造了一座公馆，并以白金汉公爵的名字命名。白金汉宫经过多次修建和扩展，现已成为一座规模雄伟的 3 层长方形建筑。有国家元首和政界首脑访问英国时，女王就在宫院中陪同贵宾检阅仪仗队。白金汉宫前的广场中央屹立着伊丽莎白二世的曾祖母维多利亚女王镀金雕像的纪念碑。

结合自身所学的相关知识，简述白金汉宫当时所进行的三大目标的控制以及建设工程信息管理的基本环节。

1) 建设工程信息的收集

音频 信息收集的基本方法.mp3

建设工程的信息收集根据介入的阶段不同，决定收集内容的不同。建设工程信息收集的内容包括以下几个方面。

(1) 项目决策阶段的信息收集。

项目决策阶段信息的收集主要从以下几个方面进行。

① 项目相关市场方面的信息。如产品预计进入市场后的占有率、社会需求量、预计产品价格变化趋势、影响市场渗透的因素、产品的生命周期等。

② 项目资源相关方面的信息。如资金的筹措渠道、筹措方式，原材料、矿藏来源，劳动力、水、电、气供应等。

③ 自然环境方面的信息。如城市交通、运输、气象、工程地质、水文、地形、地貌、废料处理的可能性等。

④ 新技术、新设备、新工艺、新材料、专业配套能力方面的信息。

⑤ 政治环境、社会治安状况，当地法律、政策、教育方面的信息。

(2) 设计阶段的信息收集。

设计阶段主要收集以下信息。

① 可行性研究报告，前期相关的文件资料，存在的疑点，建设单位的意图，建设单位的前期准备和项目审批完成情况。

② 同类工程相关信息，包括建设规模、结构形式、造价构成、工艺设备的选型、地质处理方式以及效果、建设工期、采用新材料、新工艺、新设备、新技术的实际效果以及存在的问题、技术经济指标。

③ 拟建工程所在地的相关信息，包括地质、水文、地形、地貌、地下埋设和人防设

施；城市拆迁政策和拆迁户数；青苗补偿；水、电、气的接入点；周围建筑物、交通、学校、医院、商业、绿化、消防、排污等。

④ 勘查、测量、设计单位的信息，包括同类工程的完成情况，实际效果，完成该工程的能力，人员构成，设备投入，质量管理体系完善情况，创新能力，收费情况，施工期技术服务主动性，处理发生问题的能力，设计深度和技术文件的质量，专业配套能力，设计概算和施工图预算的编制能力，合同履约的情况，采用设计新技术、新设备的情况。

⑤ 工程所在地政府相关信息，包括国家和地方政策、法律、法规、规范、规程、环保政策、政府服务情况和限制等。

⑥ 设计进度计划、质量保证体系、合同执行情况，偏差产生的原因；纠偏措施；专业设计交接情况、执行规范、规程、技术标准，特别是强制性条文的执行情况；设计概算和施工图预算的编制和执行情况；了解设计超限额的原因；了解各设计工序对投资的控制情况等。

(3) 施工招投标阶段的信息收集。

施工招标阶段主要应收集以下方面的信息。

① 工程地质、水文地质勘查报告；施工图设计及施工图预算；设计概算；设计、地质勘查、测绘的设备、审批报告；特别是该建设工程有别于其他工程的技术要求、材料、设备、工艺、质量等有关方面的信息。

② 建设单位前期工作的有关文件，包括立项文件、建设用地、征地、拆迁许可文件等。

③ 工程造价信息。

④ 施工单位的技术、管理水平、质量保证体系。

⑤ 本工程使用的规范、规程、技术标准。

⑥ 工程所在地有关招投标的规定，国际招标、国际贷款制定的适用范本；合同条件等。

⑦ 工程所在地招标代理机构的能力、特点，招标管理机构以及管理程序。

⑧ 本工程采用的新技术、新材料、新设备、新工艺；投标单位对这“四新”的了解程度、经验、措施和处理能力。

(4) 施工阶段的信息收集。

施工阶段的信息收集，可以从施工准备期、施工期、竣工保修期三个阶段分别进行。

① 施工准备期。施工准备期应从以下几个方面收集信息。

a. 监理大纲，施工图设计及施工图预算，工程结构特点，工艺流程特点，设备特点，施工合同体系等。

b. 施工单位项目部的组成情况；进场设备的规格、型号、保修记录；施工场地的准备情况；施工单位的质量保证体系；施工组织设计；特殊工程的技术方案；承包单位和分包单位情况等。

c. 建设工程场地的工程地质、水文、气象情况；地上、地下管线；地上、地下原有建

筑物情况；建筑红线、标高、坐标；水、电、气的引入标志等。

d．施工图会审记录以及技术交底资料；开工前监理交底记录；对施工单位提交的开工报告的批准情况等。

e．与本工程有关的建筑法律、法规、规范、规程等。

② 施工期。施工期应从以下几个方面收集监理信息。

a．施工单位人员、设备、水、电、气等能源的动态信息。

b．施工气象的中长期趋势以及历史同期的数据。

c．建筑原材料、半成品、成品、构配件等工程物资进场、加工、保管、使用信息。

d．项目经理部的管理资料；质量、进度、投资的控制措施；数据采集、处理、存储、传递方式；工序交接制度；事故处理制度；施工组织设计执行情况；工地文明施工及安全措施。

e．施工中需要执行的国家和地方规范、规程、标准，施工合同执行情况。

f．施工中地基验槽及处理记录，工序交接记录，隐蔽工程检查记录等。

g．建筑材料试验的有关信息。

h．设备安装的试运行和测试有关信息。

i．施工索赔的相关信息，包括索赔程序、索赔依据、索赔处理意见等。

③ 竣工保修期。竣工保修期要收集的信息主要有以下方面。

a．工程准备阶段的有关文件，如立项文件；建设用地、征地、拆迁文件；开工审批文件等。

b．监理文件，包括监理规划，监理实施细则，有关质量问题和质量事故处理的相关记录，监理工作总结以及监理过程中的各种控制和审批文件。

c．施工资料，可分为建筑、安装工程和市政基础设施两大类分别收集。

d．竣工图，可分为建筑、安装工程和市政基础设施两大类分别收集。

e．竣工验收资料，包括工程竣工总结，竣工验收备案表，电子档案等。

在竣工保修期，监理单位应按照《建设工程文件归档整理规范》(GB/T 50328—2001)收集监理文件并协助建设单位督促施工单位完善全部资料的收集。

2) 信息收集的基本方法

(1) 现场记录；

(2) 会议记录；

(3) 计量与支付记录；

(4) 实验记录；

(5) 工程照片和录像。

3) 监理信息的加工整理

(1) 监理信息加工整理的作用和原则。

监理信息的加工整理是对收集的大量原始信息进行筛选、分类、排序、压缩、分析、比较、计算使用的过程。

信息加工整理的作用如下：首先，通过加工将信息进行分类，使之标准化、系统化；其次，经过收集资料真实程度、准确程度的比较、鉴别，剔除错误的信息，获得正确的信息；最后，经过加工后的信息，便于存储、检索、传递。

所以，信息加工整理要本着标准化、系统化、准确性、时间性的原则进行。

(2) 监理信息加工整理的成果——各种监理报告。

监理工程师对信息进行加工整理，形成各种资料，如各种往来信函、文件；各种指令；会议纪要、备忘录、协议以及工作报告。工作报告是最主要的加工整理成果，主要包括以下几种工作报告。

① 现场监理日报表；

② 现场监理工程师周报；

③ 监理工程师月报，包括工程进度、工程质量、计量支付、质量事故、工程变更、民事纠纷、合同纠纷、监理工作动态等。

4) 监理信息的存储和传递

(1) 监理信息的存储。

经过加工处理的监理信息，必须按照一定的规定，记录在相应的信息载体上，并把这些记录的建设工程信息管理信息载体，按照一定的特征和内容，组织成为系统的、有机的整体，供人们检索的集合体，这个过程称为监理信息的储存。

监理信息存储的主要载体是文件、报告报表、图纸、音像资料等。监理信息的存储，主要就是将这些材料按照不同的类别，进行详细的登录、存放，建立资料归档系统。

监理资料的归档，一般按以下几类进行：一般函件，监理报告，计量与支付资料，合同管理资料，图纸，技术资料，试验资料，工程照片等。

(2) 监理信息的传递。

监理信息的传递是指监理信息借助于一定的载体从信息源传递给使用者的过程。

监理信息在传递的过程中，通常可形成各种信息流，常见的有以下几种。

① 自上而下的信息流；

② 自下而上的信息流；

③ 内部横向的信息流；

④ 外部环境信息流。

自上而下、自下而上的信息流.pdf

9.2.2 工程监理文档资料管理

监理文件资料是实施监理过程的真实反映，既是监理工作成效的根本体现，又是工程质量、生产安全事故责任划分的重要依据。项目监理机构应做到“明确责任，专人负责”。监理人员应及时分类整理自己负责的文件资料，并移交由总监理工程师指定的专人进行管理。监理文件资料应准确、完整。

监理文件资料的内容如下。

(1) 勘察设计文件、建设工程监理合同及其他合同文件；

(2) 监理规划、监理实施细则；

(3) 设计交底和图纸会审会议纪要；

(4) 施工组织设计、(专项)施工方案，施工进度计划报审文件资料；

(5) 分包单位资格报审文件资料；

(6) 施工控制测量成果报验文件资料；

(7) 总监理工程师任命书，工程开工令、暂停令、复工令，工程开工或复工报审文件资料；

(8) 工程材料、构配件、设备报验文件资料；

(9) 见证取样和平行检验文件资料；

(10) 工程质量检查报验资料及工程有关验收资料；

(11) 工程变更、费用索赔及工程延期文件资料；

(12) 工程计量、工程款支付文件资料；

(13) 监理通知单、工作联系单与监理报告；

(14) 第一次工地会议、监理例会、专题会议等会议纪要；

(15) 监理月报、监理日志、旁站记录；

(16) 工程质量或生产安全事故处理文件资料；

(17) 工程质量评估报告及竣工验收监理文件资料。

(18) 监理工作总结。

监理日志.pdf

1. 监理日志应包括的主要内容

(1) 天气和施工环境情况；

(2) 当日施工进展情况；

(3) 当日监理工作情况，包括旁站、巡视、见证取样、平行检验等情况；

(4) 当日存在的问题及处理情况；

(5) 其他有关事项。

2. 监理月报包括的主要内容

1) 本月工程实施概况

(1) 工程进展情况，实际进度与计划进度的比较，施工单位人、机、料进场及使用情况，本期在施部位的工程照片；

(2) 工程质量情况，分项分部工程验收情况，工程材料、设备、构配件进场检验情况，主要施工试验情况，本月工程质量分析；

(3) 施工单位安全生产管理工作评述；

(4) 已完工程量与已付工程款的统计及说明。

2) 本月监理工作情况

(1) 工程进度控制方面的工作情况；

(2) 工程质量控制方面的工作情况；

(3) 安全生产管理方面的工作情况；

(4) 工程计量与工程款支付方面的工作情况；

(5) 合同其他事项的管理工作情况；

(6) 监理工作统计及工作照片。

3) 本月工程实施的主要问题分析及处理情况

(1) 工程进度控制方面的主要问题分析及处理情况；

(2) 工程质量控制方面的主要问题分析及处理情况；

(3) 施工单位安全生产管理方面的主要问题分析及处理情况；

(4) 工程计量与工程款支付方面的主要问题分析及处理情况；

(5) 合同其他事项管理方面的主要问题分析及处理情况。

4) 下月监理工作重点

(1) 在工程管理方面的监理工作重点；

(2) 在项目监理机构内部管理方面的工作重点。

【案例 9-3】上海大剧院整个工期自 1994 年 9 月开始，至 1998 年 8 月竣工。总建筑面积为 $62803m^2$，总高度为 40m，分地下 2 层，地面 6 层，顶部 2 层，共计 10 层。其建筑风格新颖别致，融合了东西方的文化韵味。白色弧形拱顶和具有光感的玻璃幕墙有机结合，在灯光的烘托下，宛如一座水晶般的宫殿。

结合自身所学的相关知识，简述上海大剧院当时所进行监理文档资料的管理。

3. 监理工作总结应包括的主要内容

音频　监理工作总结的内容.mp3

(1) 工程概况；

(2) 项目监理机构；

(3) 建设工程监理合同履行情况；

(4) 监理工作成效；

(5) 监理工作中发现的问题及其处理情况；

(6) 说明和建议。

4. 监理文件资料归档的管理细则

(1) 监理资料是监理单位在工程设计、施工等监理过程中形成的资料。它是监理工作中各项控制与管理的依据与凭证。

(2) 项目监理机构应及时整理、分类汇总监理文件资料，并应按规定组卷，形成监理档案。

(3) 工程监理单位应按合同约定向建设单位移交监理档案。工程监理单位自行保存的监理档案保存期可分为永久、长期、短期三种。

(4) 项目监理部监理资料管理的基本要求。主要有下述各点。

① 监理资料应满足“整理及时、真实齐全、分类有序”的要求。

② 各专业工程监理工程师应随着工程项目的进展负责收集、整理本专业的监理资料，并进行认真检查，不得接受经涂改的报审资料，并于每月编制月报之后次月 5 日前将资料交予资料管理员存放保管。

③ 资料管理员应及时对各专业的监理资料的形成、积累、组卷和归档进行监督，检查验收各专业的监理资料，并分类、分专业建立案卷盒，按规定编目、整理，做到存放有序、整齐；如将不同类资料放在同一盒内，应在脊背处标明。

④ 对于已归资料员保管的监理资料，如本项目监理部人员需要借用，必须办理借用手续，用后及时归还；其他人员借用，须经总监理工程师同意，办理借用手续，资料员负责收回。

⑤ 在工程竣工验收后 3 三个月内，由总监理工程师组织项目监理人员对监理资料进行整理和归档，监理资料在移交给公司档案资料部前必须由总监理工程师审核并签字。

⑥ 监理资料整理合格后，报送公司档案部门办理移交、归档手续。利用计算机进行资料管理的项目监理部需将存有“监理规划”“监理总结”的软盘或光盘一并交予档案资料部。

⑦ 监理资料各种表格的填写应使用黑色墨水或黑色签字笔，复写时须用单面黑色复写纸。

(5) 应用计算机建立监理管理台账。主要包括以下所述内容。

① 工程物资进场报验台账；

② 施工试验(混凝土、钢筋、水、电、暖通等)报审台账；

③ 检验批、分项、分部(子分部)工程验收台账；

④ 工程量、工程进度款报审台账；

⑤ 其他；

⑥ 总工程师为公司的监理档案总负责人，总工办档案资料部负责具体工作；

⑦ 档案资料部对各项目监理部的资料负有指导、检查的责任。

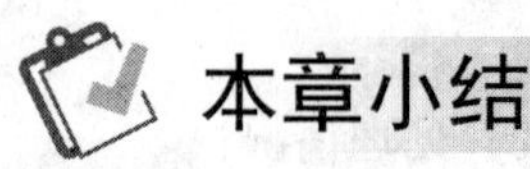

本章小结

通过本章的学习，要求学生熟悉工程监理信息管理，包括工程监理信息管理的概念、工程监理信息的表现形式及内容、工程监理信息的分类；掌握工程监理文档管理方法，包括工程监理信息管理工作的流程与环节、工程监理文档资料管理。

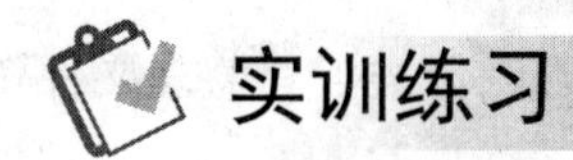

实训练习

一、单选题

1. 数据是(　　)。

A. 资料　　B. 信息
C. 客观实体属性的反映　　D. 数量

2. 信息是(　　)。
A. 情报　　B. 对数据的解释　　C. 数据　　D. 载体

3. 按照建设工程项目目标划分，信息的分类有(　　)。
A. 项目内部信息和外部信息
B. 生产性、技术性、经济性和资源性信息
C. 固定信息和流动信息
D. 投资控制、进度控制、质量控制信息及合同管理信息

4. 建设工程项目信息分类基本方法有面分类法和(　　)。
A. 系统分类法　　B. 标准分类法　　C. 线分类法　　D. 综合分类法

5. 建设工程项目信息由文字图形信息、语言信息和(　　)构成。
A. 经济类信息　　B. 新技术信息　　C. 固定信息　　D. 环境信息

二、多选题

1. 信息的特点有(　　)等。
A. 真实性　　B. 系统性　　C. 有效性
D. 不完全性　　E. 时效性

2. 信息分类编码的原则为(　　)等。
A. 唯一性　　B. 合理性　　C. 可扩充性
D. 有效性　　E. 可预见性

3. 系统的特点有(　　)等。
A. 目的性　　B. 环境适应性　　C. 真实性
D. 稳定性　　E. 整体性

4. 建设工程项目信息工作原则有(　　)等。
A. 适用性　　B. 可扩充性　　C. 标准化
D. 时效性　　E. 定量化

5. 建设工程信息管理的基本环节包括(　　)。
A. 信息的收集、传递　　B. 信息的加工、整理
C. 信息的检索、存储　　D. 数据和信息的收集、传递
E. 数据和信息的加工、整理、存储

三、简答题

1. 简述工程监理信息管理的原则。
2. 简述工程监理信息的内容。
3. 简述工程监理信息管理工作流程。

第9章答案.docx

实训工作单

<table>
<tr><td>班级</td><td></td><td>姓名</td><td></td><td>日期</td><td></td></tr>
<tr><td colspan="2">教学项目</td><td colspan="4">工程监理信息管理</td></tr>
<tr><td>任务</td><td>学习工程监理信息管理工作流程与环节</td><td>学习途径</td><td colspan="3">本书中的案例分析，自行查找相关书籍</td></tr>
<tr><td colspan="2">学习目标</td><td colspan="4">掌握工程监理信息管理工作流程与环节</td></tr>
<tr><td colspan="2">学习要点</td><td colspan="4"></td></tr>
<tr><td colspan="6">学习查阅记录</td></tr>
<tr><td>评语</td><td colspan="3"></td><td>指导老师</td><td></td></tr>
</table>

第 10 章　工程组织协调

【教学目标】

- 了解工程组织的基本原理。
- 熟悉项目监理组织机构形式及人员配备。
- 掌握项目监理组织协调。

工程组织协调.mp4

第 10 章　工程组织协调.pptx

【教学要求】

本章要点	掌握层次	相关知识点
工程组织的基本原理	了解工程组织和组织结构	工程组织设计
项目监理组织机构形式及人员配备	熟悉项目监理机构的人员配备	建立项目监理机构的步骤
项目监理组织协调	掌握项目监理组织协调的内容与方法	项目监理组织协调的范围和层次

【案例导入】

某监理单位从某建设项目的监理招标文件获悉，光大建设开发公司要在某市滨海地区修建一条高速公路，该公路包括路基、桥梁、隧道、路面等主要项目。

业主委托监理单位后，通过公开招投标，分别将桥梁工程、隧道工程和路基路面工程发包给了甲乙丙三家施工单位。

监理单位根据业主对工程的发包情况和工程特点，总监理工程师提出现场监理机构设置成矩阵制形式和直线制形式两种方案供大家讨论。

【问题导入】

问题 1：业主对工程采取了什么样的发包模式，该模式有什么优点？

问题 2：作为监理工程师，应当推荐何种监理机构组织方案？理由是什么？请画出组织结构示意图。

10.1 组织的基本原理

10.1.1 组织和组织结构

1. 组织

从广义上说，组织是指由诸多要素按照一定方式相互联系起来的系统。

从狭义上说，组织就是指人们为实现一定的目标，互相协作结合而成的集体或团体。

在现代社会生活中，组织是人们按照一定的目的、任务和形式编制起来的社会集团。

组织是具有明确目标导向和精心设计的结构、有意识协调的活动系统，同时又同外部环境保持密切联系的社会实体。

1) 组织的类型

(1) 根据组织的目标分类。

根据组织的目标分类，可分为互益组织、工商组织、服务组织、公益组织等，如图 10-1 所示。

图 10-1 组织的目标分类

(2) 根据人为设定还是自发形成对于组织的分类。

正式组织.pdf

非正式组织.pdf

正式组织：有效实现组织目标而明确规定组织成员之间职责范围和相互关系的一种结构。

非正式组织：由于共同兴趣爱好，以共同利益和需要为基础，自发形成的团体。其具有三种基本形式：水平集团、垂直集团和混合集团。

(3) 根据个人与组织的关系分类。

群众组织.pdf

其一，从运用权威和权力的程度来说，可分为功利性组织、规范性组织和强制性组织。

其二，按个人参与组织活动程度分类，可分为疏远型组织、精打细算型组织和道义型组织。

(4) 根据组织的性质分类。

根据组织的性质可分为：①政治组织；②经济组织；③文化组织；④群众组织；⑤宗教组织。

2) 组织的功用

(1) 组织结构是组织运行的基础；

(2) 组织不仅要有合理的结构，更要能有效地运行。

2. 组织结构

组织结构是指对于工作任务如何进行分工、分组和协调合作。组织结构是表明组织各部分排列顺序、空间位置、聚散状态、联系方式以及各要素之间相互关系的一种模式，是整个管理系统的“框架”。

组织结构是组织的全体成员为实现组织目标，在管理工作中进行分工协作，在职务范围、责任、权利方面所形成的结构体系。组织结构是组织在职、责、权方面的动态结构体系，其本质是为实现组织战略目标而采取的一种分工协作体系，组织结构必须随着组织的重大战略调整而调整。

1) 组织结构的分类

组织结构一般可分为职能结构、层次结构、部门结构、职权结构四个方面。

(1) 职能结构：是指实现组织目标所需的各项业务工作以及比例和关系。其考量维度包括职能交叉(重叠)、职能冗余、职能缺失、职能割裂(或衔接不足)、职能分散、职能分工过细、职能错位、职能弱化等方面。

(2) 层次结构：是指管理层次的构成及管理者所管理的人数(纵向结构)。其考量维度包括管理人员分管职能的相似性、管理幅度、授权范围、决策复杂性、指导与控制的工作量、下属专业分工的相近性。

(3) 部门结构：是指各管理部门的构成(横向结构)。其考量维度主要是一些关键部门是否缺失或优化。

(4) 职权结构：是指各层次、各部门在权利和责任方面的分工及相互关系。主要考量部门、岗位之间权责关系是否对等。

2) 优化方法

第一，要以组织机构的稳定性过渡或稳定性存在为前提；第二，要分工清晰，有利于考核与协调；第三，部门、岗位的设置要与培养人才、提供良好发展空间相结合。

10.1.2 组织设计

1. 组织设计定义

组织设计是一个动态的工作过程，包含了众多的工作内容。科学地进行组织设计，要根据组织设计的内在规律性有步骤地进行，才能取得良好效果。

组织设计以企业组织结构为核心的组织系统的整体设计工作，是指管理者将组织内各要素进行合理组合，建立和实施一种特定组织结构的过程。组织设计是有效管理的必备手段之一。组织设计的实质是对管理人员的管理劳动进行横向和纵向的分工。

2. 设计原因

组织是有确定目的，有精心设计的结构和协调活动系统的社会实体。组织架构是从战略的功能定位出发，涉及组织架构设计，公司治理结构，以及责权体系、管理流程、业务流程、控制体系等一整套的工程，组织是实施战略的保证。“一等人用组织，二等人用人才”。

企业在组织方面存在的核心问题有下述各点。

(1) 战略与组织脱节，组织不能支持战略的发展，组织复杂与组织功能缺位并存；

(2) 公司组织不精简，管理层级过多；

(3) 部门职责、权限不清晰，工作中相互推诿、扯皮，公司缺乏统一协调；

(4) 部门核心业务流程不明确，工作忙乱；

(5) 大部分企业组织架构以职能为主导，而不是以市场、客户服务流程为主导；

(6) 对发展战略和快速变化的竞争环境没有形成有力支持；

(7) 内部控制体系不完善，监督检查职能不完整；

(8) 管理漏洞很多，导致资源流失；

(9) 集团化公司对各业务单元管控不清，管理失控或管理过死。

3. 组织设计分类

类型学分析是管理中的一种重要方法，关于组织设计的分类存在着争议与分歧，求是管理咨询认为组织设计可以按照具体内容分为以下五种类型。

(1) 基于战略调整的组织匹配设计；

(2) 基于价值链管理的组织设计；

(3) 基于并购整合需要的组织设计；

(4) 基于集团管理模式的组织设计；

(5) 基于转职或改制的组织设计。

音频　组织设计分类.mp3

4. 设计步骤

(1) 确立组织目标：通过收集及分析资料，进行设计前的评估，以确定组织目标。

(2) 划分业务工作：一个组织是由若干部门组成的，根据组织的工作内容和性质，以及工作之间的联系，将组织活动组合成具体的管理单位，并确定其业务范围和工作量，进行部分的工作划分。

(3) 提出组织结构的基本框架：按组织设计要求，决定组织的层次及部门结构，形成层次化的组织管理系统。

(4) 确定职责和权限：明确规定各层次、各部门以及每一职位的权限、责任。一般用职位说明书或岗位职责等文件形式表达。

(5) 设计组织的运作方式：包括：①联系方式的设计，即设计各部门之间的协调方式和控制手段；②管理规范的设计，确定各项管理业务的工作程序、工作标准和管理人员应采用的管理方法等；③各类运行制度的设计。

(6) 决定人员配备：按职务、岗位及技能要求，选择配备恰当的管理人员和员工。

(7) 形成组织结构：对组织设计进行审查、评价及修改，并确定正式组织结构及组织运作程序，颁布实施。

(8) 调整组织结构：根据组织运行情况及内外环境的变化，对组织结构进行调整，使之不断完善。

10.1.3 组织机构活动基本原理

组织机构的目标必须通过组织机构活动来实现。组织活动应遵循以下基本原理。

1. 要素有用性原理

一个组织机构中的基本要素有人力、物力、财力、信息、时间等。

运用要素有用性原理，首先应看到人力、物力、财力等因素在组织活动中的有用性，充分发挥各要素的作用，根据各要素作用的大小、主次、好坏进行合理安排、组合和使用，做到人尽其才、才尽其利、物尽其用，尽最大可能地提高各要素的有用率。

一切要素都有作用，这是要素的共性，然而要素不仅具有共性，而且还具有个性。例如，同样是监理工程师，由于专业、知识、能力、经验等水平的差异，所起的作用也就不同。因此，管理者在组织活动过程中不但要看到一切要素都有作用，还要具体分析各要素的特殊性，以便充分发挥每一要素的作用。

2. 动态相关性原理

组织机构处在静止状态是相对的，处在运动状态则是绝对的。组织机构内部各要素之间既相互联系，又相互制约；既相互依存，又相互排斥，正是这种相互作用推动着组织活动的进行与发展。这种相互作用的因子，叫作相关因子。充分发挥相关因子的作用，是提高组织管理效应的有效途径。事物在组合过程中，由于相关因子的作用，可以发生质变。一加一可以等于二，也可以大于二，还可以小于二。整体效应不等于其各局部效应的简单相加，这就是动态相关性原理。组织管理者的重要任务就在于使组织机构活动的整体效应大于其局部效应之和，否则，组织就失去了存在的意义。

3. 主观能动性原理

人和宇宙中的各种事物，运动是其共有的根本属性，它们都是客观存在的物质，不同

的是，人是有生命、有思想、有感情、有创造力的。人会制造工具，并使用工具进行劳动；在劳动中改造世界，同时也改造自己；能继承并在劳动中运用和发展前人的知识。人是生产力中最活跃的因素，组织管理者的重要任务就是要把人的主观能动性发挥出来。

4．规律效应性原理

组织管理者在管理过程中要掌握客观规律，按客观规律办事，把注意力放在抓事物内部的、本质的、必然的联系上，以实现预期的目标，取得良好效应。规律与效应的关系非常密切，一个成功的管理者懂得只有努力掌握客观规律，才有取得效应的可能，而要取得好的效应，就要主动研究客观规律，坚决按客观规律办事。

【案例 10-1】某业主委托一监理公司承担某大型核电站建设项目施工阶段监理业务，并与某施工总承包单位签订了施工总承包合同。

该工程监理实施过程中，为了监理工程师便于对工程参与方进行协调管理，业主绘制了项目组织结构及项目合同关系图，交给了项目监理机构，如图 10-2 所示。

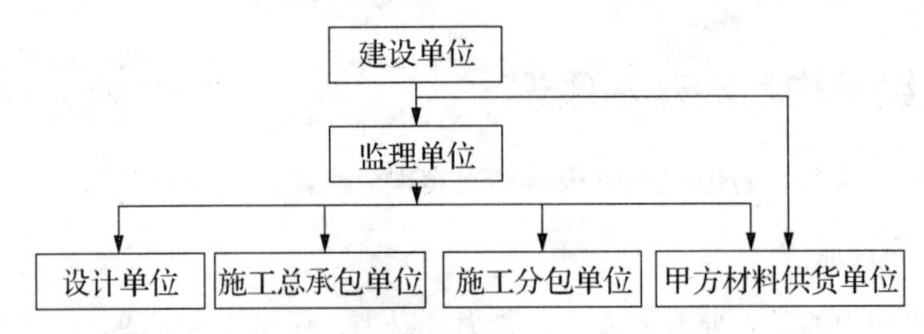

图 10-2　项目组织结构及项目合同关系图

请改正业主绘制的项目组织结构图中的错误。

【案例 10-2】业主委托一家监理单位对某工程项目实施施工阶段监理。监理合同签订后，总监理工程师分析了工程项目的规模和特点，拟按照组织结构设计、确定管理层次、确定监理工作内容、确定监理目标和制定监理工作流程等步骤，以建立本项目的监理组织机构。

问题：(1) 监理机构的设置步骤有何不妥？应如何改正？

(2) 常见的监理组织结构形式有哪几种？若想建立具有机构简单、权力集中、命令统一、职责分明、隶属关系明确的监理组织机构，应选择哪一种组织结构形式？

10.2　项目监理组织机构的形式及人员配备

10.2.1　建立项目监理机构的步骤

根据组织设计的方法，建立项目监理机构的步骤如下所述。

1．确定项目监理机构目标

建设工程监理目标是项目监理机构建立的前提，项目监理机构的建立应根据委托监理

合同中确定的监理目标，制定总目标并明确划分监理机构的分解目标。

2．确定监理工作内容

根据监理目标和委托监理合同中规定的监理任务，明确列出监理工作内容，并进行分类归并及组合。监理工作的归并及组合应便于监理目标的控制，并综合考虑监理工程的组织管理模式、工程结构特点、合同工期要求、工程复杂程度、工程管理及技术特点；还应考虑监理单位自身的组织管理水平、监理人员的数量和技术业务的特点等。

3．项目监理机构的组织结构设计

1) 选择组织结构形式

由于建设工程规模、性质、建设阶段等不同，设计项目监理机构的组织结构时应选择适宜的组织结构形式，以适应监理工作的需要。组织结构形式选择的基本原则是： 有利于工程合同管理，有利于监理目标控制，有利于决策指挥，有利于信息沟通。

2) 合理确定管理层次和管理跨度

(1) 管理层次。

所谓管理层次，就是在职权等级链上所设置的管理职位的级数。当组织规模相当有限时，一个管理者可以直接管理每一位作业人员的活动，这时组织就只存在一个管理层次。而当规模的扩大导致管理工作量超出了一个人所能承担的范围时，为了保证组织的正常运转，管理者就必须委托他人来分担自己的一部分管理工作，这使管理层次增加到两个。随着组织规模的进一步扩大，受托者又不得不进而委托其他的人来分担自己的工作，依此类推，而形成了组织的等级制或层次性管理结构。

从一定意义上来讲，管理层次是一种不得已的产物，其存在本身带有一定的副作用。首先，层次多意味着费用也多。层次的增加势必要配备更多的管理者，管理者又需要一定的设施和设备的支持，而管理人员的增加又加大了协调和控制的工作量，所有这些都意味着费用的不断增加。其次，随着管理层次的增加，沟通的难度和复杂性也将加大。一道命令在经由层次自上而下传达时，不可避免地会产生曲解、遗漏和失真，由下往上的信息流动同样也有困难，也存在扭曲和速度慢等问题。此外，众多的部门和层次会使计划和控制活动更为复杂。一个在高层显得清晰完整的计划方案会因为逐层分解而变得模糊不清、失去协调性。随着层次和管理者人数的增多，控制活动会更加困难，但也更为重要。

显然，当组织规模一定时，管理层次和管理幅度之间存在着一种反比例的关系。管理幅度越大，管理层次就越少；反之，管理幅度越小，则管理层次就越多。这两种情况相应地对应着两种类型的组织结构形态，前者可称为扁平型结构，后者则可称为高耸型结构。一般来说，传统的企业结构倾向于高耸型，偏重于控制和效率，比较僵硬。扁平型结构则被认为比较灵活，容易适应环境，组织成员的参与程度也相对比较高。所以，企业组织结构出现了一种由高耸向扁平演化的趋势。

(2) 管理跨度。

管理跨度指管理人员有效地监督、管理其直接下属的人数是有限的，当超过这个限度时，管理效率会随之下降，因此主管人员要想有效率地领导下属，就必须增加管理层次，

如此下去，形成了有层次的管理结构。

在组织结构的每一个层次上，根据任务的特点、性质以及授权情况，决定出相应的管理跨度。它与管理层次具有以下关系：在最低层操作人员一定的情况下，管理的跨度越大，管理层次越少。反之，管理跨度越小，管理层次越多。

管理幅度在很大程度上决定着组织要设置多少层次，配备多少管理人员。在其他条件相同时，管理跨度越宽，组织效率越高。

一个组织的各级管理者究竟选择多大的管理跨度，应视实际情况而定，影响管理跨度的因素有五个：①管理者的能力；②下属的成熟程度；③工作的标准化程度；④工作条件；⑤工作环境。

3) 划分项目监理机构部门

项目监理机构中合理划分各职能部门，应依据监理机构目标、监理机构可利用的人力和物力资源以及合同结构情况，将投资控制、进度控制、质量控制、合同管理、组织协调等监理工作内容按不同的职能活动或按子项分解形成相应的职能管理部门或子项目管理部门。

4) 制定岗位职责和考核标准

岗位职务及职责的确定要有明确的目的性，不可因人设置。根据责权一致的原则，应进行适当的授权，以承担相应的职责；并应确定考核标准，对监理人员的工作进行定期考核，包括考核内容、考核标准及考核时间。

5) 安排监理人员的工作

根据监理工作的任务，确定监理人员的合理分工，包括专业监理工程师和监理员，要时刻配备总监理工程师代表。监理人员的工作安排应考虑个人素质外，还应考虑人员总体构成的合理性与协调性。

【案例 10-3】某监理单位与业主签订委托监理合同后，在实施建设工程之前，应建立项目监理机构。监理机构在组建项目监理机构时，按以下步骤进行。

(1) 确定监理工作内容；

(2) 确定项目监理机构目标；

(3) 制定工作流程和信息流程；

(4) 设计项目监理机构的组织结构。

结合本节内容，试分析此项目监理机构的建立步骤是否恰当。

10.2.2 项目监理机构的组织形式

音频　项目监理机构的组织形式的分类.mp3

1. 直线制监理组织形式

这种组织形式的特点是项目监理机构中任何一个下级只接受唯一上级的命令。各级部门主管人员对所属部门的问题负责，项目监理机构中不再另设职能部门。

这种组织形式适用于能划分为若干相对独立的子项目的大、中型建设工程。总监理工程师负责整个工程的规划、组织和指导，并负责整个工程范围内各方面的指挥、协调工作；子项目监理组分别负责各子项目的目标值控制，具体领导现场专业。

直线制监理组织形式的主要优点是组织机构简单，权力集中，命令统一，职责分明，决策迅速，隶属关系明确。缺点是实行没有职能部门的“个人管理”，这就要求总监理工程师博晓各种业务，通晓多种知识技能，成为“全能”式人物。

直线制监理组织形式.pdf

2．职能制监理组织形式

职能制监理组织形式，是在监理机构内设立一些职能部门，把相应的监理职责和权力交给职能部门，各职能部门在本职能范围内有权直接指挥下级，此种组织形式一般适用于大、中型建设工程。

职能制监理组织形式.pdf

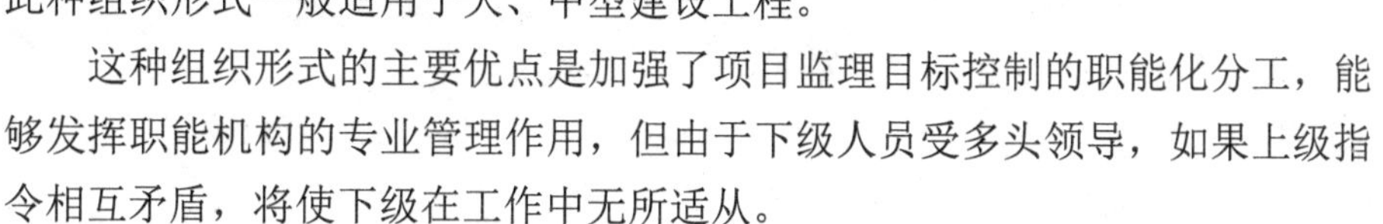

这种组织形式的主要优点是加强了项目监理目标控制的职能化分工，能够发挥职能机构的专业管理作用，但由于下级人员受多头领导，如果上级指令相互矛盾，将使下级在工作中无所适从。

3．直线职能制监理组织形式

直线职能制监理组织形式是吸收了直线制监理组织形式和职能制监理组织形式的优点而形成的一种组织形式。

直线职能制监理组织形式.pdf

这种形式一方面保持了直线制组织实行直线领导、统一指挥、职责清楚的优点，另一方面又保持了职能制组织目标管理专业化的优点；其缺点是职能部门与指挥部门易产生矛盾，信息传递路线长，不利于互通情报。

4．矩阵制监理组织形式

矩阵制监理组织形式是由纵横两套管理系统组成的矩阵性组织结构，一套是纵向的职能系统，另一套是横向的子项目系统。

矩阵制监理组织形式.pdf

这种形式的优点是加强了各职能部门的横向联系；缺点是：纵横向协调工作量大，处理不当会造成扯皮现象，产生矛盾。

10.2.3 项目监理机构的人员配备

项目监理机构中配备监理人员的数量和专业应根据监理的任务范围、内容、期限以及工程的类别、规模、技术复杂程度、工程环境等因素综合考虑，并应符合委托监理合同中对监理深度和密度的要求，能体现项目监理机构的整体素质，满足监理目标控制的需要。

1．项目监理机构的人员结构

项目监理机构应具有合理的人员结构，包括以下两方面的内容。

1) 合理的专业结构

合理的专业结构即项目监理机构应由与监理工程的性质(是民用项目或是专业性强的生

产项目)及业主对工程监理的要求(是全过程监理或是某一阶段如设计或施工阶段的监理，是投资、质量、进度的多目标控制或是某一目标的控制)相适应的各专业人员组成，也就是各专业人员要配套。

2) 合理的技术职务、职称结构

为了提高管理效率和经济性，项目监理机构的监理人员应根据建设工程的特点和建设工程监理工作的需要确定其技术职称、职务结构。合理的技术职称结构表现在高级职称，中级职称和初级职称有与监理工作要求相称的比例。一般来说，决策阶段、设计阶段的监理，具有高级职称及中级职称的人员在整个监理人员构成中应占绝大多数。施工阶段的监理，可有较多的初级职称人员从事实际操作，如旁站、填记日志、现场检查、计量等。

2. 项目监理机构监理人员数量的确定

影响项目监理机构人员数量的主要因素如下。

1) 工程建设强度

工程建设强度是指单位时间内投入的建设工程资金的数量，可用下式表示：

$$工程建设强度=投资/工期 \tag{10-1}$$

其中，投资和工期是指由监理单位所承担的那部分工程的建设投资和工期。一般投资费用可按工程估算、概算或合同价计算，工期是根据进度总目标及其分目标计算。

显然，工程建设强度越大，需投入的项目监理人数越多。

2) 建设工程复杂程度

根据一般工程的情况，工程复杂程度涉及以下各项因素：设计活动多少、工程地点位置、气候条件、地形条件、工程地质、施工方法、工程性质、工期要求、材料供应、工程分散程度等。

根据上述各项因素的具体情况，可将工程分为若干工程复杂程度等级。不同等级的工程需要配备的项目监理人员数量有所不同。例如，可将工程复杂程度按五级划分：简单、一般、一般复杂、复杂、很复杂。

工程复杂程度定级可采用定量办法：对构成工程复杂程度的每一因素通过专家评估，根据工程实际情况给出相应权重，将各影响因素的评分加权平均后根据其值的大小以确定该工程的复杂程度等级。例如，将工程复杂程度按10分制计评，则平均分值1～3分、3～5分、5～7分、7～9分者依次为简单工程、一般工程、一般复杂工程和复杂工程，9分以上为很复杂工程。

3) 监理单位的业务水平

每个监理单位的业务水平和对某类工程的熟悉程度不完全相同，在监理人员素质、管理水平和监理的设备手段等方面也存在差异，这都会直接影响到监理效率的高低。高水平的监理单位可以投入较少的监理人力完成一个建设工程的监理工作，而一个经验不多或管理水平不高的监理单位则需投入较多的监理人力。因此，各监理单位应当根据自己的实际情况制定监理人员需要量定额。

4) 项目监理机构的组织结构和任务职能分工

项目监理机构的组织结构情况关系到具体的监理人员配备，所以务必使项目监理机构任务职能分工的要求得到满足。必要时，还需要根据项目监理机构的职能分工对监理人员的配备做进一步的调整。

10.3 项目监理组织协调

10.3.1 组织协调的概念

1. 组织协调

协调就是联结、联合、调和所有的活动及力量，使各方配合适当，其目的是促使各方协同一致，以实现预定目标。协调工作应贯穿于整个建设工程的实施及其管理过程之中。

建设工程系统就是一个由人员、物资、信息等构成的人为组织系统。用系统方法分析，建设工程的协调一般有三大类：一是“人员/人员界面”；二是“系统/系统界面”，三是“系统/环境界面”。

(1) 人员/人员界面。

建设工程组织是由各类人员组成的工作班子，由于每个人的性格、习惯、能力、岗位、任务、作用的不同，即使只有两个人在一起工作，也有潜在的人员矛盾或危机。这种人和人之间的间隔，就是所谓的“人员/人员界面”。

(2) 系统/系统界面。

建设工程系统是由若干个子项目组成的完整体系，子项目即子系统。由于子系统的功能、目标不同，容易产生各自为政的趋势和相互推诿的现象。这种子系统和子系统之间的间隔，就是所谓的“系统/系统界面”。

(3) 系统/环境界面。

建设工程系统是一个典型的开放系统，它具有环境适应性强的特性，能主动从外部世界取得必要的能量、物资和信息。在取得的过程中，不可能没有障碍和阻力。这种系统与环境之间的间隔，就是所谓的“系统/环境界面”。

项目监理机构的协调管理就是在“人员/人员界面”“系统/系统界面”“系统/环境界面”之间，对所有的活动及力量进行联结、联合、调和的工作。

2. 组织协调的范围和层次

从系统方法的角度来看，项目监理机构协调的范围可分为系统内部的协调和系统外部的协调，而系统外部的协调又可分为近外层协调和远外层协调。近外层和远外层的主要区别是建设工程与近外层关联单位一般有合同关系，如与业主、设计单位、总包单位、分包单位等的关系：与远外层关联单位一般没有合同关系，但受法律、法规和社会公德等的约束，如与政府、项目周边社区组织、环保、交通、绿化、文物、消防、公安等单位的关系。

10.3.2　项目监理组织协调的范围和层次

在工程项目建设监理中，要保证项目的各参与方围绕项目开展工作，使项目目标顺利实现，组织协调最为重要、最为困难，也是监理工作成功与否的关键。只有通过积极地组织协调，才能达到整个系统全面协调的目的。

建设工程项目主要包含 3 个主要的组织系统，即项目业主、承建商和监理。而整个建设项目又处在社会的大环境之中，项目的组织协调工作包括系统的内部协调，即项目业主、承建商和监理之间的协调，也包括系统的外部协调，如政府部门、金融组织、社会团体、服务单位、新闻媒体以及周边群众等的协调。

协调的目的显然是为了实现质量高、投资少、工期短的三大目标。按工程合同做好协调工作，固然为三大目标的实现创造了很好的条件，但仅有这方面的条件还不够，还需要通过更大范围的协调，创造良好的人际关系、组织关系以及与政府和社团组织的良好关系等多方面的内外条件。

从系统方法的角度看，项目监理机构协调的范围可分为系统内部的协调和系统外部的协调。系统外部的协调又可分为近外层协调和远外层协调。近外层和远外层的主要区别是建设工程与近外层关联单位一般有合同关系，与远外层关联单位一般没有合同关系，如图 10-3 所示。

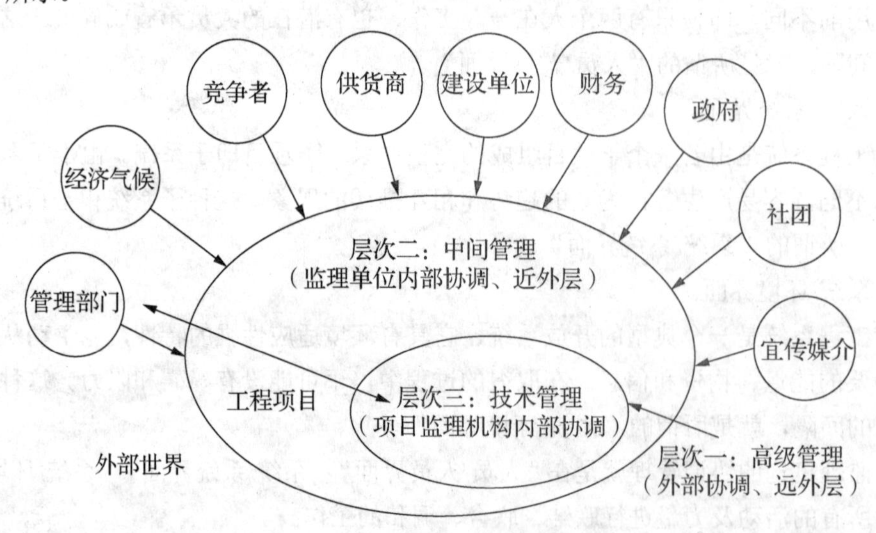

图 10-3　项目监理组织协调的层次

10.3.3　项目监理组织协调的内容与方法

1. 项目监理组织协调的内容

从系统工程的角度看，项目监理机构组织协调内容可分为系统内部(项目监理机构)协调和系统外部协调两大类。

系统外部协调又可分为系统近外层协调和系统远外层协调。近外层和远外层的主要区别是建设单位与近外层关联单位之间有合同关系，与远外层关联单位之间没有合同关系。

(1) 项目监理机构内部的协调。

项目监理机构内部人际关系的协调：①在人员安排上要量才录用；②在工作委任上要职责分明；③在绩效评价上要实事求是；④在矛盾调解上要恰到好处。

(2) 项目监理机构内部组织关系的协调。

应从以下几方面协调项目监理机构内部组织关系。

① 在目标分解的基础上设置组织机构，根据工程特点及建设工程监理合同约定的工作内容，设置相应的管理部门。

② 明确规定每个部门的目标、职责和权限，最好以规章制度形式做出明确规定。

③ 事先约定各个部门在工作中的相互关系。工程建设中的许多工作是由多个部门共同完成的，其中有主办、牵头和协作、配合之分，事先约定，可避免误事、脱节等贻误工作现象的发生。

④ 建立信息沟通制度。

⑤ 及时消除工作中的矛盾或冲突。

(3) 项目监理机构内部需求关系的协调。

协调平衡需求关系需要从以下环节考虑。

① 对建设工程监理检测试验设备的平衡。建设工程监理开始实施时，要做好监理规划和监理实施细则的编写工作，合理配置建设工程监理资源，要注意期限的及时性、规格的明确性、数量的准确性、质量的规定性。

② 对工程监理人员的平衡。要抓住调度环节，注意各专业监理工程师的配合。工程监理人员的安排必须考虑到工程进展情况，根据工程实际进展制订工程监理人员进退场计划，以保证建设工程监理目标的实现。

2. 项目监理机构与建设单位的协调

监理工程师应从以下几方面加强与建设单位的协调。

(1) 监理工程师首先要理解建设工程总目标和建设单位的意图。

(2) 利用工作之便做好建设工程监理宣传工作，增进建设单位对建设工程监理的理解，特别是对建设工程管理各方职责及监理程序的理解；主动帮助建设单位处理工程建设中的事务性工作，以自己规范化、标准化、制度化的工作去影响和促进双方工作的协调一致。

(3) 服从建设单位的领导，让建设单位一起投入工程建设全过程。

3. 项目监理机构与施工单位的协调

音频 项目监理机构与施工单位的协调工作内容.mp3

1) 与施工单位的协调应注意的问题

(1) 坚持原则，实事求是，严格按规范、规程办事，讲究科学态度；

(2) 协调不仅是方法、技术问题，更多的是语言艺术、感情交流和用

权适度问题。

2) 与施工单位的协调工作内容

(1) 与施工项目经理关系的协调；

(2) 施工进度和质量问题的协调；

(3) 对施工单位违约行为的处理；

(4) 施工合同争议的协调；

(5) 对分包单位的管理。

4. 项目监理机构与设计单位的协调

(1) 真诚尊重设计单位的意见，在设计交底和图纸会审时，要了解和掌握设计意图、技术要求、施工难点等，将标准过高、设计遗漏、图纸差错等问题解决在施工之前。进行结构工程验收、专业工程验收、竣工验收等工作，要约请设计代表参加。发生质量事故时，要认真听取设计单位的处理意见等。

(2) 施工中发现设计问题，应及时按工作程序通过建设单位向设计单位提出，以免造成更大的直接损失。监理单位如掌握比原设计更先进的新技术、新工艺、新材料、新结构、新设备时，可主动通过建设单位与设计单位沟通。

(3) 注意信息传递的及时性和程序性。监理工作联系单、工程变更单等要按规定的程序进行传递。

5. 项目监理机构与政府部门及其他单位的协调

(1) 与政府部门的协调。

包括：与工程质量监督机构的交流和协调；建设工程合同备案；协助建设单位在征地、拆迁、移民等方面的工作争取得到政府有关部门的支持；现场消防设施的配置得到消防部门的检查认可；现场环境污染防治得到环保部门认可等。

(2) 与社会团体、新闻媒介等的协调。

建设单位和项目监理机构应把握机会，争取社会各界对建设工程的关心和支持。这是一种争取良好社会环境的远外层关系的协调，建设单位应起主导作用。如果建设单位确需将部分或全部远外层关系协调工作委托给工程监理单位承担，则应在建设工程监理合同中明确委托的工作和相应报酬。

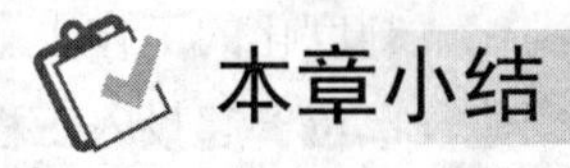

本章小结

通过学习本章的内容，同学们可以了解组织的基本原理；熟悉项目监理组织机构形式及人员配备；掌握项目监理组织协调。通过本章的学习，同学们可以对工程组织有一个基本的认识，为以后继续学习与建筑相关的知识打下基础。

实训练习

一、单选题

1. 有效的组织设计在提高组织活动效能方面起着重要的作用，下列关于组织构成因素的表述中，正确的是(　　)。

A. 组织的最高管理者到最基层的实际工作人员权责逐层递增

B. 管理部门的划分要根据组织目标与工作内容确定

C. 管理层次是指一名上级管理人员所直接管理的下级人数

D. 管理跨度越大，领导者需要协调的工作量越小，管理难度越小

2. 由于组织机构内部各要素之间既相互联系、相互依存，又相互排斥、相互制约，所以组织机构活动的整体效应不等于其各局部效应的简单相加，这反映了组织机构活动的(　　)基本原理。

A. 规律效应性　　B. 主观能动性　　C. 要素有用性　　D. 动态相关性

3. 同时适用于平行承发包、设计或施工总分包、项目总承包模式的委托监理模式是业主(　　)。

A. 按不同合同标段委托多家监理单位　　B. 按不同建设阶段委托监理单位

C. 委托一家监理单位　　D. 委托多家监理单位

4. 建设工程监理目标是项目监理机构建立的前提，应根据(　　)确定监理目标，建立项目监理机构。

A. 监理实施细则　　B. 委托监理合同

C. 监理大纲　　D. 监理规划

5. 监理工程师邀请建设行政主管部门的负责人员到施工现场对工程进行指导性巡视，属于组织协调方法中的(　　)。

A. 专家会议法　　B. 书面协调法　　C. 情况介绍法　　D. 访问协调法

二、多选题

1. 组织构成一般是上小下大的形式，由(　　)等密切相关、相互制约的因素组成。

A. 管理部门　　B. 管理层次　　C. 管理跨度

D. 管理制度　　E. 指挥协调

2. 对建设单位而言，平行承发包模式的主要缺点有(　　)。

A. 协调工作量大　　B. 投资控制难度大　　C. 不利于缩短工期

D. 质量控制难度大　　E. 选择承包方范围小

3. 组织作为生产要素之一，具有(　　)特点。

A. 可以替代其他生产要素　　B. 不能被其他生产要素替代

C. 能使其他生产要素合理配置　　D. 可以提高其他生产要素的使用效益

E. 对提高经济效益具有作用

4. 设计监理组织机构时，其结构形式的选择主要考虑应有利于(　　)等因素。

A. 目标规划　　B. 目标控制　　C. 决策指挥

D. 信息沟通　　E. 业绩考核

5. 职能制监理组织形式的主要优点是(　　)。

A. 加强了项目监理目标控制的职能化分工

B. 加强了各职能部门的横向联系，具有较大的机动性和适应性

C. 能够发挥职能机构的专业管理作用，提高管理效率

D. 有利于监理人员业务能力的培养

E. 组织机构简单，权力集中，命令统一

三、简答题

1. 组织设计要遵循哪些基本原则？
2. 工程项目承发包模式有哪些？它们的特点及与之相应的监理模式是什么？
3. 建立项目监理组织有哪些主要步骤？
4. 监理协调工作有哪些方法？

第 10 章答案.docx

实训工作单

<table>
<tr><td>班级</td><td></td><td>姓名</td><td></td><td>日期</td><td></td></tr>
<tr><td colspan="2">教学项目</td><td colspan="4">通过具体案例学习监理组织的协调要点</td></tr>
<tr><td>任务</td><td colspan="2">1. 了解组织的基本原理
2. 熟悉项目监理组织机构形式及人员配备
3. 掌握项目监理组织协调</td><td>学习途径</td><td colspan="2">通过案例分析学习</td></tr>
<tr><td colspan="3">相关知识</td><td colspan="3">工程组织协调</td></tr>
<tr><td colspan="3">其他内容</td><td colspan="3">协调管理</td></tr>
<tr><td colspan="6">学习记录</td></tr>
<tr><td>评语</td><td colspan="3"></td><td>指导老师</td><td></td></tr>
</table>

第 11 章　工程监理规划性文件

【教学目标】

- 了解编制工程监理大纲的目的。
- 了解工程监理规划的作用。
- 掌握工程监理规划内容。
- 了解工程监理实施细则程序。
- 掌握各监理文件之间的关系。

工程监理大纲.mp4　第 11 章　工程监理规划性文件.pptx

【教学要求】

本章要点	掌握层次	相关知识点
工程监理大纲	了解编制工程监理大纲的目的	工程监理大纲的编制要求和内容
工程监理规划	掌握工程监理规划的内容	工程监理规划的作用
工程监理实施细则	掌握监理大纲、监理规划和监理实施细则之间的关系	监理实施细则的作用和编制程序

【案例导入】

某工程，施工过程中发生以下事件。

事件 1：一批工程材料进场后，施工单位审查了材料供应商提供的质量证明文件，并按规定进行了检验，确认材料合格后，施工单位项目技术负责人在《工程材料、构配件、设备报审表》中签署意见后，连同质量证明文件一起报送项目监理机构审查。

事件 2：工程开工后不久，施工项目经理与施工单位解除劳动合同后离职，致使施工现场的实际管理工作由项目副经理负责。

事件 3：项目监理机构审查施工单位报送的分包单位资格报审材料时发现，其《分包单位资格报审表》附件仅附有分包单位的营业执照、安全生产许可证和类似工程业绩，随即要求施工单位补充报送分包单位的其他相关资格证明材料。

施工过程中，专业监理工程师巡视发现，施工单位未按专项施工方案组织施工，且存在安全隐患，便立刻报告了总监理工程师。总监理工程师随即与施工单位进行沟通，施工单位解释：为保证施工工期，调整了原专项施工方案中确定的施工顺序，保证不存在安全

问题。总监理工程师现场察看后认可施工单位的解释，故未要求施工单位采取整改措施。结果，由上述隐患导致发生了安全事故。

【问题导入】

在本章的学习中，应了解工程中监理规划性文件编写和具体实践操作中监理的流程，熟练掌握各个监理文件之间的区别和联系。

11.1 工程监理大纲

11.1.1 工程监理大纲的编制目的

监理大纲是社会监理单位为了获得监理任务，在投标前由监理单位编制的项目监理方案性文件，它是投标书的重要组成部分。

工程监理单位在工程施工监理项目招标过程中为承揽到工程监理业务而编写的监理技术性方案文件。根据各方面的技术标准、规范的规定，结合实际，阐述对该工程监理招标文件的理解，提出工程监理工作的目标，制定相应的监理措施。写明实施的监理程序和方法，明确完成时限、分析监理重难点等。

工程监理大纲具有以下特点。

(1) 总体计划性、规划性：不具有实际操作性，以指导性为主；

(2) 技术及管理的初步方案；

(3) 内容相对具体，涉及全过程；

(4) 展示性：展示监理业务水平、企业管理能力；

(5) 编制一次性：修改完善受到开标时间的限制。

工程监理大纲.pdf

11.1.2 工程监理大纲的编制要求

(1) 要有明确的编制原则。

编制工程监理大纲时要遵照国家有关的法规，特别是《招投标法》和《合同法》。要依据招标文件及其书面的修改通知，不能背离招标文件，更不能置若罔闻，自作聪明，各行其是。

音频 工程监理大纲的编制要求.mp3

(2) 要有明确的服务范围和监理内容。

(3) 要有有力的监理服务措施。

质量、进度、投资、安全“四控制”，可分为事前、事中、事后，列出控制措施，强调事先控制措施。用词要得当，职责要明确，要注意尊重项目法人的权力。组织协调和合同管理措施要具体，不可疏漏。

(4) 监理组织和人员组织符合项目实际。

监理组织能和建设单位衔接一致。慎重地确定总监理工程师的人选，符合工程项目的实际情况。

11.1.3 工程监理大纲的内容

工程监理投标文件的核心是反映监理服务水平高低的监理大纲，尤其是针对工程具体情况制定的监理对策，以及向建设单位提出的原则性建议等。具体应包括以下内容。

(1) 工程概述。

(2) 工程项目特点，难点。

(3) 拟派监理机构及监理人员情况。

(4) 监理依据和监理工作内容。

① 监理依据。

② 监理工作内容：可概括为“三控两管一协调”和安全生产管理。

(5) 建设工程监理实施方案是监理评标的重点，建设单位一般会特别关注工程监理单位资源的投入：一方面是项目监理机构的设置和人员配备，另一方面是监理设备配置。

实施方案主要内容包括下述各点。

① 针对建设单位委托监理工程的特点，拟定监理工作指导思想、工作计划；

② 主要管理措施、技术措施以及控制要点；

③ 拟采用的监理方法和手段；

④ 监理工作制度和流程；

⑤ 监理文件资料管理和工作方式；

⑥ 拟投入的资源等。

(6) 提供给建设单位的阶段性监理文件。

11.2 工程监理规划

工程监理规划是指在总监理工程师的主持下编制、经监理单位技术负责人批准，用来指导项目监理机构全面开展监理工作的指导性文件。

11.2.1 工程监理规划的相关规定

监理规划编制的程序与依据应符合下列规定。

(1) 监理规划应在签订委托监理合同及收到设计文件后开始编制，完成后必须经监理单位技术负责人审核批准，并应在召开第一次工地会议前报送建设单位。

(2) 监理规划应由总监理工程师主持、专业监理工程师参加编制。

(3) 编制监理规划应依据建设工程的相关法律、法规及项目审批文件；与建设工程项目有关的标准、设计文件、技术资料；监理大纲、委托监理合同文件以及与建设工程项目相关的合同文件。

11.2.2 工程监理规划的作用

音频 工程监理规划的作用.mp3

1. 指导项目监理机构全面开展监理工作

监理规划的基本作用就是指导项目监理机构全面开展监理工作。

建设工程监理的中心目的是协助业主实现建设工程的总目标。实现建设工程总目标是一个系统的过程。它需要制订计划，建立组织，配备合适的监理人员，进行有效的领导，实施工程的目标控制。只有系统地做好上述工作，才能完成建设工程监理的任务，实施目标控制。在实施建设监理的过程中，监理单位要集中精力做好目标控制工作。因此，监理规划需要对项目监理机构开展的各项监理工作做出全面、系统的组织和安排。它包括确定监理工作目标，制定监理工作程序，确定目标控制、合同管理、信息管理、组织协调等各项措施和确定各项工作的方法和手段。

2. 监理规划是建设监理主管机构对监理单位监督管理的依据

政府建设监理主管机构对建设工程监理单位要实施监督、管理和指导，对其人员素质、专业配套和建设工程监理业绩要进行核查和考评以确认它的资质和资质等级，以使我国整个建设工程监理行业能够达到应有的水平。要做到这一点，除了进行一般性的资质管理工作之外，更为重要的是通过监理单位的实际监理工作来认定它的水平。而监理单位的实际水平可从监理规划和它的实施中充分地表现出来。因此，政府建设监理主管机构对监理单位进行考核时，应当十分重视对监理规划的检查，也就是说，监理规划是政府建设监理主管机构监督、管理和指导监理单位开展监理活动的重要依据。

3. 监理规划是业主确认监理单位履行合同的主要依据

监理单位如何履行监理合同，如何落实业主委托监理单位所承担的各项监理服务工作，作为监理的委托方，业主不但需要而且应当了解和确认监理单位的工作。同时，业主有权监督监理单位全面、认真执行监理合同。而监理规划正是业主了解和确认这些问题的最好资料，是业主确认监理单位是否履行监理合同的主要说明性文件。监理规划应当能够全面而详细地为业主监督监理合同的履行提供依据。

11.2.3 工程监理规划的内容

建设工程监理规划应将委托监理合同中规定的监理单位承担的责任及监理任务具体化，并在此基础上制定实施监理的具体措施。

施工阶段建设工程监理规划通常包括以下内容。

1. 建设工程概况

建设工程的概况部分主要编写以下内容。

(1) 建设工程名称；

(2) 建设工程地点；
(3) 建设工程组成及建筑规模；
(4) 主要建筑结构类型；
(5) 预计工程投资总额；
(6) 建设工程计划工期；
(7) 工程质量要求；
(8) 建设工程设计单位及施工单位名称；
(9) 建设工程项目结构图与编码系统。

建设工程概况.pdf

2．监理工作范围

监理工作范围是指监理单位所承担的监理任务的工程范围。如果监理单位承担全部建设工程的监理任务，监理范围为全部建设工程，否则应按监理单位所承担的建设工程的建设标段或子项目划分确定建设工程监理范围。

3．监理工作内容

(1) 建设工程立项阶段建设监理工作的主要内容；
(2) 设计阶段建设监理工作的主要内容；
(3) 施工招标阶段建设监理工作的主要内容；
(4) 材料、设备采购供应的建设监理工作的主要内容；
(5) 施工准备阶段建设监理工作的主要内容；
(6) 施工阶段建设监理工作的主要内容；
(7) 施工验收阶段建设监理工作的主要内容；
(8) 建设监理合同管理工作的主要内容；
(9) 业主委托的其他服务的工作内容。

4．监理工作目标

建设工程监理目标是指监理单位所承担的建设工程的监理控制预期实现的目标。通常以建设工程的投资、进度、质量三大目标的控制值来表示。

5．监理工作依据

(1) 工程建设方面的法律、法规；
(2) 政府批准的工程建设文件；
(3) 建设工程监理合同；
(4) 其他建设工程合同。

项目监理机构的组织形式.pdf

6．项目监理机构的组织形式

项目监理机构的组织形式应根据建设工程监理要求选择。

7. 项目监理机构的人员配备计划

项目监理机构的人员配备应根据建设工程监理的进程合理安排，满足监理工作的要求。

8. 项目监理机构的人员岗位职责

1) 总监理工程师职责

(1) 确定项目监理机构人员及其岗位职责；

(2) 组织编制监理规划，审批监理实施细则；

(3) 根据工程进展情况安排监理人员进场，检查监理人员工作，调换不称职监理人员；

(4) 组织召开监理例会；

(5) 组织审核分包单位资格；

(6) 组织审查施工组织设计、(专项)施工方案、应急救援预案；

(7) 审查开复工报审表，签发开工令、工程暂停令和复工令；

(8) 组织检查施工单位现场质量、安全生产管理体系的建立及运行情况；

(9) 组织审核施工单位的付款申请，签发工程款支付证书，组织审核竣工结算；

(10) 组织审查和处理工程变更；

(11) 调解建设单位与施工单位的合同争议，处理费用与工期索赔；

(12) 组织验收分部工程，组织审查单位工程质量检验资料；

(13) 审查施工单位的竣工申请，组织工程竣工预验收，组织编写工程质量评估报告，参与工程竣工验收；

(14) 参与或配合工程质量安全事故的调查和处理；

(15) 组织编写监理月报、监理工作总结，组织整理监理文件资料。

2) 总监理工程师代表职责

(1) 在总监理工程师的领导下，负责总监理工程师指定或交办的监理工作；

(2) 按总监理工程师授权行使总监理工程师的部分职责与权力，对于重大的决策应先向总监理工程师请示后再执行；

(3) 作为总监理工程师的助手，还应协助总监理工程师处理各项日常工作；

(4) 定期或不定期地(如突然发生重大事件)向总监理工程师报告项目监理的各方面情况；

(5) 每日填写监理人员监理日记及工程项目监理日志。

3) 总监理工程师不得将下列工作委托给总监理工程师代表完成

(1) 组织编制监理规划，审批监理实施细则；

(2) 根据工程进展情况安排监理人员进场，调换不称职监理人员；

(3) 组织审查施工组织设计、(专项)施工方案、应急救援预案；

(4) 签发开工令、工程暂停令和复工令；

(5) 签发工程款支付证书，组织审核竣工结算；

(6) 调解建设单位与施工单位的合同争议，处理费用与工期索赔；

(7) 审查施工单位的竣工申请， 组织工程竣工预验收，组织编写工程质量评估报告，参与工程竣工验收；

(8) 参与或配合工程质量安全事故的调查和处理。

4) 专业监理工程师职责

(1) 参与编写监理规划，负责编制监理实施细则；

(2) 审查施工单位提交的涉及本专业的报审文件，并向总监理工程师报告；

(3) 参与审核分包单位资格；

(4) 指导、检查监理员工作，定期向总监理工程师报告本专业监理工作实施情况；

(5) 检查进场的工程材料、构配件、设备的质量；

(6) 验收检验批、隐蔽工程、分项工程，参与验收分部工程；

(7) 处置发现的质量问题和安全事故隐患；

(8) 进行工程计量；

(9) 参与工程变更的审查和处理；

(10) 组织编写监理日志，参与编写监理月报；

(11) 收集、汇总、参与整理监理文件资料；

(12) 参与工程竣工预验收和竣工验收。

5) 监理员职责

(1) 检查施工单位投入工程的人力、主要设备的使用及运行情况；

(2) 进行见证取样；

(3) 复核工程计量有关数据；

(4) 检查工序施工结果；

(5) 发现施工作业中的问题，及时指出并向专业监理工程师报告。

9．监理工作程序

1) 材料进场验收

(1) 对所有用于施工的建筑材料进行验收；

(2) 现场交底时监理同工长、业主预约材料验收时间；

(3) 材料进场后工长通知施工监理、业主到场验收；

(4) 未经确认的材料不得用于施工。

2) 隐蔽工程及水电工程验收

(1) 对隐蔽工程和防水工程进行验收；

(2) 工长自检合格通知施工监理验收，施工监理须在24小时内到达；

(3) 现场进行检验。

3) 中期验收

(1) 中期验收前，工长须先进行自检，确保监理验收合格；

(2) 自检合格后工长与业主约定验收时间并提前一天通知施工监理；

(3) 施工监理按验收规范逐项验收，并详细填写验收报告；

(4) 验收手续完成后，监理应提醒业主按期支付工程款：逾期未支付工程款者，需停工待款，直到交款后方可开工，因此延误工期由业主负责；业主未交中期款及增项款的，施工监理未及时安排停工的，给公司后续收款造成困难的，施工监理罚款 500 元，并承担相应损失；项目经理不服从施工监理停工待款的命令而继续施工，后续款项由其自己负责，公司另处罚项目经理 500 元。

4) 竣工预验收

(1) 工程竣工前 5 天内预验收。

(2) 工长在预验收 48 小时前通知施工监理，施工监理在约定时间进行预验收。监理填写《预验收单》，认真进行质量检查。

(3) 凡预验收未通过的工程，施工监理责成工长限期整改，并在限定时间组织二次报验。

(4) 二次预验收仍不合格的，工程部经理亲自组织或参与整改。工程部经理参与或组织的整改工程，该工程质量等级降一级。

5) 竣工验收

(1) 预验收合格后，工长在工程竣工前 3 天向工程部报验。将工程名称、地点、竣工时间报工程部备案，以便于组织工程验收工作，凡不按规定时间进行报验的，按违反验收程序处罚。

(2) 竣工验收由施工监理按工程验收规范进行验收，并负责进行评定打分，评定时要求工长和工地组长参加。

(3) 验收手续完成后，监理应提醒业主交纳工程尾款：未交纳工程尾款不能交接，不予签订保修单，因此而延误的工期由业主负责。

(4) 业主交纳工程尾款后，施工监理协同财务与业主签订工程保修单，约期到现场交接，工长必须到场。

相关说明：

① 各阶段验收不合格的，施工监理按规定对工长进行处罚并限期整改。由此延误工期时造成的损失由工长承担。

② 由于施工监理未能在规定时间到场造成工期延误，造成的损失由施工监理承担。

③ 整改后须经施工监理鉴定合格方可继续施工。

④ 验收结果是工程结算依据。

监理工作流程图.pdf

10. 监理工作方法及措施

建设工程监理目标控制的方法与措施应重点围绕投资控制、进度控制、质量控制这三大控制任务展开。

11. 监理工作制度

(1) 设计文件、图纸审查制度；

(2) 施工图纸会审及设计交底制度；
(3) 施工组织设计(专项施工方案)审查制度；
(4) 工程开工申请审批制度；
(5) 工程材料，半成品质量检验制度；
(6) 安全物资查验制度；
(7) 设计变更处理制度；
(8) 工程安全隐患整改制度；
(9) 工程安全事故处理制度；
(10) 监理报告制度；
(11) 监理日记和会议制度。
(12) 监理组织工作会议制度；
(13) 对外行文审批制度；
(14) 安全监理工作日志制度；
(15) 安全监理月报制度；
(16) 技术、经济资料及档案管理制度。

12. 监理设施

业主提供满足监理工作需要的以下设施。
(1) 办公设施；
(2) 交通设施；
(3) 通信设施；
(4) 生活设施。

监理机构应根据建设工程类别、规模、技术复杂程度、建设工程所在地的环境条件，按委托监理合同的约定，配备满足监理工作需要的常规检测设备和工具。

11.2.4 工程监理规划的审批

1. 监理范围、工作内容及监理目标的审核

依据监理招标文件和委托监理合同，看其是否理解了业主对该工程的建设意图，总监、总代、专监、监理员以及安全监理的工作范围、工作内容是否包括了全部委托的工作任务，监理目标是否与合同要求和建设意图相一致。其中安全生产监理工作制度较为重要，监理工程师重点对以下内容开展安全监理工作。

(1) 审核检查基础工程涉及地上障碍物、地下隐蔽物、相邻建筑物、场区的排水防洪的保护措施；开挖基坑边坡、四周的防护措施；暗挖工程、爆破工程和其他危险性较大工程安全专项方案，有专家论证意见的按专家意见实施。

(2) 审核检查施工组织设计及安全施工技术措施，并监督实施执行。

(3) 审核检查施工用脚手架、模板工程设计方案(计算书)、安全施工和拆除方案。

(4) 审核检查高处临边作业、洞口作业、悬空作业、交叉作业的安全防护措施。

(5) 审核检查起重机械设备(包括塔式起重机、施工升降机等)登记备案、检测、安拆作业，以及安全使用的技术措施。

(6) 检查施工现场临时用电方案的设计，用电设备的使用及漏电保护系统。

(7) 督促施工单位对进场工人的安全技术交底及“三级”安全教育工作。

(8) 检查进入施工现场的安全防护用品及用具的检测、正确使用。

(9) 按有关规定对建设工程主体和装饰两部分实施安全生产措施现场评价，监督施工单位建立安全文明施工措施费管理制度及使用。

(10) 审核检查对各施工总承包、专业分包等单位和相关人员资质、资格进行审查备案。

(11) 对建设工程的分部分项工程进行各种方式的巡视检查，及时制止“三违”现象。

(12) 对建设工程施工的危险环节和关键工序等进行旁站监理。

(13) 审查施工单位编制的专项施工组织设计、专项施工方案，并监督其执行。

(14) 对施工单位下达监理通知，检查整改结果，并签署复查意见。

(15) 对存在生产安全隐患的工程下达工程暂停令并报告建设单位。

(16) 将施工单位违法、违规行为或存在重大安全隐患等情况及时上报当地建设行政主管部门。

(17) 参加相关建设工程安全生产工作会议，落实会议精神，组织召开监理会议并提出安全施工要求。

(18) 对建设项目做出竣工验收安全生产评估报告。

2．项目监理机构对结构的审核

1) 组织机构

在组织形式、管理模式等方面是否合理，是否结合了工程实施的具体特点，是否能够与业主的组织关系和承包方的组织关系相协调等。

2) 人员配备计划和职责

(1) 人员配备计划。

① 派驻监理人员的专业满足程度：不仅考虑专业监理工程师能否满足开展监理工作的需要，而且要看其专业监理人员是否覆盖了工程实施过程中的各种专业要求，以及高、中级职称和年龄结构的组成。

② 人员数量的满足程度：主要审核从事监理工作人员在数量和结构上的合理性。

③ 专业人员不足时采取的措施是否恰当：大中型建设工程中，对拟临时聘用的监理人员的综合素质应认真审核。

④ 派驻现场人员计划表：大中型建设工程中，应对各阶段所派驻的现场监理人员的专业、数量计划是否与建设工程的进度计划相适应进行审核；还应平衡正在其他工程上执行监理业务的人员，是否能按预定计划进入本工程参加监理工作。

(2) 职责。

① 总监理工程师安全岗位职责。总监理工程师为项目监理部的安全生产负责人；负责组织项目工程的安全监理工作，总监理工程师应负责组织相关安全监理人员针对工程项目特点制定具有针对性、指导性的安全监理规划及细则，并在施工过程中督促落实执行；负责组织安全监理人员审查施工单位申报的施工组织设计及施工方案中的安全技术措施；总监理工程师应负责组织安全综合检查，对违章行为提出处理意见并限期整改；总监理工程师应负责安排专职人员对各施工工地的安全监理情况进行巡查，发现违章冒险作业的，要责令其停止施工，发现重大安全隐患的，要责令停工整改；总监理工程师应领导项目监理部人员定期收集、整理国家、建设行政主管部门发布的信息、技术资料，建立技术、信息档案，组织项目监理人员开展安全监理业务学习。

② 专业监理工程师安全岗位职责。监督施工单位落实安全生产组织保证体系；建立健全安全生产责任制；审查施工组织设计(方案)，安全技术措施，并督促施工单位实施；监督施工前段时间严格按强制性标准的规定组织施工；定期组织施工现场安全检查，每月向上级报告安全生产情况(月报)；制定安全监理文件，审查施工专业承包单位和劳务分包单位的安全资质；审查施工单位特种作业人员和管理人员的资格证书；监督施工单位建立健全施工现场的安全保证体系；审查施工单位的施工方案等安全技术措施和安全应急预案；监督施工单位做好安全技术交底；监督施工单位按工程建设强制性标准、施工组织设计、专项安全方案组织施工，制止违章指挥和违章作业；对施工现场的高危险作业、文明施工进行巡查，对易发生重大安全事故的工序部位进行跟踪监督，发现违规施工和安全隐患的，应要求整改，并检查整改结果，签署意见，情况严重的，由总监下达停工令，并报建设单位，必要时报建设行政主管部门；督促施工单位进行安全自检，并参加安全检查；复验施工单位的施工机械、安全设施的验收手续，并签署意见，未经安全复验的，不得投入使用。

③ 监理员的安全岗位职责。在驻地监理工程师的领导下，负责其职责范围内安全监理业务工作；审查施工组织设计中的安全技术措施或者专项施工方案是否符合工程建设强制性标准；审查分包合同中是否明确安全生产方面的责任；在工程实施过程中，发现存在安全事故隐患的，应当要求施工单位整改，并及时报告监理工程师；施工单位拒不整改或者不停止施工的，监理工程师应当及时向有关主管部门报告，并报备顾问公司及业主；工程监理单位和监理工程师应当按照法律、法规和工程建设强制性标准实施监理，定期组织安全生产检查，督促施工单位落实安全整改方案；审查施工单位安全保证体系，审核施工单位安全生产责任制，安全管理规章制度、安全操作规程的制定情况；参与安全事故的调查取证；检查现场安全设施布置及施工机械安全检查、验收、挂牌情况，安全设施不到位，施工机械未通过安全验收不得施工；办理驻地监理工程师交办的其他工作。

3. 工作计划审核

在工程进展中，各个阶段的工作实施计划是否合理、可行，审查其在每个阶段中如何控制建设工程目标以及组织协调的方法。

4. 投资、进度、质量控制方法和措施的审核

对三大目标的控制方法和措施应重点审查，看其如何应用组织、技术、经济、合同措施保证目标的实现，方法是否科学、合理、有效。

5. 监理工作制度审核

主要审查监理的内、外工作制度是否健全。

【案例 11-1】某建设工程项目，建设单位委托某监理公司负责施工阶段的监理工作。建设单位要求监理单位必须在监理进场后一个月内提交监理规划。该公司副经理出任项目总监理工程师。总监理工程师责成公司技术负责人组织经营、技术部门人员编制该项目监理规划。参编人员根据本公司已有的监理规划标准范本，将投标时的监理大纲做适当改动后编成该项目监理规划，该监理规划经公司经理审核签字后，报送给建设单位。该监理规划包括以下 8 项内容：①工程项目概况；②监理工作依据；③监理工作内容；④项目监理机构的组织形式；⑤项目监理机构人员配备计划；⑥监理工作方法及措施；⑦项目监理机构的人员岗位职责；⑧监理设施。监理规划中有关内容介绍了监理工作内容、项目监理机构的人员岗位职责及监理设施等。

请结合上下文分析该工程监理规划内容及应如何对监理规划进行审批。

11.3 工程监理实施细则

11.3.1 监理实施细则的作用

监理实施细则是在监理规划指导下，在落实了各专业的监理责任后，由专业监理工程师针对项目的具体情况制定的更具有实施性和可操作性的业务文件。它起着指导监理业务开展的作用。对中型及中型以上或专业性较强的工程项目，项目监理机构应编制工程建设监理实施细则。

工程监理实施细则有以下作用。

1. 对业主的作用

业主与监理是委托与被委托的关系，是通过监理委托合同确定的，监理代表业主的利益工作。监理实施细则是监理工作指导性资料，它反映了监理单位对项目控制的理解能力、程序控制技术水平。一份翔实且针对性较强的监理实施细则可以消除业主对监理工作能力的疑虑，增强信任感，有利于业主对监理工作的支持。

2. 对承包人的作用

(1) 承包人在收到监理实施细则后，会十分清楚各分项工程的监理控制程序与监理方法。在以后的工作中能加强与监理的沟通、联系，明确各质量控制点的检验程序与检查方

法，在做好自检的基础上，为监理的抽查做好各项准备工作。

(2) 监理实施细则中对工程质量的通病、工程施工的重点、难点都有预防与应急处理措施。这对承包人起着良好的警示作用，它能时刻提醒承包人在施工中注意哪些问题，如何预防质量通病的产生，避免工程质量留下隐患及延误工期。

(3) 促进承包人加强自检工作，完善质量保证体系，进行全面的质量管理，提高整体管理水平。

3. 对监理的作用

(1) 指导监理工作，使监理人员通过各种控制方法能更好地进行质量控制。

(2) 增加监理对本工程的认识和熟悉程度，有针对性地开展监理工作。

(3) 监理实施细则中质量通病、重点、难点的分析及预控措施能使现场监理人员在施工中迅速采取补救措施，有利于保证工程的质量。

(4) 有助于提高监理的专业技术水平与监理素质。

11.3.2 监理实施细则的编制程序

(1) 监理实施细则应根据已批准的项目监理规划的总要求，分段编写，要在相应的工程部分施工前编制完成，用以指导该专业工程部分(或专门的分项工程、工序)监理工作的具体操作，确定监理工作应达到的标准。

(2) 监理实施细则是专门针对工程施工中一个具体的专业技术问题编写的，如建筑结构工程、电气工程、给排水工程、装饰工程等。

(3) 在编写监理实施细则之前，专业监理工程师应熟悉设计图纸及其说明文件。只有查阅有关工程监理、施工质量验收规范及工程建设强制性标准等有关文件，方能编写出有针对性、有指导意义的监理实施细则。

(4) 在监理工作实施过程中，应根据实际情况对监理实施细则进行修改、补充和完善。

(5) 监理实施细则必须经总监理工程师批准。

11.3.3 监理大纲、监理规划和监理实施细则的关系

监理大纲、监理规划和监理实施细则都是为某一个工程而在不同阶段编制的监理文件，它们既密切相关，同时又有区别。简要叙述如下。

音频 监理大纲、监理规划和监理实施细则的关系.mp3

监理大纲是轮廓性文件，是编制监理规划的依据。监理规划是指导监理开展具体监理工作的纲领性文件。监理实施细是操作性文件，要依据监理规划来编制。也就是说，从监理大纲到监理规划，再到监理实施细则，是逐步细化的。区别主要如下所述。

监理大纲在投标阶段根据招标文件编制，目的是承揽工程。

监理规划是在签订监理委托合同后在总监的主持下编制，是针对具体的工程指导监理

工作的纲领性文件。目的在于指导监理部开展日常工作。

监理实施细则是在监理规划编制完成后依据监理规划由专业监理工程师针对具体专业编制的操作性业务文件。目的在于指导具体的监理业务。

不是所有的工程都需要编制这三个文件。对于不同的工程，依据工程的复杂程度等，可以只编写监理大纲和监理规划或监理大纲和监理实施细则。

监理大纲(亦称监理方案)、监理规划和监理实施细则都是社会监理单位分别在投标阶段和实施监理的准备阶段编制的监理文件。监理大纲、监理规划和监理实施细则三者之间的区别和联系如下所述。

1．区别

(1) 意义和性质不同。

监理大纲：监理大纲是社会监理单位为了获得监理任务，在投标阶段编制的项目监理方案性文件，亦称监理方案。

监理规划：监理规划是在监理委托合同签订后，在项目总监理工程师主持下，按合同要求，结合项目的具体情况制定的指导监理工作开展的纲领性文件。

监理实施细则：监理实施细则是在监理规划指导下，项目监理组织的各专业监理的责任落实后，由专业监理工程师针对项目具体情况制定的具有实施性和可操作性的业务文件。

(2) 编制对象不同。

监理大纲：以项目整体监理为对象。

监理规划：以项目整体监理为对象。

监理实施细则：以某项专业具体监理工作为对象。

(3) 编制阶段不同。

监理大纲：在监理招标阶段编制。

监理规划：在监理委托合同签订后编制。

监理实施细则：在监理规划编制后编制。

(4) 目的和作用不同。

监理大纲：目的是要使业主信服采用本监理单位制定的监理大纲，能够实现业主的投资目标和建设意图，从而在竞争中获得监理任务。其作用是为社会监理单位经营目标服务的。

监理规划：目的是指导监理工作顺利开展，起着指导项目监理班子内部自身业务工作的作用。

监理实施细则：目的是使各项监理工作能够具体实施，起到具体指导监理实务作业的作用。

2．联系

项目监理大纲、监理规划、监理细则又是相互关联的，它们都是构成项目监理规划系列文件的组成部分，它们之间存在着明显的依据性关系：在编写项目监理规划时，一定要

严格根据监理大纲的有关内容来编写；在制定项目监理实施细则时，一定要在监理规划的指导下进行。

通常，监理单位开展监理活动应当编制上述系列监理规划文件，但这也不是一成不变的，就像工程设计一样。对于简单的监理活动只编写监理实施细则就可以了，而有些项目也可以制定较详细的监理规划，而不再编写监理实施细则。各文件具体内容见表 11-1。

表 11-1　监理各文件具体内容表

文件	编制时间	编制人	编制依据	编制目的	编制内容	修　改
监理大纲	投标时	投标单位负责投标或经营人员编制	依据投标文件要求编制	中标前：用于投标和承揽监理业务 中标后：用于指导编制监理规划，指导整个项目开展监理工作	围绕整个项目监理组织所开展的监理工作	无论中标前还是中标后，一旦形成文件则不可修改
监理规划	合同已签订；收到设计文件后	总监理工程师主编 专业监理工程师参与编制	监理大纲是直接依据 委托监理合同及建设工程项目相关合同文件 建设工程相关法律、法规及项目审批文件 与建设工程有关的标准、设计文件和技术资料	是各阶段监理实施细则编制的依据；明确项目监理机构的工作目标；确定具体的监理工作制度、程序、方法和措施，具有可操作性；指导整个项目组织开展监理工作	围绕整个项目监理组织所开展的监理工作；内容比监理大纲翔实、全面	一般不进行调整；在监理工作实施过程中，如实际情况或条件发生重大变化而需要调整监理规划时，应由总监理工程师修改，经单位审批后重报业主
监理细则	总是滞后于监理规划；在相应工程施工开始前编制	专业监理工程师负责编制	已获批准的监理规划 与专业相关的标准、设计文件和技术资料 相关的施工组织设计	结合工程项目的专业特点，详细具体，具有可操作性：指导具体监理业务实施与开展	内容具有局部性；围绕专业工程的具体监理业务	在监理工作实施工程中，监理细则应根据实际情况进行补充、修改

【案例 11-2】某工程项目业主委托一家监理单位实施施工阶段监理。监理合同签订后，

组建了项目监理机构。为了使监理工作规范化，总监理工程师拟以工程项目建设条件、监理合同、施工合同、施工组织设计和各专业监理工程师编制的监理实施细则为依据，编制施工阶段监理规划。

请结合本章内容分析如何进行该工程的监理规划的编写。

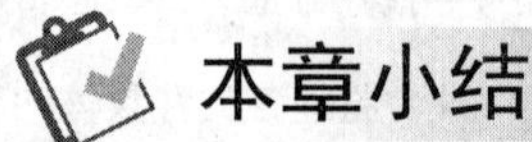

本章小结

通过本章的学习，可以了解工程监理大纲的编制与内容；工程监理规划的程序；工程监理规划的审批流程；工程监理实施细则；监理大纲、监理规划和监理实施细则的关系。希望通过本章的学习，使同学们对工程监理各个文件的基本知识有基础了解，并掌握相关的知识点，举一反三，学以致用。

实训练习

一、单选题

1. 监理大纲可以由(　　)主持编写。

A. 监理工程师　　B. 拟任总监理工程师

C. 总监理工程师　　D. 专业监理工程师

2. 与监理规划相比，监理实施细则更具有(　　)。

A. 全面性　　B. 系统性　　C. 指导性　　D. 可操作性

3. 下列关于监理大纲、监理规划、监理实施细则的表述中，错误的是(　　)。

A. 它们共同构成了建设工程监理工作文件

B. 监理单位开展监理活动必须编制上述文件

C. 监理规划依据监理大纲编制

D. 监理实施细则经总监理工程师批准后实施

4. 监理规划要随着工程项目的展开进行不断的补充、修改和完善，这是监理规划编写的(　　)要求。

A. 应当遵循建设工程的运行规律　　B. 应当分阶段编写

C. 基本内容应力求统一　　D. 具体内容应有针对性

5. 建设单位领取了施工许可证，但因故不能按期开工，应当向发证机关申请延期，延期(　　)。

A. 以两次为限，每次不超过 3 个月　　B. 以一次为限，最长不超过 3 个月

C. 以两次为限，每次不超过 1 个月　　D. 以一次为限，最长不超过 1 个月

二、多选题

1. 下列关于监理规划的说法中，正确的有(　　)。

A. 监理规划的表述方式不应该格式化、标准化

B. 监理规划具有针对性才能真正起到指导具体监理工作的作用

C. 监理规划要随着建设工程的展开不断地补充、修改和完善

D. 监理规划编写阶段不能按工程实施的各阶段来划分

E. 监理规划在编写完成后需进行审核并经批准后方可实施

2. 下列关于建设工程监理规划编写要求的表述中，正确的有(　　)。

A. 监理工作的组织、控制、方法、措施是必不可少的内容

B. 由总监理工程师组织监理单位技术管理部门人员共同编制

C. 要随建设工程的开展进行不断的补充、修改和完善

D. 可按工程实施的各阶段来划分编写阶段

E. 留有必要的时间，以便监理单位负责人进行审核签认

3. 监理规划的具体内容应针对(　　)来制定。

A. 所监理的工程项目　　B. 特定的监理任务　　C. 具体的监理目标

D. 具体的被监理单位　　E. 业主的需要

4. 下列关于监理规划的说法中，正确的有(　　)。

A. 监理规划的表述方式不应该格式化、标准化

B. 监理规划具有针对性才能真正起到指导具体监理工作的作用

C. 监理规划要随着建设工程的展开不断地补充、修改和完善

D. 监理规划编写阶段不能按工程实施的各阶段来划分

E. 监理规划在编写完成后需进行审核并经批准后方可实施

5. 建设工程监理工作文件由(　　)构成。

A. 与建设工程有关的法律、法规　　B. 监理规划　　C. 监理大纲

D. 建设工程有关合同　　E. 监理实施细则

三、简答题

1. 工程监理大纲具有什么特点？
2. 简述监理的工作内容。
3. 工程监理实施细则有什么作用？
4. 简述监理大纲、监理规划和监理实施细则的关系。

第11章答案.docx

实训工作单

班级		姓名		日期	
教学项目		工程监理规划性文件			
学习项目	工程监理大纲、工程监理规划、工程监理实施细则	学习要求	掌握监理大纲、监理规划和监理实施细则的关系		
相关知识		监理大纲的目的、工程监理规划的作用、监理实施细则的作用			
其他内容		监理实施细则的编制程序			
学习记录					
评语		指导老师			

参考文献

[1] 中国建设监理协会．建设工程监理基本理论与相关法规[M]．北京：中国建筑工业出版社，2018.

[2] 中国建设监理协会．建设工程合同管理[M]．北京：中国建筑工业出版社，2018.

[3] 中国建设监理协会．建设工程质量、投资、进度控制[M]．北京：中国建筑工业出版社，2018.

[4] GB 50319—2013．建设工程监理规范[S]．北京：化学工业出版社，2013.

[5] GB/T 50328—2008．建设工程文件归档整理规范[S]．北京：中国建筑工业出版社，2018.

[6] 李世蓉．建设工程安全生产管理条例实施指南[M]．北京：中国建筑工业出版社，2004.

[7] 马志芳．工程建设监理概论[M]．北京：人民邮电出版社，2015.

[8] 中国建设监理协会．建设工程监理概论[M]．北京：中国建筑工业出版社，2014.

[9] 张向东．工程建设监理概论[M]．3 版．北京：机械工业出版社，2016.

[10] 雷艺君，钱昆润．实用工程建设监理手册[M]．2 版．北京：中国建筑工业出版社，2003.

[11] 郭阳明．工程建设监理概论[M]．2 版．北京：北京理工大学出版社，2013.

[12] 孙加保．工程建设监理实务[M]．2 版．北京：化学工业出版社，2013.

[13] 卢修元．工程建设监理[M]. 北京：中国水利水电出版社，2015.

[14] 李清立．工程建设监理(修订版)[M]．北京：北京交通大学出版社，2011.